高等职业教育测绘地理信息类“十三五”规划教材

地图制图技术

主　编　周　园
副主编　王　野　栾玉平
参　编　陈国平　李　猷

武汉大学出版社

图书在版编目(CIP)数据

地图制图技术/周园主编.—武汉：武汉大学出版社，2018.8(2025.1 重印)
高等职业教育测绘地理信息类“十三五”规划教材
ISBN 978-7-307-20334-1

Ⅰ.地…　Ⅱ.周…　Ⅲ.地图制图学—高等职业教育—教材　Ⅳ.P28

中国版本图书馆 CIP 数据核字(2018)第 142233 号

责任编辑:胡　艳　　责任校对:汪欣怡　　整体设计:汪冰滢

出版发行：**武汉大学出版社**　(430072　武昌　珞珈山)
(电子邮箱：cbs22@ whu.edu.cn　网址：www.wdp. com.cn)
印刷:武汉图物印刷有限公司
开本:787×1092　1/16　印张:14.75　字数:355 千字　插页:1
版次:2018 年 8 月第 1 版　2025 年 1 月第 6 次印刷
ISBN 978-7-307-20334-1　定价:36.00 元

前　言

本教材是根据高等职业教育测绘地理信息类“十三五”规划教材编委会的安排，为适应高职高专教育改革与发展的需要，结合测绘类专业的教育标准、培养目标及该门课程的教学基本要求编写的。

本教材以介绍地图的基本知识为重点，同时精心选绘了大量的插图，以便于学生理解和学习。在内容上力求实用性和通用性，做到理论知识适度够用、通俗易懂，结合我国地图制图的实际情况，加入了多种地图软件应用的内容，突出了实践应用能力的培养。全书共分为 8 章，内容包括地图概述、地图的数学基础、地图语言、地图概括、地图的表示、地图编制、地图评价与地图管理、地图分析与应用、常用地图制图软件介绍。本教材除了用于全国高职高专院校测绘类专业的基础教材外，还可以作为相关专业和工程技术人员的参考用书。

本教材的编写分工：辽宁水利职业学院周园编写第 1 章、第 2 章（第 3 节）、第 3 章；沈阳市勘察测绘研究院王野编写第 4 章；辽宁水利职业学院栾玉平编写第 5 章；昆明冶金高等专科学校陈国平编写第 6 章、第 7 章；湖北国土资源职业学院李猷编写第 2 章（第 1、2 节以及第 4~6 节）、第 8 章。全书由周园任主编并统稿。

本教材在编写过程中参考了许多有关的教材和资料，并得到了众多院校老师的热心帮助和支持，在此一并表示衷心的感谢。

由于各方面的原因，书中错误和疏漏在所难免，恳请读者予以批评指正。

编　者

2018 年 1 月

目　　录

第 1 章　地图概述 ………… 1
1.1　地图的基本特性 ………… 3
1.1.1　由严密的数学法则产生的可量测性 ………… 3
1.1.2　由特定的地图语言产生的直观性 ………… 4
1.1.3　由科学的地图概括产生的一览性 ………… 4
1.2　地图的构成要素 ………… 5
1.2.1　数学要素 ………… 5
1.2.2　地理要素 ………… 7
1.2.3　辅助要素 ………… 8
1.3　地图的功能 ………… 8
1.3.1　地图的模拟功能 ………… 8
1.3.2　地图的信息载负功能 ………… 9
1.3.3　地图的信息传输功能 ………… 9
1.3.4　地图的认识功能 ………… 10
1.4　地图的分类 ………… 11
1.4.1　按地图内容分类 ………… 11
1.4.2　按地图比例尺分类 ………… 13
1.4.3　按制图区域分类 ………… 13
1.4.4　按地图用途分类 ………… 14
1.4.5　按使用方式分类 ………… 14
1.4.6　按其他标志分类 ………… 14
1.5　地图的发展历史 ………… 15
1.5.1　地图的起源 ………… 16
1.5.2　古代地图 ………… 18
1.5.3　近代地图 ………… 25
1.5.4　现代地图 ………… 26
思考题 ………… 29

第 2 章　地图的数学基础 ………… 30
2.1　地球的形状与大小 ………… 30
2.1.1　地球的自然表面 ………… 30
2.1.2　地球的物理表面 ………… 30

2.1.3　地球的数学表面 …… 30
2.1.4　地球的正球体 …… 32
2.2　坐标系与高程系 …… 32
2.2.1　地理坐标系 …… 32
2.2.2　地心坐标系 …… 33
2.2.3　平面坐标系 …… 34
2.2.4　我国大地坐标系 …… 35
2.2.5　高程系 …… 36
2.3　地图投影 …… 37
2.3.1　地图投影的概念 …… 37
2.3.2　地图投影的变形 …… 38
2.3.3　地图投影的分类 …… 41
2.3.4　方位投影 …… 43
2.3.5　圆柱投影 …… 48
2.3.6　圆锥投影 …… 54
2.3.7　多圆锥投影 …… 58
2.3.8　地图投影的选择 …… 60
2.4　地图比例尺 …… 61
2.4.1　地图比例尺定义 …… 61
2.4.2　地图比例尺形式 …… 62
2.4.3　地图比例尺的作用 …… 64
2.4.4　地图的比例尺系统 …… 65
2.4.5　地形图按比例尺分类 …… 66
2.5　地图定向 …… 66
2.5.1　地形图的定向 …… 67
2.5.2　小比例尺地图的定向 …… 68
2.6　地图分幅与编号 …… 68
2.6.1　地图的分幅 …… 69
2.6.2　我国基本比例尺地形图的分幅与编号 …… 69
2.6.3　大比例尺地图的分幅与编号 …… 72
思考题 …… 74

第3章　地图语言 …… 75
3.1　地图符号 …… 75
3.1.1　地图符号的概念 …… 75
3.1.2　地图符号的分类 …… 76
3.1.3　地图符号构成要素 …… 86
3.2　地图色彩 …… 88
3.2.1　色彩的利用 …… 88

3.2.2 色彩的选择…… 91
3.3 地图注记…… 93
3.3.1 地图注记的意义与作用…… 93
3.3.2 地图注记的种类…… 93
3.3.3 地图注记的要素…… 94
思考题 …… 99

第4章 地图概括…… 100
4.1 概述 …… 100
4.2 地图概括的基本方法 …… 100
4.2.1 地图内容的选取 …… 100
4.2.2 图形形状的化简 …… 104
4.2.3 制图对象的概括 …… 108
4.2.4 制图要素的移位 …… 110
4.3 影响地图概括的主要因素 …… 113
4.3.1 地图的用途 …… 113
4.3.2 地图的比例尺 …… 113
4.3.3 制图区域的地理特征 …… 116
4.3.4 地图的载负量 …… 116
4.3.5 地图的符号 …… 118
4.3.6 制图资料 …… 120
4.3.7 制图者 …… 120
思考题…… 121

第5章 地图的表示…… 122
5.1 普通地图的表示 …… 122
5.1.1 普通地图的类型及内容 …… 122
5.1.2 自然地理要素的表示 …… 122
5.1.3 社会经济要素的表示 …… 134
5.2 专题地图的表示 …… 141
5.2.1 专题地图的基本特征 …… 141
5.2.2 专题地图的类型 …… 142
5.2.3 专题地图的内容 …… 145
5.2.4 专题要素的表示 …… 145
思考题…… 157

第6章 地图编制…… 159
6.1 地图编制方法与过程 …… 159
6.1.1 地图编制的几种常用方法 …… 159

6.1.2 地图编制过程 …… 161
6.1.3 传统实测成图方法 …… 163
6.1.4 地图编绘法 …… 164
6.1.5 地图编绘的原则 …… 166
6.1.6 遥感制图 …… 166
6.2 地图设计 …… 169
6.2.1 地图总体设计 …… 169
6.2.2 地图资料的搜集与分析 …… 169
6.2.3 制图区域与制图对象的分析研究 …… 170
6.2.4 地图设计书或大纲的编写 …… 170
6.2.5 地图设计文件 …… 171
6.3 计算机地图制图 …… 171
6.3.1 计算机地图制图技术的发展 …… 171
6.3.2 计算机地图制图的基本流程 …… 172
6.3.3 地图分层 …… 173
6.3.4 图形要素编辑 …… 173
6.3.5 专题地图设计 …… 175
6.3.6 图面配置与输出 …… 176
思考题 …… 176

第7章 地图分析与应用 …… 179
7.1 地图分析 …… 179
7.1.1 地图分析的概念 …… 179
7.1.2 地图分析的作用 …… 180
7.1.3 地图分析的技术方法 …… 181
7.2 地图应用 …… 191
7.2.1 地图在地学及相关学科科研中的应用 …… 191
7.2.2 地图在国土资源调查与管理中的应用 …… 191
7.2.3 地图在生态环境保护与区划中的应用 …… 191
7.2.4 地图在灾害监测预报与防治规划中的应用 …… 192
7.2.5 地图在人文社会经济与可持续发展中的应用 …… 192
7.2.6 地图在交通与旅游中的应用 …… 193
7.2.7 地图在医疗卫生与生活服务业中的应用 …… 194
7.2.8 地图在工程建筑与区域规划中的应用 …… 194
7.2.9 地图在军事作战与国防建设中的应用 …… 194
思考题 …… 195

第8章 常用地图制图软件介绍 …… 196
8.1 AutoCAD 应用基础 …… 196

8.1.1　AutoCAD 简介 …… 196
8.1.2　AutoCAD 的工作界面 …… 197
8.1.3　AutoCAD 命令的输入方法 …… 199
8.1.4　AutoCAD 坐标点的输入方法 …… 200
8.1.5　简单的二维图形绘制方法 …… 201
8.1.6　AutoCAD 图形文件的管理方法 …… 201
8.1.7　创建布局 …… 202
8.1.8　管理布局 …… 202
8.1.9　创建打印样式 …… 203
8.1.10　打印图形 …… 203
8.2　MapGIS 应用基础 …… 203
8.2.1　MapGIS 简介 …… 203
8.2.2　MapGIS 系统的主要优点 …… 204
8.2.3　MapGIS 系统的总体结构 …… 204
8.2.4　MapGIS 系统的主要功能 …… 204
8.2.5　MapGIS 界面与参数设置 …… 205
8.2.6　扫描矢量化流程 …… 206
8.2.7　空间数据的编辑 …… 208
8.2.8　图形输出 …… 209
8.3　MapInfo 应用基础 …… 210
8.3.1　MapInfo 简介 …… 210
8.3.2　MapInfo 软件特点 …… 211
8.3.3　MapInfo 工作界面 …… 212
8.3.4　MapInfo 工作窗口及其操作 …… 214
8.3.5　MapInfo 图层的创建 …… 214
8.3.6　地图数据的获取 …… 215
8.3.7　布局窗口设置 …… 216
8.3.8　地图输出 …… 216
8.4　ArcMap 应用基础 …… 218
8.4.1　ArcMap 用户界面 …… 218
8.4.2　地图的基本操作 …… 219
8.4.3　ArcMap 图层的操作 …… 220
8.4.4　ArcMap 地图数据操作 …… 223
8.4.5　地图版面设计与输出 …… 224
思考题 …… 226

参考文献 …… 227

第1章　地图概述

【教学目标】

地图的起源历史悠久，它载录了人类对客观环境的认识，也反映了不同历史时期社会生产力和科学技术的发展水平。地图在社会生产实践中产生，又服务于社会实践，它既是人类认识客观世界的结果，又是人们认识客观世界的工具。通过本章的学习，需要掌握地图的基本特性，明确地图的构成要素和地图的分类方法，熟知地图的功能，了解地图的发展历史。

地图出现很早，几乎和人类对环境的认识同步，与人类的文化史同样悠久。地图与人类认识客观世界有着密切的联系，在社会生产实践中产生，又以自身的不断发展而服务于社会实践，它既是人类认识客观世界的特殊结果，又是人们认识客观世界的重要工具。

很早以前，人们认为地图是地球表面缩小到平面上的图形。这样定义既不确切又不全面，也不科学。首先，这个定义既适用于地球表面的任何照片、航片和卫片，也适用于风景画（如图1.1所示，同一地区风景画、风景照片、航空像片、卫星影像和地图的对比）；其次，这个定义会使地图局限于表示地球表面，而现代地图既能表示各种自然现

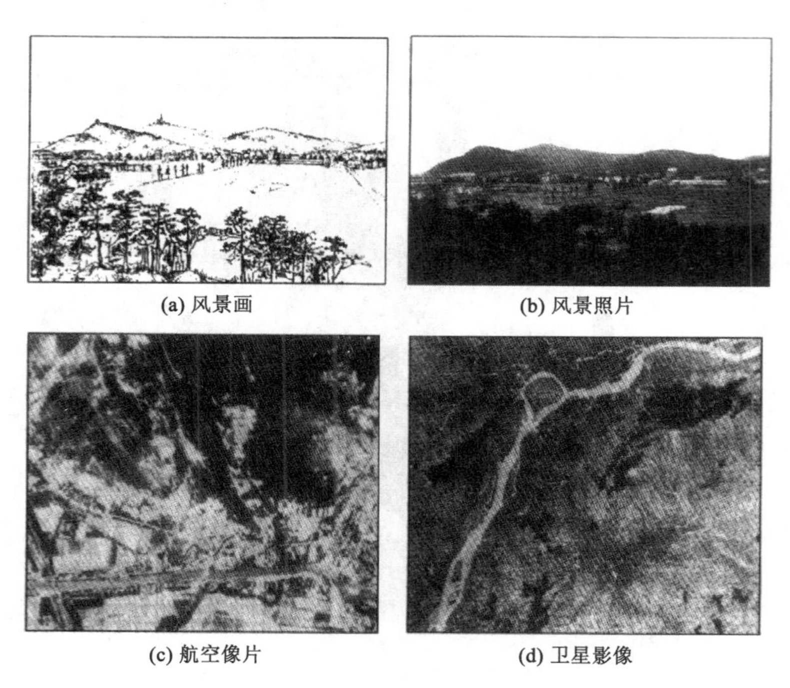

(a) 风景画　(b) 风景照片　(c) 航空像片　(d) 卫星影像

图1.1（a）

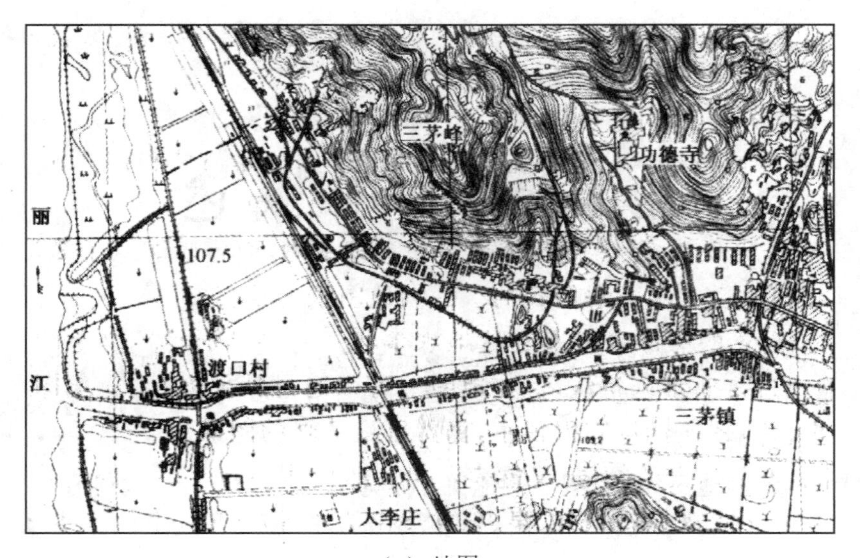

(e) 地图

图 1.1 (b)

象，也能表示人类政治、经济、文化和历史等人文现象的状态、联系和发展变化（图 1.2）。地图不但可以展示人类居住的整个地球，而且能显示出地表各部分的详细情景；既能表示一般的地理事物，又能表示某种特定现象，无论是具体的还是抽象的、现实的还

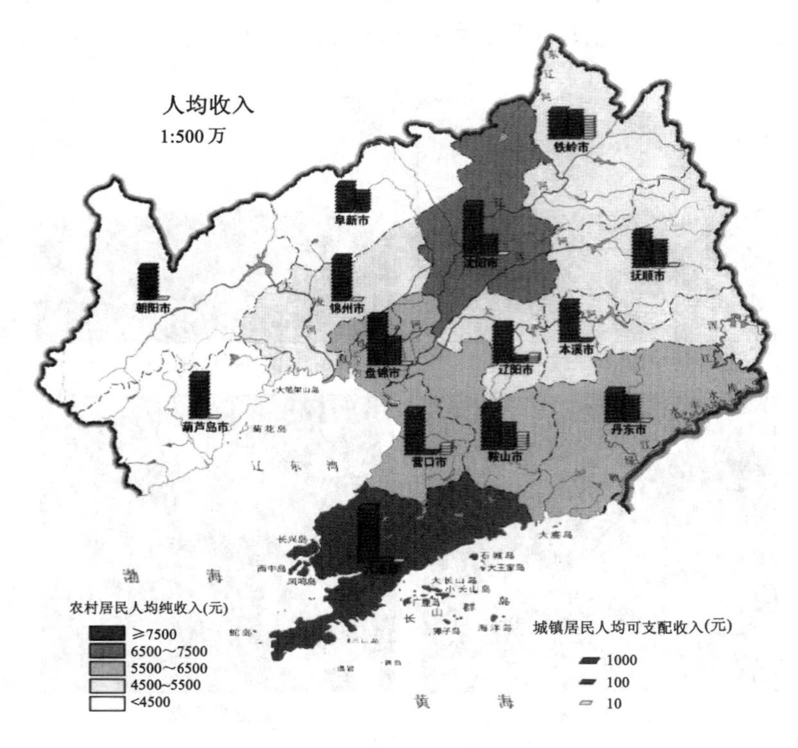

图 1.2　经济收入地图

是预测的、静态的还是动态的，都可以用地图进行表示（图 1.3）。

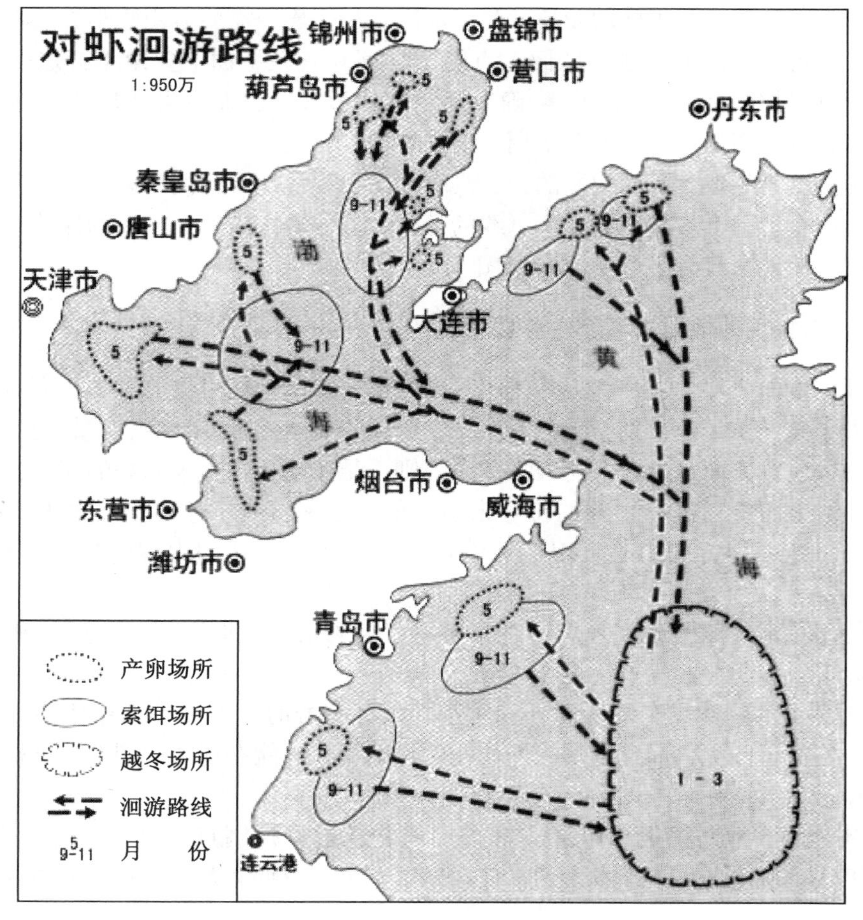

图 1.3　动物运动线路地图

随着社会的发展，地图的使用范围不断扩大，地图的科学价值也在不断提高，人们对地图的认识和理解也不断深入，逐渐归纳出只有地图才具备的一些特性，对地图的定义也就更加科学。

1.1　地图的基本特性

1.1.1　由严密的数学法则产生的可量测性

风景画和地面像片都是建立在透视投影基础上的，但随着观测者位置的不同，景物的形状和大小会产生比例上的变化，即离景物越近，图像就越大；离得远，图像就小，这种透视关系不符合可量测性的要求；没有经过处理的航空像片是一种中心投影，又因地面起伏和飞机飞行的缘故，不能保证像片上各处的比例尺都一致，也不能准确地确定地面物体的位置，无法严密地定向。卫星影像也是如此。

地球的自然表面是极不规则的曲面，不可能无重叠、无裂隙和无变形地制成平面的地图，这就产生了从曲面到平面的矛盾。为了解决这一矛盾，需要运用数学方法将球面上的点投影到某种可展平面上，建立球面上点的经纬度和其在平面上直角坐标之间的解析关系，投影后可以控制其变形性质，精确地确定其变形大小，而且可严格地对地图进行定向，使地图具有更高的科学价值和实用价值。

地图是按严密的数学法则编制的，它具有地图投影、地图比例尺和地图定向等数学基础，从而可以在地图上量测点的坐标、线的长度和方位、区域的面积、物体的体积和地面坡度等数据，使地图具有了可量测性（图 1.1（e））。

1.1.2　由特定的地图语言产生的直观性

风景画、地面照片、航片和卫片是用写真的形式表示地面可见的事物，而地面上事物的形状、大小和性质千差万别，十分复杂，它们无法表达温度、日照、工农业产值、地质构造、土壤性质等方面。地图上所表示的内容则不是实地事物本来面貌的缩绘，而是用专门设计的、对地面事物进行抽象的符号来表达的。地图符号、色彩、注记等统称地图语言，它是表示地图内容的工具。用地图语言可使地图所表达的内容清晰、形象、直观、易读。

地图使用特定的地图语言来表达客观事物，与风景画、地面照片、航片和卫片相比较，具有以下众多明显的优点（图 1.1）：

（1）地面上的物体具有复杂的外貌轮廓，设计符号时，可进行抽象概括，根据内容和性质的不同进行归类，简化图形，即使比例尺缩小，也能有清晰的图形。这样既减轻了地图的载负量，又增强了地图的直观性和易读性。

（2）实地上占地面积很小但又非常重要的物体，如控制点、泉、灯塔、检修井等，在像片上无法辨认或者根本没有影像，而在地图上则可根据需要，用特定的不依比例的符号清晰地表示出来。

（3）像片上无法显示事物的数量和质量特征，如水质、水深、土地利用、路面材料、房屋的性质等，在地图上都可以通过一定的符号、颜色和注记表示出来。

（4）像片上无法显示地下的物体，如地下管线、矿藏、隧道、冻土层、地下建筑等，在地图上都可以通过专门的符号明确地表示出来；像片上也无法显示被植被遮盖的地貌情况，但在地图上则可以用符号、颜色等清晰地表示出来。

（5）无形的自然现象和社会现象，如经纬线、压力、降雨量、太阳辐射、居民地的人口数、利税、行政界线、历史变迁等，在像片上根本没有影像，但在地图上则可以用符号表示出来。

地图通过地图语言再现客观世界，浓缩存贮了大量信息，利用地图可以直观、准确地获得地理空间信息，因此地图成了人们认识和研究客观世界的重要工具。

1.1.3　由科学的地图概括产生的一览性

地球表面的地理事物和现象种类繁多，千差万别，十分复杂，而地图幅面是有限的，在地图上不可能把所有地理事物和现象都表示出来。随着地图比例尺的缩小，地图上的面积也将迅速缩小，能表达在地图上的地理事物和现象的数量、种类、等级都要减少，所以地图所反映的地球表面上的各种地理事物和现象总是比实际要少得多。根据使用者对地图内容的要求，哪些内容需要表示，哪些内容需要舍掉，需要表示的内容又要详细到什么程度等，需要采取科学的方法，按照一定的条件和要求，对地图内容进行处理，这种对地图内容进行科学处理的过程，称为地图概括。经过地图概括，可以使地图的内容同地图的比例尺和地图的用途相适应，将用图者需要的内容一览无遗地呈现出来。地图概括是制图者对地图内容进行思维加工的过程，是对地图内容的抽象和升华。

根据地图所具有的上述三个基本特性，形成了现阶段广泛使用的地图定义：地图是按照一定的数学法则，使用地图语言，通过地图概括，以各种形式（图解、数字、触觉、虚拟，等等），表示自然地理、人文地理要素的载体。

1.2 地图的构成要素

地图的内容种类繁多、形式各异，凡是在空间分布的物体或现象，无论是自然的还是社会经济的，是具体的还是抽象的，是现实的还是历史的，是有形的还是无形的，是现知的还是预测的，等等，都可以用地图的形式来表示，归纳起来，所有的地图内容都是由数学要素、地理要素和辅助要素构成的，通常称之为地图的“三要素”。

1.2.1 数学要素

地图的数学要素，是具有按一定的数学法则构成的或具有数学意义的地图要素，起着地图的“骨架”作用。地图的数学要素包括坐标网、控制点、地图比例尺及指向标志等。

1. 坐标网

地图上用于确定点位、方向、距离和拼接图幅等的一种网格。通过地图投影将地球椭球面转换成平面，用于表达地球椭球面上的要素和它在平面上各点之间的解析关系，是各种地图的数学基础，也是地图上不可缺少的要素。

地图的坐标网，又分为地理坐标网（称经纬线网）和平面直角坐标网（或称方里网）两种。

（1）地理坐标网是以一定的经纬度间隔按某种地图投影方法描绘的经纬线网格，线上注有经纬度，便于确定点位的地理坐标（图 1.4），编制地图时，还可用作转绘地图各要素的控制基础。

（2）平面直角坐标网（如图 1.5 中“+”）是由平行于投影带中央经线的纵坐标线和平行于赤道的横坐标线构成的，用来确定地图要素的位置和用于地图量算，其密度与地图的性质和比例尺有关。

由于地图投影的不同，地理坐标网常表现为不同的形状。又因地图的要求相同，有时在同一幅地图上绘有两种坐标网，或在图中仅描绘一种坐标网，而某些地图上也可以不绘坐标网，如制图区的范围很小，地图又不用于量测或只作为略图使用。

2. 控制点

控制点是具有一定精确位置的固定点，包括天文点、三角点、导线点、GPS 点和水准点。控制点能保证将地球自然表面上的要素转绘到椭球面上，再转绘到平面上时，具有

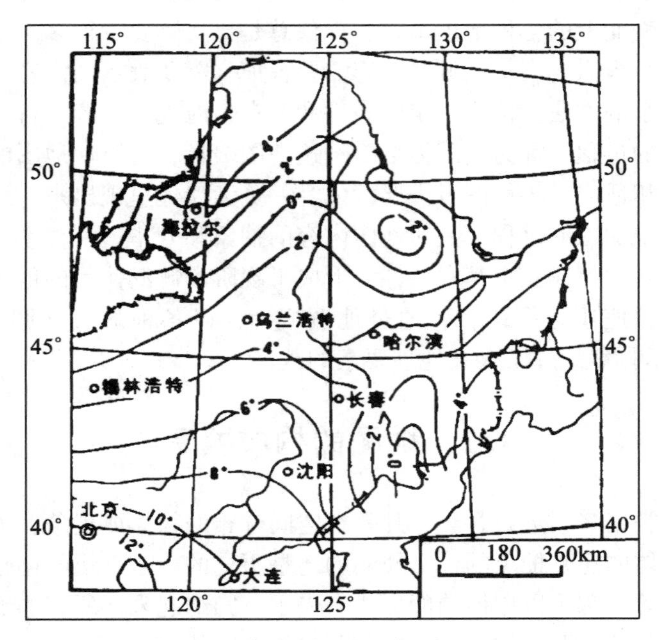

图 1.4　地理坐标网

精确的地理位置和高程。大地控制点一般在地图上不表示，仅在大比例尺地形图上才有选择地表示（图 1.5）。

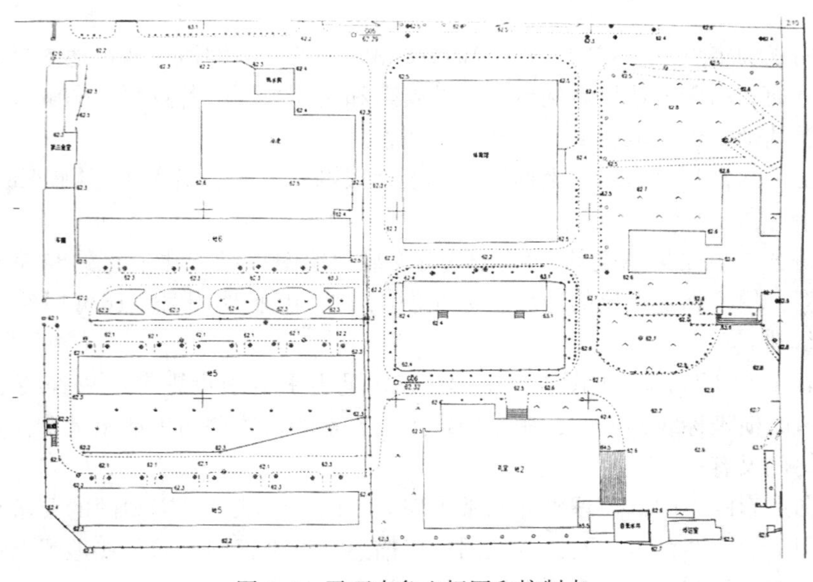

图 1.5　平面直角坐标网和控制点

3. 地图比例尺

地图比例尺是地图上的线段长度与实地相应线段长度之比，它表示地图图形的缩小程度，又称为缩尺。它的表示形式主要有数字式、文字式和图解式。

4. 指向标志

指向标志是指向北方向的标志线。制图时，通常采用图幅的正向（上图廓）为北方向，一般不需要绘指向标志；当不依图幅的正向为北方向进行制图时，就必须绘出指向标志，指定地图的北方向，如图 1.6 所示。

图 1.6　指向标志

1.2.2　地理要素

地理要素是存在于地球表面的各种自然和社会经济现象，以及它们的分布、联系和时间变化等，是地图所表示的主体内容。

地理要素根据其性质，可以分为自然地理要素和社会经济要素两大类。

1. 自然地理要素

自然地理要素是指涵盖制图区域的地理环境和自然条件，如地质、地球物理、地势、地貌、水文、江湖、海洋、气象、气候、土质、土壤、植被、动物、自然灾害现象等。自然地理要素相对稳定，变化较小，它的种类和数量的多少优劣，是衡量该区域开发前景的一个重要因素。

2. 社会经济要素

社会经济要素（或称人文地理要素）是指由人类活动所形成的经济、文化，以及与之相关的各种社会现象，如居民地、交通网、行政境界线、人口、历史、文化、政治、军事、企事业单位、工农业产值、商务、贸易、通信、电力、环境污染、环境保护、疾病与防治、旅游设施，等等。社会经济要素的状况如何，深刻地反映了该区域的发展水平和社会文明的程度。

1.2.3 辅助要素

辅助要素是指位于地图内图廓以外，有助于读图、用图而提供的具有一定参考意义的说明性内容或工具性内容，也称图外要素。辅助要素包括工具性辅助要素和说明性辅助要素。地图的辅助要素可以提高地图的表现力和使用价值。

工具性辅助要素包括：图例、数字比例尺与图解比例尺、分度带、坡度尺、三北方向图、图廓、图廓间注记等。

说明性辅助要素包括：图名、图号、接图表、接合图号、出版时间、出版单位、编图所用资料、编图单位、附图、成图方法等。

在辅助要素中，图例是重要内容，图例是对地图符号的说明，图例应包括地图上使用的全部符号，符号的文字说明要尽量简练，符号的分组和排列顺序要有逻辑性。图例通常位于图边或图廓内空白处，对于多页地图来说，有时将图例印成单页形式。

此外，有的地图上还有补充资料，如在图廓内空白处，绘制一些补充地图、统计地图以及一些表格和文字说明等，用其在某一方面着重加以说明，从而补充和丰富地图内容。

1.3 地图的功能

地图功能是指地图发挥的效能与作用。地图经历了几千年的发展而长盛不衰，而且即使在未来，地图仍然有不可替代的作用，这是因为地图本身具有很多强大的功能，这些功能是人们认识客观规律、能动地利用客观规律并改造社会的必然结果。随着生产力的提高和现代科学技术的进步，电子计算技术与自动化技术的引进，信息论、模型论的应用，以及各门学科的相互渗透，促使地图学飞速发展，给地图的功能赋予了新的内容。

1.3.1 地图的模拟功能

人们在认识客观事物中，可以根据模型和原型之间的相似关系来模拟对象，通过模型来间接地研究原型的规律性，这种方法称为模拟功能。模型最基本的分类可以分为物质模型（实物模型）和思考模型两类。根据模型理论，物质模型是以实体系统的功能和构造作为模型的组成元素，用缩小（或放大）的尺寸，制作与实体系统相同或相似的物体；思考模型可以分为形象模型和符号模型，形象模型是运用思维能力对客观存在进行简化和概括，符号模型则是借助于专门的符号和图形，按照一定的形式组合起来描写客观存在。地图就具备这种模拟功能，它是模拟客观世界的一种模型。

把地图看作地面客观存在的物质模型，人们可能借助于各种比例尺的地图，在视野范围之外来直观地认识地面和环境。作为物质模型，人们可以在图上测量长度、面积、体积和方位，以代替实地的量测和观察。所以，地图作为认识客观世界的工具，体现了它作为模型的价值和意义。但是地图作为模型的意义并非仅局限于对客观存在的模拟，即物质模型的范畴，更主要的，地图应是对客观存在的特征和变化规律的一种科学的抽象，它是一种思考模型，而地图制作过程就是人类认识环境的一种抽象方法。由于地图具有严格的数学基础，将地球表面经过严密的数学变换建立在平面上，采用符号系统和经过地图概括，按比例缩绘而成，其实质就是以公式化、符号化和抽象化来反映客观世界，用符号和注记描述地理实体某些特征及其内在联系，使之成为一种思考模型。地图则突出地具有这两方面的特点，所以地图可以认为是经过简化和概括了的再现客观世界的空间模型。

地图具有模拟功能，是客观环境的模型，具有直观性、一览性、抽象性、合成性、几何相似性、地理对应性、比例与可量性、抽象概括性等优点。地图作为再现客观世界的形象符号模型，不仅能反映制图对象的空间分布、结构与联系特征，而且还可以反映其随时间的发展和变化，并可根据需要，通过建立数学模式、图形数字化与数字模型，经计算机处理，完成各种评价、预测、规划与决策。

地图的模拟功能，充分说明了地图是人们认识和研究客观世界的工具和成果。

1.3.2 地图的信息载负功能

地图既然具有模拟功能，就必然能贮存空间信息，成为空间信息的载体，也就具有了载负信息的功能。

地图是空间信息的载体，可以容纳大量的空间信息。地图贮存的信息由直接信息和间接信息两部分组成。直接信息是地图上用图形符号所直接表示的信息，又称图示信息或第一信息，是人们通过读图很容易获取的信息，比如道路、河流、居民地等；间接信息是由图上各要素的空间分布、组合与联系所蕴藏的潜在信息，又称第二信息，往往是需要人们利用已有的知识和经验，经过思维活动，进行分析和综合才能解译而获得的有关现象或物体规律的信息，比如，通过对等高线的量测、剖面图的绘制等获得的与坡度、切割密度、通视程度等数据。经过地图学家研究计算，认为一幅普通地图上能容纳贮存 1 亿~2 亿个信息单元的信息量，而且这里所计算的是直接信息量，至于间接信息量那就更多，很难估算。所以，一部由多幅地图汇编的大地图集就有“地图信息库”和“大百科全书”之称。由于地图信息载负功能，在地图上贮存了大量的丰富信息，人们需要时可以随时阅读分析，从中提取所需要的各种信息。

信息代表着某一个抽象的，有待传递、交换、贮存和提取的内容。然而，信息并不能脱离物质和能量而独立存在，它必须依托于载体。地图作为信息的载体，有着不同的载负手段，通常是载于纸平面上的，可以让人们凭直接感受读取；随着现代科学技术的进步，已发展到地图信息可以载于磁带、磁盘、光盘、缩微胶卷等上面，这将使人们从直接感受读取信息发展到由计算机读取信息，地图作为空间信息载体的功能得到了更加充分的发展。

1.3.3 地图的信息传输功能

地图的信息载负功能为地图的信息传输功能奠定了坚实的基础。地图本身不但是空间信息的载体，而且还是空间信息的传输工具。地图从制作到使用，或者说从客观存在到人的认识，实际上形成了一个以信息传递为特征的系统。这个信息传递系统和通信系统信息的一般传输过程大致相同。从通信系统信息的一般传输过程来看（图 1.7），信息发送者把信息经过编码，通过通道发出信号，接收者收到信号经过译码，把信息送到目的地。地图信息传输过程是：地图制图者（信息发送者）把对地理环境（制图对象）的认识加以选择、分类、简化等信息加工，经过符号化（信息编码）制成地图；通过地图（通道）将信息传输给用图者（信息接收者）；用图者经过符号识别（信息解码），同时通过对地图的分析和解译，形成对地理环境（制图对象）的认识。

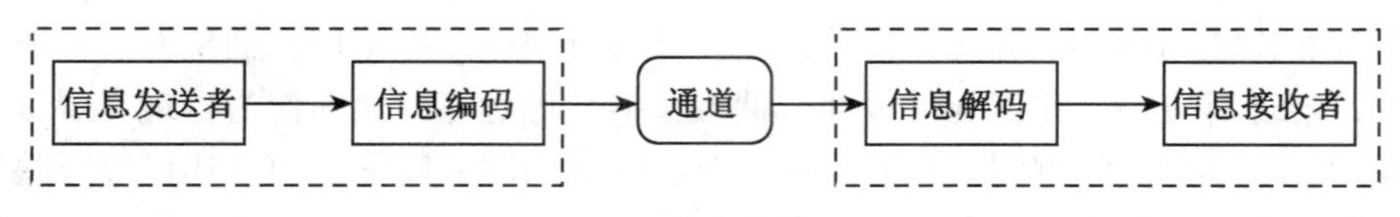

图1.7　信息传输过程

地图是空间信息的图形传递形式，是信息传输工具之一。地图的生产和使用是通过地图信息传输而联系起来的。地图信息传输是从制图到用图、从制图者到用图者之间信息传递的全过程。为了发挥地图信息传输功能，制图者需要充分掌握原始信息，深刻认识制图对象，结合用图要求，将信息加工处理，合理使用地图语言，通过地图通道，把信息准确地传递给用图者。而用图者必须熟悉地图语言，运用自己的知识和读图经验，细致阅读、深入分析地图信息，正确接受制图者通过地图传递的信息，形成对制图对象的正确而深刻的认识。

1.3.4　地图的认识功能

地图的认识功能是由地图的基本特性所决定的。地图用符号、注记和色彩这种图像语言，把地理环境中各个地理实体的形象特征、分布规律、数量差异、相互联系，以及在空间与时间中的动态变化，按比例表示出来，具有形象直观和一目了然的感官效果。地图不受语言文字和行业知识的限制，不仅可以反映客观世界，而且能够认识客观世界，易为社会各界人士所识别。

地图的认识功能，可以表现在很多方面，应用地图的认识功能，可以在多方面发挥地图的作用。

（1）通过对地图上所表示制图对象的图形分析，可以获得制图对象的质量特征；通过对地图上各要素或各相关地图的对比分析，可以确定各要素和现象的分布规律以及各种地理要素和现象之间的相互联系；通过同一地区不同时期地图的对比，可以确定不同历史时期自然或社会现象的变迁与发展。

（2）通过地图建立的各种剖面、断面、断块图等，可以获得制图对象的空间立体分布特征，如地质剖面图反映地层变化；土壤、植被剖面图反映土壤与植被的垂直分布；利用绘制的地形断面图，可以了解地面起伏变化情况等。

（3）通过在地图上对制图对象进行量算，可以获得制图对象的位置、长度、面积、体积、高度、深度等数量指标；通过在图上进行形态量测，可以得到地面坡度、地表切割密度与深度、河网密度、海岸线曲率、道路网密度、居民点密度、植被覆盖率等数量指标，通过这些具体的数量指标，可以更深入地认识地理环境。

总之，充分发挥地图的认识功能，就可以认清客观世界，发现客观规律，从而进行综合评价、预测预报、规划设计、决策对策、指挥管理等，使地图能为经济、国防和科学文化教育等各项建设事业服务。

1.4 地图的分类

地图的分类是根据地图某些特点与指标对其进行归并与区分。地图种类繁多，涉及的内容也极为广泛，而且随着科学技术的发展和人们认识客观世界的深入，应用地图的部门和学科日益增加，地图的选题范围也越来越广，地图的品种和数量也越来越多，为满足经济建设、国防建设和科学教育等的需要，出版了大量的各种各样的地图。为了进一步加深对地图的认识，便于地图的制作、管理、使用和研究，就必须对地图进行科学的分类。

对地图进行分类，是地图学发展到一定阶段的必然结果，它标志着地图学的发展水平。对地图进行分类，有助于人们了解地图的类别、性质和用途。

地图分类的标志很多，如地图的内容、比例尺、制图区域范围、地图用途、使用方式、介质表达形式等，以此标志将地图划分成各种类型或类别。

1.4.1 按地图内容分类

按地图内容不同，地图可分为普通地图和专题地图两大类。

1. 普通地图

普通地图是全面、综合反映地表基本要素一般特征的地图。它是以相对均衡的详细程度表示制图区域各种自然地理要素和社会经济要素的基本特征、分布规律及其相互联系，包括水系、地貌、土质、植被、居民地、交通线、境界及独立地物等，而不突出表示其中某一种要素的地图。

普通地图是最常见的一种地图，应用很广泛，具有很高的通用价值，常为社会各部门所使用，同时也是制作专题地图的地理底图。

普通地图按所表示内容的综合程度和是否规范化，又分为地形图和地理图。

1）地形图

地形图是按统一的地图投影、图幅划分、比例尺和地图符号等，测绘或编制的普通地图。其中1：5千、1：1万、1：2.5万、1：5万、1：10万、1：25万、1：50万、1：100万这8种比例尺地形图被定为国家基本地形图，它们是按照国家测绘标准或规范制作的，具有统一的数学基础、统一的分幅编号系统，各种要素严格按《地形图图示》表述，与同比例尺的普通地理图相比，内容详细、几何精度高。

2）地理图

地理图是指除地形图以外的其他普通地图。与地形图相比，地理图没有统一的比例尺规定（一般较小），地图投影可以多样，图廓范围大小不同，内容表示相对比较概略，各要素选择较灵活，没有统一的表示方法，地图符号可以自行设计。

地理图以高度概括的形式，反映广大制图区域内最基本的地理要素和区域内的重要特征，多用于了解制图区域概貌，研究区域的自然地理和社会经济的一般情况，故又称为一览图。

2. 专题地图

专题地图是以普通地图为地理基础，突出而详细地表示一种或几种要素或者集中表示某个主题内容的地图。专题地图的主要要素是根据专门用途的需要来确定的，它们应该详细表示，其他的地理要素则根据要表达主题的需要选择表示。

专题地图按制图对象内容的领域，分为自然地图、社会经济地图和环境地图。

1）自然地图

自然地图是反映自然环境各种要素和现象的质量与数量特征、空间分布规律、区域差异及其相互关系与动态变化的各种专题地图。自然地图又可分为以下几种：

（1）地质图：表示地质现象及构造特征，如地壳表层岩相、岩性、地层年代、地质构造、岩浆活动、矿产分布等的地图。

（2）地球物理图：主要表示固体地球物理现象分布及其性质和强度的地图。固体地球物理现象包括地震、火山、地磁、地电、地壳构造特性、重力、地热等。

（3）地势图：表示地势起伏和水系特征与分布规律的地图。

（4）地貌图：表现陆地和海底地貌特征、类型、区划、形成、发展及其地理分布的地图。

（5）气象图：表示各种气象要素，如日照、降雨、温度、气压、风、灾害天气等的地图。

（6）水文图：表示海洋和陆地水文现象，如潮汐、洋流，海水温度、密度、盐分；江河湖泊的水位、水质；地表和地下径流；地下水的存在形式、储量、水质等与水有关现象的地图。

（7）土壤图：表示地表土壤的类型、分布及特性的地图。

（8）植被图：表示多种植被或植物群落的空间分布规律及其生态环境的地图。

（9）动物地理图：反映动物在地球表面上的分布及其生态环境的地图。

（10）综合自然地理图：以显示区域内各种自然景观要素（地貌、水文、土壤、气候、生物等）综合发展规律，揭示其相互联系及制约关系为主题的地图。

2）社会经济地图

社会经济地图又称人文地图，是反映社会经济和上层建筑各个领域的事物和现象，即人文现象的质量与数量特征、部门结构、区域分异、相互联系及动态变化的各种专题地图。社会经济地图可分为以下几种：

（1）政区地图：以反映世界或某个地区的政治行政区域、境界和行政中心为主要内容的地图。政区地图随国家行政管理的需要及国家的变化、行政区划的调整和工作的需要而发展。按所反映的内容和区域范围，分为政治区划图、政治行政区划图和行政区划图。

（2）人口地图：以人口为主题的地图，包括人口分布、人口密度、民族分布、人口迁移、人口自然变动、人口的性别、文化程度、职业、年龄等地图。

（3）经济地图：以经济现象为主题，包括表现自然资源（森林、矿产等）、工业、农业、交通运输、通信、电力、商业、财贸等各部门的资源、企业职工人数、各种经济指标的地图。

（4）文化地图：以表现文化教育、医疗卫生等机构、设施的分布、规模、功能及各种构成指标的地图。

（5）历史地图：以历史题材为主题，例如历代的国家分布、疆域划分、民族分布、农民起义、商业交往、政治斗争等各种历史现象的地图。

3）环境地图

环境地图是反映自然环境、人类活动对自然环境的影响和环境对人类的危害及环境治理等内容的地图。环境地图是介于自然地图和社会经济地图二者之间的地图，包括环境污染与环境保护、自然灾害、疾病与医疗地理等专题地图。

另外，还有不宜直接划归为自然或社会经济的地图，而用于专门用途的专题地图，如航海图、宇宙图、规划图、工程设计图、军用图、环境图、宣传图、教学图、旅游图等。

1.4.2 按地图比例尺分类

地图按比例尺分类，是一种区别地图内容详略、精度高低、可解决问题程度而常用的一种分类方法。一般分为大比例尺地图、中比例尺地图和小比例尺地图三类。

1. 大比例尺地图

大比例尺地图是比例尺大于等于 1∶10 万的地图。

大比例尺地图内容详尽，是地形测量或航空摄影测量的直接结果，可以迅速在图上定位，进行图上量测。大比例尺地图可用于各种勘测、设计、规划与研究等。此外，它还是编绘较小比例尺地图的基础资料。

2. 中比例尺地图

中比例尺地图是比例尺在 1∶10 万～1∶100 万之间的地图。

中比例尺地图是根据较大比例尺地图或根据卫星图像资料编绘而成的，可供国民经济建设中巨大的工程建设项目研究、拟订计划之用；可供全国性部门和省级机关作总体规划、专用普查使用；也可作为编制小比例尺地图的基本资料。

3. 小比例尺地图

小比例尺地图是比例尺小于等于 1∶100 万的地图。

小比例尺地图完全是通过内业编绘而成。随着地图比例尺的缩小，地图内容概括程度增大，几何精度降低，小比例尺地图只能表示制图区域的总体特征及地理分布规律的区域性差异等，可用于了解和研究广大区域内自然地理条件和社会经济概况，拟订具有全国和省、自治区意义的总体建设规划、工农业生产布局、资源开发利用等。

1.4.3 按制图区域分类

各种地图所包括的空间范围有很大区别，按制图区域分类时，可以根据自然区域、政治行政区域、经济区域等制图区域范围的大小，由总体到局部，由大到小依次予以划分。

1. 按自然区域划分

按自然制图区域范围划分，有全球地图、半球地图、大洲地图、大洋地图、大陆地图、海湾地图、海峡地图、流域地图、高原地图、平原地图、盆地地图等。

2. 按政治行政区域划分

按政治行政区域划分，有国家地图、省（自治区）地图、市地图、县地图、乡镇地图等。

3. 按经济区域划分

按经济区域划分，如北部湾经济区地图、珠江三角洲经济区地图、上海经济区地图、滨海经济区地图等。

1.4.4　按地图用途分类

地图按用途又可分为通用地图和专用地图两类。

1. 通用地图

通用地图是没有设定专门用图对象的地图，适用于一般参考或科学参考之用，有一览图和挂图，如中华人民共和国挂图、省挂图、市挂图等。

2. 专用地图

专用地图是根据某些部门或用户的特殊要求进行内容与形式设计而编制的具有专门用途的地图，如教学图、宣传图、航海图、航空图、宇航图、导航图、交通图、旅游图、邮政图、通信图、规划图、工程图、水利图、军事图等等，还有体育、医药、餐饮、住宿、购物、娱乐、少儿、盲人、校园、社区等地图。由于专用地图是专为从事某种职业的人使用的地图，有一定专门的用途，因此专用地图的内容与形式以适应特殊要求和专门用途为特点。

1.4.5　按使用方式分类

地图按其使用方式可分为桌面用图、挂图、便携地图、屏幕地图等。

1. 桌面用图

在明视距离内能详细阅读的地图，如地形图、普通地理图和地图集等。

2. 挂图

挂在墙上使用的地图，又可分为近距离（在 1.5m 距离内能详细阅读）的地图，如宣传展览地图；以及远距离（5m 以外能阅读）的地图，如教学地图。

3. 便携地图

便携地图是可随身携带，在野外条件下或行进中阅读的地图，如袖珍地图册、丝绸质地图或折叠地图等。它们应当能在不稳定的状态下阅读，且便于折叠和携带。

4. 屏幕地图

在计算机屏幕上显示和阅读的地图，如电视天气预报地图和电子地图等。

1.4.6　按其他标志分类

（1）按介质表达形式分类，有纸质地图、丝绸地图、塑料地图、沙盘地图、微缩胶片地图、磁（光）盘地图等。

（2）按图幅数分类，有单幅地图、多幅地图、系列地图、地图集等。

（3）按信息表现形式分类，有缩微地图、数字地图、电子地图、影像地图等。

（4）按维数分类，有二维地图（平面地图）、三维地图（立体地图）。

（5）按外形特征分类，有平面地图、立体地图、球状地图（地球仪）。

（6）按印色数量分类，有单色地图、彩色地图。

（7）按感受方式分类，有视觉地图、触觉地图（盲文地图）。

（8）按图型分类，有线划地图、数字地图、影像地图。

（9）按历史年代分类，有原始地图、古代地图、近代地图和现代地图。

（10）按语言分类，有汉语地图、少数民族文字地图、汉语拼音地图、外文地图等。

(11) 按出版的形式分类，有印刷版地图、电子版地图、网络版地图。

(12) 按数模性质分类，有模拟地图和数字地图。

(13) 按实际需要分类，有调查地图、评价地图、方案地图。

(14) 按图型概括程度分类，有解析型地图（分析型地图)、组合型地图（合成型地图)、综合型地图（复合型地图)。

(15) 按内容结构形式分类，有分布图、区划图、类型图、趋势图、统计图。

分布图是指反映制图对象空间分布特征的地图，如人口分布图、城市分布图、动物分布图、植被分布图、土壤分布图等；区划图是指反映制图对象区域结构规律的地图，如农业区划图、经济区划图、气候区划图、自然区划图、土壤区划图等；类型图是指反映制图对象类型结构特征的地图，如地貌类型图、土壤类型图、地质类型图、土地利用类型图等；趋势图是指反映制图对象动态规律和发展变化趋势的地图，如人口发展趋势图、人口迁移趋势图、气候变化趋势图等；统计图是指反映不同统计区制图对象的数量、质量特征，内部组成及其发展变化的地图。

(16) 按显示空间信息的时间特征分类，有静态地图和动态地图两种。

传统地图都是静态地图，它现实瞬间记录；动态地图则是反映空间信息时间变化，连续呈现的一组地图，生动地表现出地理环境的时间变化或发展趋势。

(17) 按空间信息数据可视化程度分，有实地图和虚地图。

实地图即为空间信息数据可以直接目视到的地图，如包括线划地图和影像地图在内的传统地图作品；虚地图是空间信息数据存储在人脑或电脑中目视不到的地图，其中存入人脑的地图称为心象地图，依一定格式存入电脑的称为数字地图。

(18) 按信息可靠程度分类，有文献地图、假想地图、预报地图、歪曲地图。

文献地图是经过实地考察得到的客观实际现象，如地形图、地质图、水文图等，能以必要的详细程度和精度反映客观世界；假想地图是没有足够的实际资料，常常是根据少量路线调查的成果臆构的地图；预报地图是根据不断观测所得的资料，通过科学推断或内插、处理作出的具有规律意义的地图，如天气预报图等；歪曲地图是为了某种需要对地图内容加以明显歪曲或虚构的地图，即表示有歪曲性意向的地图。

地图分类标志很多，由于考虑问题的角度各异，有很大的相对性和相互交叉性，一种地图既可以按这种标志划分，又可以按另一种标志划分。例如，地理教学参考挂图中的世界气候类型图，该图按内容划分属于专题地图中的自然地图，按区域划分则属于世界地图；按用途划分属于教学地图；按使用方式划分属于挂图。又如，1∶5万比例尺地形图既属于普通地图，又称为大比例尺地图，又是桌面用图。

1.5 地图的发展历史

地图的发展历史载录了人类对客观环境的认识，也反映了不同历史时期社会生产力和科学技术的发展水平。地图在长期的历史发展中逐渐充实和完善起来，了解地图的发展历史，探索历史的轨迹，总结历史经验，对今后地图的发展有着重要的促进作用。

根据各个时期地图及其制作特点，可以将地图发展历史划分为古代、近代和现代三个阶段。

1.5.1 地图的起源

地图的起源历史悠久，传说在人类发明象形文字以前就有了地图。人类要在一个地方居住、生存，就要有相应的活动，就需要记录下这个地方的山川、水泽、土地状况。要去远方，就要辨别方向、熟识路途的山丘、沟壑、河流、湖泽、树木、道路，要出得去，回得来。没有文字，就用符号、线段、极简易的图形描绘来记载或说明自己生活的环境、走过的路线等，为外出狩猎和出门劳作作指南。

世界上现存最古老的地图实物是在古巴比伦北面320km的加苏古城（今伊拉克境内）发掘出来的，刻在陶片上的古巴比伦地图（图1.8），据考，这是4500多年前的古巴比伦城及其周围环境的地图，底格里斯河和幼发拉底河发源于北方山地，流向南方的沼泽，古巴比伦城位于两条山脉之间（图1.9）。

图1.8 古巴比伦地图

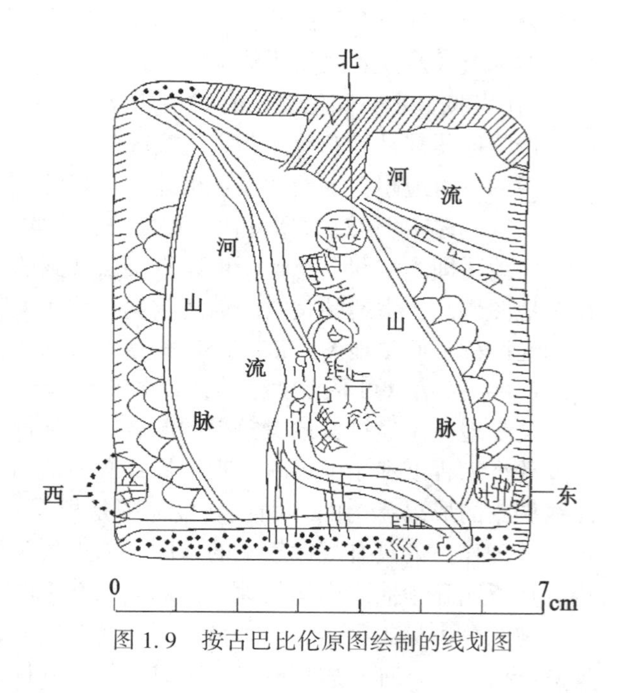

图1.9 按古巴比伦原图绘制的线划图

留存至今的古地图还有公元前1500年绘制的《尼普尔城邑图》，它保存在由美国宾州大学于19世纪末在尼普尔遗址（今伊拉克的尼法尔）发掘出土的泥片中。图的中心是用苏美尔文标注的尼普尔城的名称，西南部有幼发拉底河，西北为嫩比尔杜渠，城中渠将尼普尔分成东西两半，三面都有城墙，东面由于泥板缺损不可知。城墙上都绘有城门并有名称注记，城墙外北面和南面均有护城壕沟并有名称标注，西面有幼发拉底河作为屏障。城中绘有神庙、公园，但对居住区没有表示。该图比例尺大约为1∶12万（图1.10）。

留存有实物的还有古埃及人于公元前1330—前1317年期间在芦苇上绘制的埃及东部沙漠地区的金矿山图。

在我国，地图的记载和传说可以追溯到4000年前，《汉书·郊毅志》中有“禹收九牧之金，铸九鼎，像九州”的记载。《左传》中有，“惜夏方有德也，远方图物，贡金九牧，铸鼎像物，百物而为之备，使民知神奸”。意思是说，在夏朝极盛时期，远方的人把

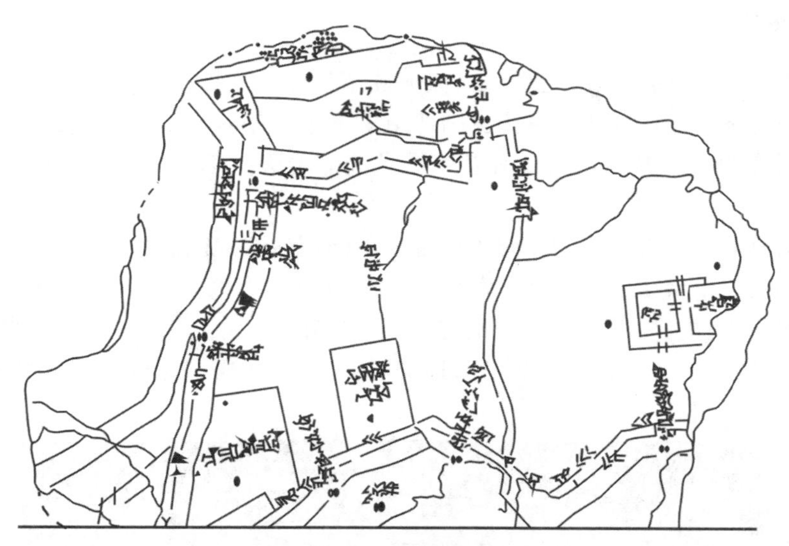

图 1.10　尼普尔城邑图

地貌、地物以及禽兽画成图，而九州的长官把图和一些金属当作礼品献给夏禹，夏禹用九州进贡的金属铸造了九个鼎，每个鼎上铭刻着所代表州内之山川、草木、禽兽等，称《九鼎图》以便百姓从这些图画中辨别各种事物。文中的“百物而为之备”，很明显说明是供牧人、旅行者使用的图。《九鼎图》堪称为我国最早的一种原始地图，可惜原物流传至 2000 多年前的春秋战国时，因战乱被毁而失传。在《山海经图》的“五藏三经图”上，画着山、水、动物、植物、矿物等，而且注记着道里的方位，是较规范的地图形式(图 1.11)。由此可知，中国在夏代已经有了原始的地图。

图 1.11　山海经图

1.5.2 古代地图

公元前11世纪，周成王决定在洛河流域建洛邑，《尚书》中《洛诰》里就记述了为修建洛邑绘制的洛邑城址地图，它是我国地图史上第一幅具有实际用途的城市建设地图。由于地图有明确疆域田界的作用，所以地图是统治阶级封邦建国、管理土地必不可少的工具。

春秋战国时期，由于管理的需要，出现了不同用途的地图。《周礼》中列举执掌不同用途地图的部门二十余个，有的掌“版图”（户籍图），有的掌“土地之图”，有的掌“金玉锡石之地图”、有的掌“天下图”（全国性区划图），还有的掌“兆域之图”（墓葬地图，图1.12）等。1977年，在河北平山县发现了战国时中山王陵墓形式范围的示意图。

图1.12　兆域图

春秋战国时期战争频繁，地图成为军事活动不可缺少的工具。《管子·地图篇》对当时地图的内容和地图在战争中的作用进行了较详细的论述，是中国最早的地图专篇，指出“凡兵主者，要先审之地图”，精辟阐述了地图的重要性。《战国策·赵策》中记有“臣窃以天下地图案之，诸侯之地，五倍于秦”，表明当时的地图已具有按比例缩小的概念。《战国策·燕策》中关于荆轲用献督亢地图（即割地）去接近秦王，“图穷而匕首见”的记述，说明秦代地图在政治上象征着国家领土及主权。《史记》记载，萧何先入咸阳“收秦丞相御史律令图书藏之”，反映汉代很重视地图。

公元前6世纪至公元前4世纪，古希腊在自然科学领域涌现出一批卓越的学者，他们在许多理论方面提出了新的概念。米勒人阿那克西曼德（公元前610—前547年）提出了地球形状的假想，认为地球是一个椭球形。到了公元前2世纪，埃拉托斯芬（公元前276—前195年）首先利用子午线推算地球大小，算出了地球的子午线弧长为39 700km，并第一个编制了把地球作为球体的地图。吉帕尔赫（公元前160—前125年）创立了透视投影法，利用天文测量测定地面点的经度和纬度，提出将地球圆周划分为360°。托勒密（90—168年）所写的《地理学指南》对当时已知的地球作了详细的描述，包括各国居民地、河流、山脉，并列举了注明经纬度的8000个点，并附有26幅分区图和一幅是世界地图。他提出许多编制地图的方法，创立了球面投影和普通圆锥投影。他用普通圆锥投影编制的世界地图，在西方古代地图史上具有划时代的意义，一直使用到 16 世纪。

在我国存留的地图中，年代最早的当属 20 世纪 80 年代在甘肃天水放马滩 1 号秦墓中发现的战国秦（公元前 239 年）时期，均用墨线绘在 4 块大小基本相同（长 26.7cm、宽 18.1cm、厚 1.1cm）的松木板上的 7 幅《圭县地图》。按其用途可分为《政区图》、《地形图》和《林木资源图》。在这几幅图上，绘有山川、河流、居民点、城邑，地图中有关地名、河流、山脉及森林资源的注记有 82 处之多，且有相距里程和方位，比例尺约为1∶30 万（图 1.13）。图中标明的各种林木，如蓟、柏、楠、松等，同今天渭水地区的植物分布和自然环境也基本相同，今天渭水支流以及该地区的许多峡谷在地图中都可以找到，可见，这些地图是相当准确的实测图。

图 1.13　天水放马滩秦墓出土地图

另外，在放马滩 5 号汉墓中，发现在随葬物品中有残长 5.6cm、宽 2.6cm 的，用细墨线条绘有山川、河流、道路等图形的纸质地图一幅。该图是西汉（公元前 179 年—前 143 年）时期的纸质地图。这种纸被科学界命名为“放马滩纸”。它不仅是迄今发现的世界最早的植物纤维纸，也是世界最早的纸地图实物（图 1.14）。

图 1.14　放马滩纸地图

1973年湖南长沙马王堆3号汉墓出土3幅西汉初年地图，一幅为地形图，一幅为驻军图，另一幅为城邑图。这3幅图均绘于帛上，为公元前168年以前的作品，距今已有2100多年。这三幅地图中，《地形图》《驻军图》已基本复原，《城邑图》由于破损严重，至今没有复原。《地形图》是世界上现存最早的以实测为基础的古地图（图1.15）。图的方位是上南下北，长宽各为98cm的正方形，描述的是西汉初年的长沙国南部，今湘江上游第一大支流潇水流域、南岭、九嶷山及其附近地区，内容包括山脉、河流、聚落、道路等，用闭合曲线表示山体轮廓，以高低不等的9根柱状符号表示九嶷山的9座不同高度的山峰，有80多个居民点、20多条道路、30多条河流。另外两幅是表示在地理基础上的9支驻军的布防位置及其名称的《驻军图》（图1.16）和表示城垣、城门、城楼、城区街道、宫殿建筑等内容的《城邑图》。马王堆汉墓出土的这3幅地图制图时间之早、内容之丰富、精确度之高、制图水平和使用价值之高令人惊叹，堪称极品。

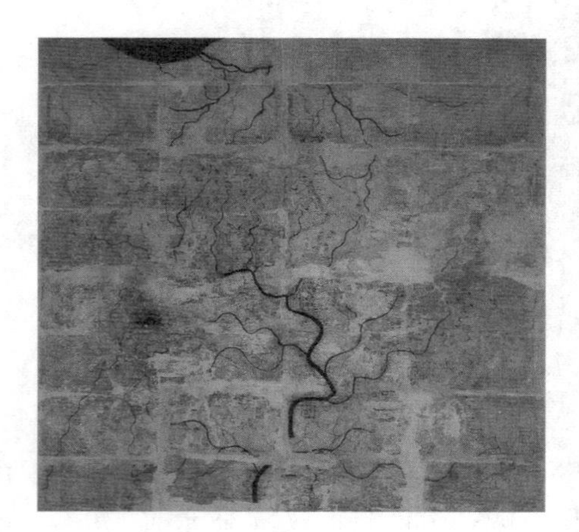
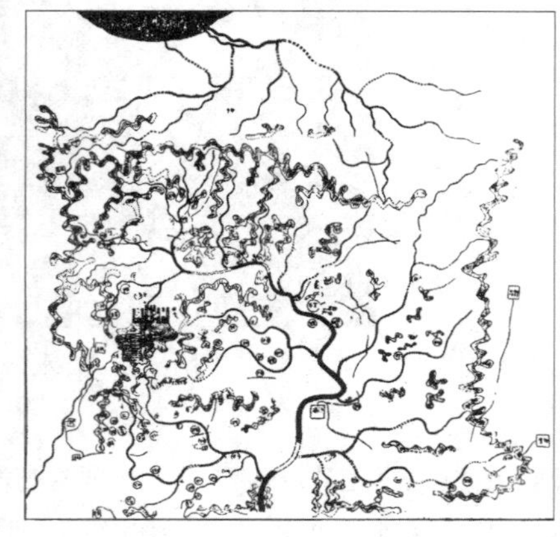

图1.15　马王堆出土的地形图

图1.16　马王堆出土的驻军图

公元3世纪，西晋时山西闻喜人裴秀（223—271年）主持绘制《禹贡地域图》，明确提出绘制地图的原则，创立了世界最早的完整制图理论——制图六体，即分率、准望、道里、高下、方邪、迂直。分率即比例尺，准望即方位，道里即距离，高下即相对高度，方邪即地面坡度起伏，迂直即实地起伏距离同平面上相应距离的换算。裴秀的制图理论对以后的几个朝代有明显的影响。

唐代贾耽（730—805年）师承裴秀六体，通过对流传地图的对比分析和访问、勘察，以“一寸折百里”编制了《海内华夷图》，这是当时世界上最著名的地图，对后世有深远影响（图1.17、图1.18）。

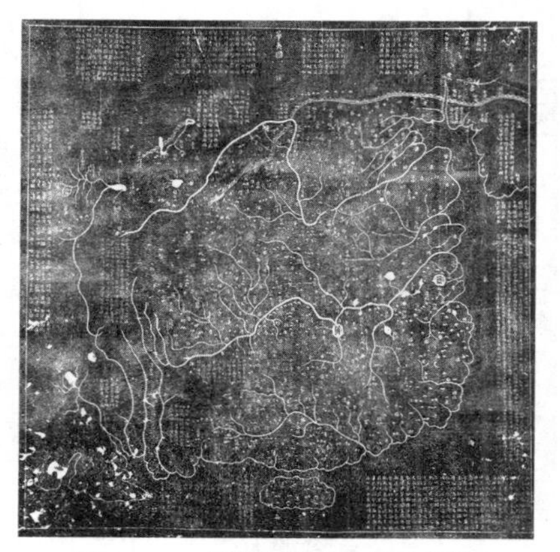

图1.17　原版《海内华夷图》

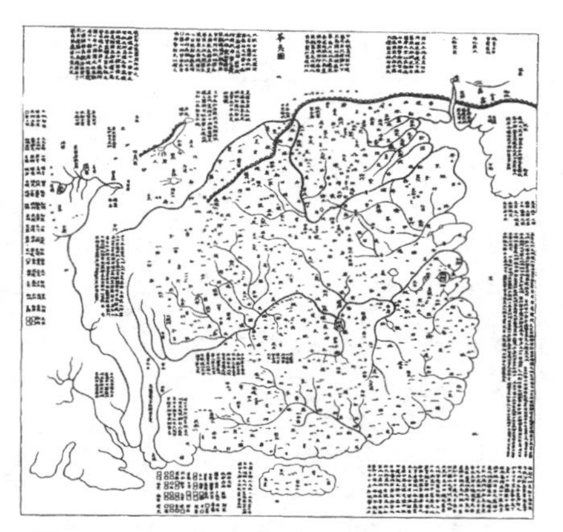

图1.18　《海内华夷图》墨迹复原图

宋朝是我国地图历史上辉煌的年代。北宋统一不久，根据全国各地所贡的400余幅地图编制成全国总图《淳化天下图》。在当今的西安碑林中，有一块南宋绍兴七年的刻石，两面分刻《华夷图》和《禹迹图》（图1.19）。宋朝的沈括（1031—1095年）做过大规模水准测量，发现了磁偏角的存在，使用24方位改装了指南针。他编绘的《守令图》是一部包括20幅地图的天下州县地图集。他还著有地理学著作《梦溪笔谈》。

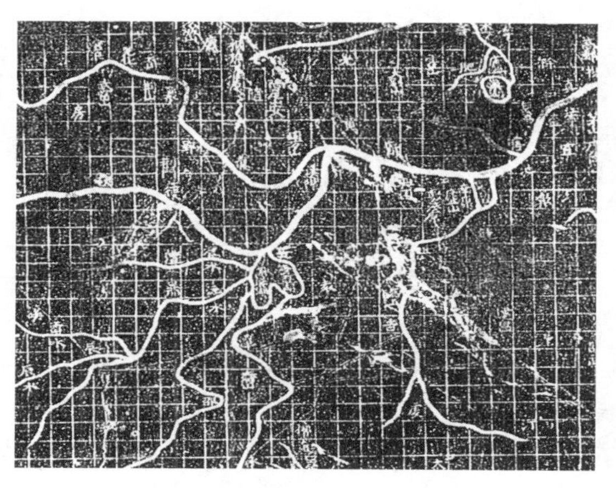

图1.19　《禹迹图》（局部）

元代的朱思本（1273—1333 年）总结唐宋前人经验，在地理考察和研究历史沿革的基础上编制成《舆地图》两卷。

明代罗洪先（1504—1564 年）在朱思本地图的基础上，分析历代地图的优劣，以计里画方网格分幅编制成《广舆图》数十幅，是最早的地图集（图 1. 20）。他创立了 24 种地图符号，对地图内容表达起到重要作用。明末的陈祖绶曾编制《皇明职方图》三卷。郑和（1371—1435 年）七下西洋，他的同行者留下四部重要的地理著作，制成了《郑和航海地图集》（图 1. 21）。意大利传教士利玛窦将《山海舆地全图》介绍到中国（图 1. 22），在 1584—1608 年间，他曾先后 12 次编制世界地图，把经纬度、南北极、赤道、太平洋以及航海所发现的南非、南北美洲等区域概念介绍到中国。

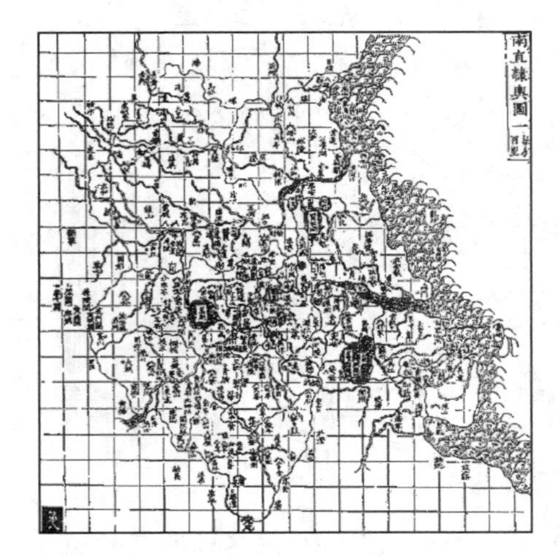

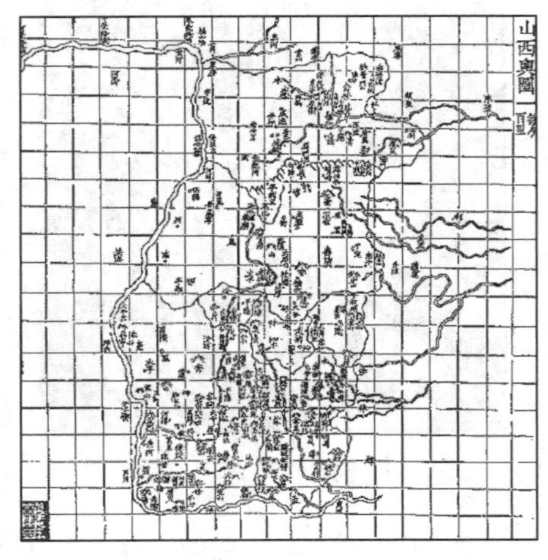

图 1. 20　《广舆图》

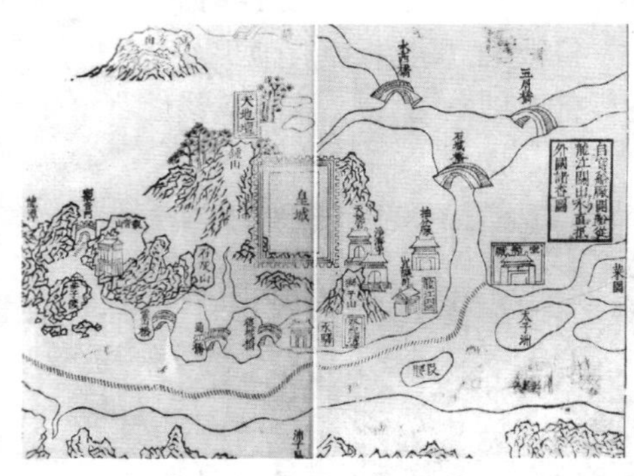

图 1. 21　《郑和航海地图集》

公元 15 世纪以后，欧洲社会资本主义开始萌芽，历史进入文艺复兴、工业革命和地理大发现的时期。航海家哥伦布进行了 3 次航海探险，发现了通往亚洲和南美洲大陆的新航路和许多岛屿。麦哲伦第一次完成了环球航行，从而证实了地球是球体。航海探险使人们对地球上的大陆和海洋有了新的认识。为地图的发展提供了机遇，为新的世界地图奠定了基础。

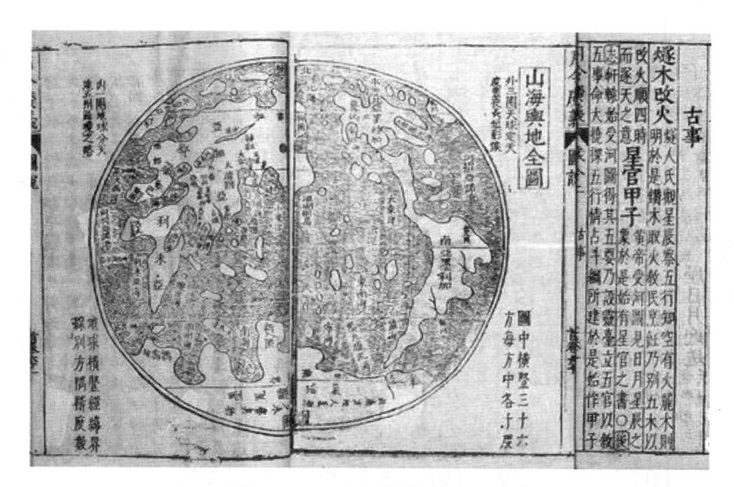

图 1.22　《山海舆地全图》

公元 16 世纪，荷兰制图学家墨卡托（1512—1594 年）创立了正轴等角圆柱投影（墨卡托投影），并于 1568 年用这种投影编制了世界地图（图 1.23），代替了托勒密的普通圆锥投影地图（图 1.24）。他用正轴等角圆柱投影编制的世界地图，不仅收集并改正了所有天文点成果，把当时对世界的认识表示到地图上，而且等角航线被表示成直线，对航海最合适，因此迄今世界各国还在采用墨卡托投影编制海图。墨卡托对西方地图学的发展产生了深远的影响。

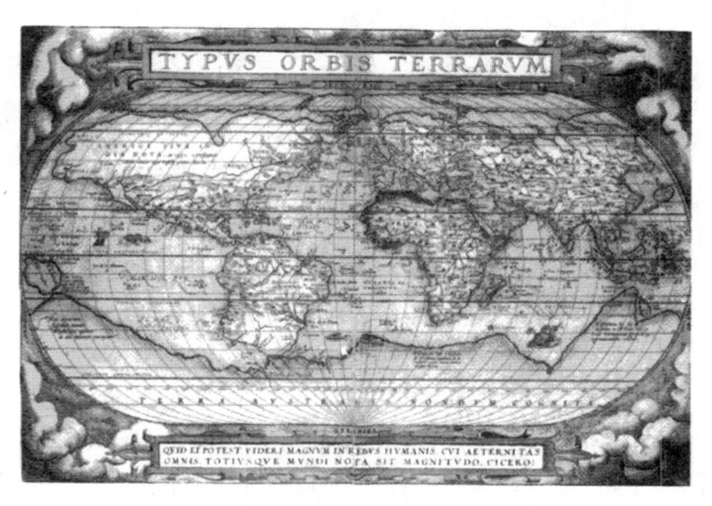

图 1.23　墨卡托世界地图

清代康熙年间，清政府聘请了大量的外籍人士，采用天文和大地测量方法在全国测算 630 个点的经纬度，并测绘大面积的地图，制成《皇舆全览图》（图 1.25），实为按省分幅的 32 幅地图，是中国第一部实测全国地图，采用经纬差各 1 度的梯形经纬网格，详细地表示了地形、水系、居民地间相对集团及其汉字名称，并在边疆地区加注满文。1717 年成图，1719 年制成铜版，52.5cm×77cm 共 41 幅，比例尺为 1：140 万，现藏于北京图

图 1.24　托勒密世界地图

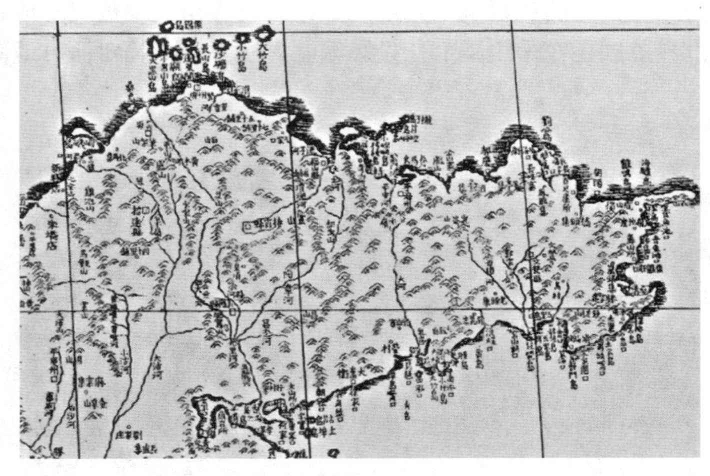

图 1.25　《皇舆全览图》(局部)

书馆。乾隆年间，在此基础上，增加了新疆、西藏新的测绘资料，编制成《乾隆内府地图》。清代完成了我国地图从计里画方到经纬度制图方法的转变，是地图制作历史上一次大的进步。清末魏源（1794—1859年）采用经纬度制图方法编制了一部世界地图集《海国图志》。该图集有74幅地图，选用了多种地图投影，是制图方法转变的标志。杨守敬(1839—1915年）编制的《历年舆地沿革险要图》共70幅，是我国历史沿革地图史上的旷世之作，后来成为《中华人民共和国大地图集》中历史地图集的基本资料。1863年，胡林翼主纂、邹世治、顾圭斋运用计里画方古法和经纬度制图新法，编制成《大清一统舆图》(图1.26)，因涉外，又称《皇朝中外一统舆图》(图1.27)，为应用最广泛的古代地图。

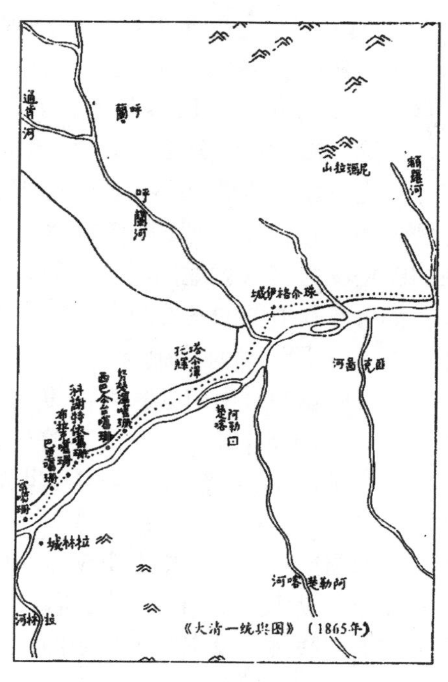

图 1.26　《大清一统舆图》

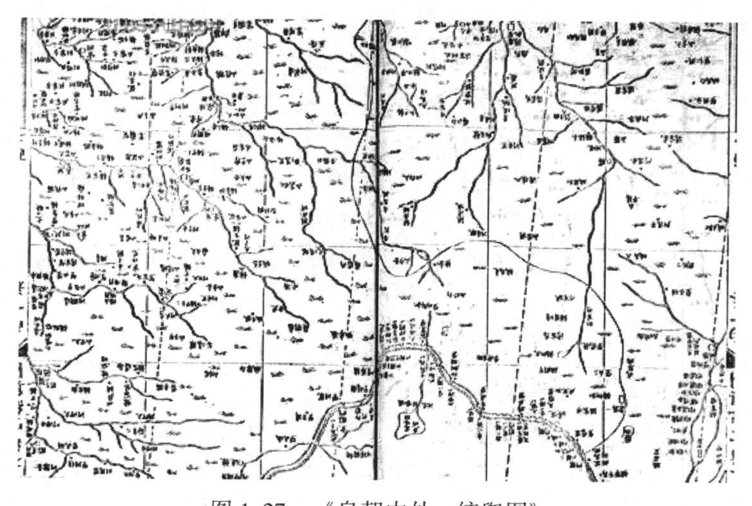

图 1.27　《皇朝中外一统舆图》

1.5.3　近代地图

随着资本主义的发展，航海、贸易、军事及工程建设越来越需要精确、详细的更大比例尺的地图。18 世纪实测地形图的出现，使地图内容更加丰富和精确，地图符号系统不断完善，透视写景符号逐步被平面符号代替，地貌表示也由晕滃法发展到等高线法，同时出现了地图的平版印刷，将地图推进到近代的阶段。

19 世纪资本主义各国出于对外寻找市场和掠夺的需要，产生了编制全球统一规格的详细地图的要求。1891年在瑞士伯尔尼举行的第五次国际地理学大会上，讨论并通过了编制国际百万分之一地图的决议；随后于1909年在伦敦召开的国际地图会议上，制定了编制百万分之一地图的基本章程；1913年又在巴黎召开了第二次讨论百万分之一地图编制方法和基本规格的专门会议，这对国际百万分之一地图的编制起到了积极的作用。与此同时，由于自然科学的进步与深化，普通地图已不能满足需要，于是地质、气候、水文、地貌、土壤、植被等各种专题地图应运而生。德国伯尔和斯编制出版的《自然地图集》、巴康和海尔巴特逊编制出版的巴特罗姆《气候地图集》、俄国道库耶夫编制的北半球土壤图与俄国欧洲部分土壤图等，都对专题地图的发展起了一定的推动作用。

20世纪由于摄影测量的产生和发展，对地图制作产生了极大的影响，出现了大批具有世界影响的地图作品。其中较有影响的有由前苏联为首的7个东欧社会主义国家编制的《1∶250万世界地图》、英国的《泰晤士地图集》、意大利的《旅行家俱乐部地图集》、前德意志民主共和国的《哈克世界大地图集》、美国的《国际世界地图集》以及《加拿大地图集》。

中国是世界上最早有了地图的国家之一。历史上出现过一些著名的地理学家，产生过一批很有水平的地图作品。只是到了近代，由于外来的侵略，内部的政治腐败，国势日衰，没有统一的大地坐标系统和水准联测，没有完善的制图作业规范，地图制图技术也就落后于西方国家。

辛亥革命后，南京政府于1912年设陆地测量总局，实施地形图测图和制图业务。到1928年，全国新测1∶25万比例尺地形图400多幅，1∶5万比例尺地形图3595幅，在清代全国舆地图的基础上调查补充，完成1∶10万和1∶20万比例尺地形图3883幅，并于1923—1924年编绘完成全国1∶100万比例尺地形图96幅。除了军事部门以外，水利、铁道、地政等部门的测绘业务也有所发展，均测制了一些相关地图。到1948年止，全国共测制1∶5万比例尺地形图8000幅，又于1930—1938年、1943—1948年先后两次重编了1∶100万比例尺地图。在地图集编制方面，1934年由上海申报馆出版的《中华民国新地图》，采用等高线加分层设色表示地貌，铜凹版印刷，在我国地图集的历史上具有划时代的意义。

在第二次国内革命战争时期，红军总部就设有地图科，随军搜集地图资料并作一些简易测图和标图。长征前夕，地图科为主力红军制作了江西南部1∶10万比例尺地形图；过雪山、草地时绘制了“1∶1万宿营路线图”。解放战争时期，地图使用已十分广泛，各野战军都设有制图科，随军做了大量的地图保障工作。如1948年平津战役前夕，编制了北平西部航摄像片图和天津、保定驻军城防工事图，为解放战争胜利作出了贡献。

1.5.4 现代地图

中华人民共和国成立后，随着经济建设和国防建设及科学文化事业的迅速发展，我国的地图事业也得到了迅速发展，并且进入现代地图的发展时期。

为满足恢复和发展经济建设及国防建设的需要，国家先后建立了各级测绘管理、实施和教育机构，并组织了大规模国家基本比例尺地形图测绘和编印。1950年组建的军委测绘局（后改为中国人民解放军总参测绘局），以及1956年组建的国家测绘总局，成为中国军队和地方测绘工作管理和组织实施的两大机构，领导全国的地图测绘和编绘工作。

1946年成立的解放军测绘学院，以及1956年建立的武汉测绘学院，从军方和地方两方面担负起了培养地图制图高等科技人才的重任。

1953年总参测绘局组织编制了1：150万的全国挂图《中华人民共和国全图》，由32幅对开拼成。1956年出版了1：400万《东南亚形势图》。20世纪50年代后期，先后3次编制出版了1：250万《中华人民共和国全图》，以后又多次修改、重编出版，成为我国全国挂图中稳定的品种。该图内容丰富、色彩协调、层次清晰，较好地反映了中国的三级地势和中国大陆架的面貌。20世纪70年代，各省（自治区）、市测绘部门分别完成了省（自治区）、市挂图和大量的区县地图的编制工作。

由谭其骧主编的《中国历史地图集》，从1955年开始编纂，1975年内部试行，1982年公开发行。包括原始社会、夏商西周春秋战国、秦两汉、三国、两晋、十六国、南北朝、隋唐五代、宋辽金、元明清等，共8册20个图组304幅图，收地名7万个，是最完整的中国历史地图集。

在地图集的编制方面，首推《国家大地图集》的编制。1958年7月，由国家测绘局和中国科学院发起，吸收30多个单位的专家，组成国家大地图集编委会，确定国家大地图集由普通地图集、自然地图集、经济地图集、历史地图集四卷组成，后来又将农业地图集和能源地图集列入选题。现在已经先后出版了《自然地图集》《经济地图集》《农业地图集》《普通地图集》《历史地图集》。这些地图集在规模、制图水平及印刷和装帧等多方面都达到了国际先进水平。

经过数十年的努力，在完成覆盖全国的1：5万和1：10万地形图的基础上，1：5万地形图已更新三次，1：10万地形图也已更新两次。完成了全国1：20万、1：25万、1：50万和1：100万地形图的编绘工作，并已建成了1：25万、1：50万和1：100万数字地图数据库。此外，还有数量庞大的专业部门测绘和编制出版了大量的地形图、专题地图、影像地图、数字地图、系列地图、地图集等。

随着测绘科学技术的发展，现代地图及其产品有了明显的变化，出现缩微地图，数字地图、电子地图、全息像片等新品种。在生产部门，4D产品（图1.28~图1.31）已经逐步取代了传统意义上的纸质地图。

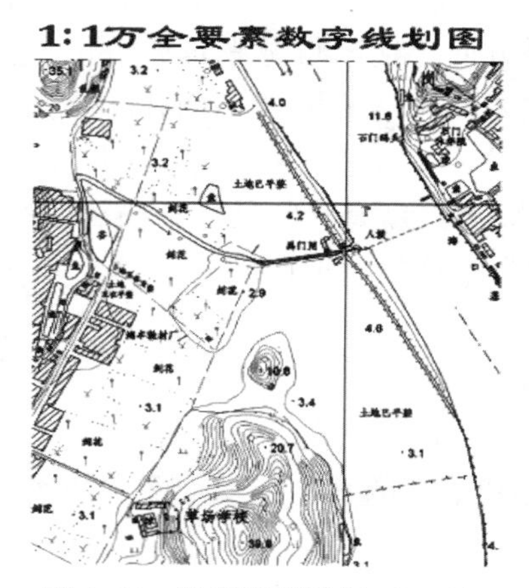

图1.28　数字线划地图（DLG）

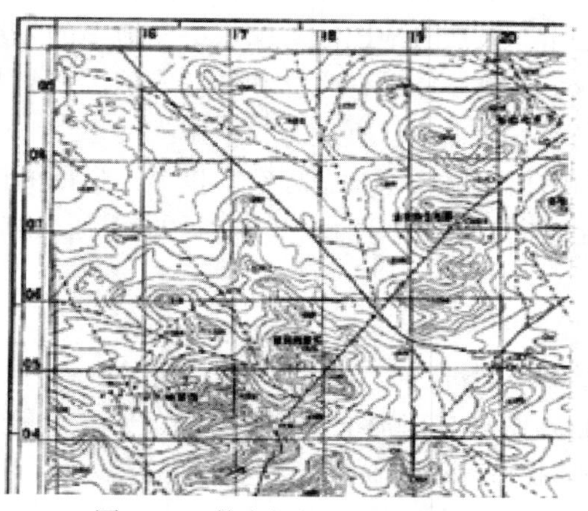
图1.29　数字栅格地图（DRG）

图 1.30　数字高程模型（DEM）

图 1.31　数字正射影像（DOM）

从 20 世纪 80 年代起，测绘部门开始大规模建设国家级的基础地理信息数据库，至今已经陆续建成了全国 1∶400 万地形数据库、重力数据库，全国 1∶100 万的地形数据库、地名数据库、数字高程模型库，全国 1∶25 万的地形数据库、地名数据库、数字高程模型库。还在 1999 年建成了全国七大江河重点防范区 1∶1 万的数字高程模型（12.5m 格网）和长江三峡库区 1∶5 万数字高程模型（50m 格网）。目前正在建立全国 1∶5 万地形数据库、数字高程模型库、正射影像数据库和数字栅格地图数据库。这些数据库作为重要的基础地理信息数据来源，已经在全国各行各业得到了广泛的应用。

进入 21 世纪后，现代地图学所研究的对象不断扩大，人类的认识正在从陆地表层向海洋、地壳深部和外层空间扩延，几乎任何与空间位置有关的人类活动，都可以用地图来研究。现在地图学的任务已不满足于对地理环境各种原始测绘数据的加工，而是更注意开发高层次、知识密集型的地图产品。地图品种正朝向多维、动态、多媒体、网络等方向发展，地图出版的数量也是以前任何时期无法比拟的。

地图是测绘的标准产品，以精度高、可靠性好、专业性强为优点，今后，地图也将走产业化道路，大众对地图的需求将决定地图的发展方向，地图将越来越通俗化、多样化。伴随着数字化测绘体系的建立和日益发展的网络技术，可量测影像（DMI）、网络地图等已走进普通大众生活，直接为大众服务。

地图的作用就是认知地理空间世界，最好的认知方式就是身临其境，当然，最好的地图就是能够向人们提供身临其境感觉的产品，也就是虚拟的地理环境。

【本章小结】

本章对地图进行了全面、系统的介绍：

（1）地图具有区别于风景画、地面照片、航片和卫片的基本特性，严密的数学法则、特定的地图语言和进行科学的地图概括。

（2）地图是按照一定的数学法则，使用地图语言，通过地图概括以图解的、数字的或触觉的形式，表示自然地理、人文地理各种要素的载体。

（3）种类繁多、形式各异的地图内容，都是由数学要素、地理要素和辅助要素构成的，通常称之为地图的三要素。

（4）经历了几千年而长盛不衰的地图，是在用模拟、信息载负、信息传输和认知的功能发挥着它的效能和作用。

（5）地图通常按内容、比例尺、制图区域、用途、使用方式、介质形式、图幅数量、信息表现形式等标志进行分类。

（6）地图的发展历史载录了人类对客观环境的认识，在社会生产实践中产生，又以自身的不断发展而服务于社会实践，它的发展分古代、近代和现代三个阶段。

◎ 思考题

1. 叙述地图的基本特性。
2. 描述地图的定义。
3. 地球仪、卫星像片、计算机屏幕地图是否是地图？并叙述理由。
4. 构成地图内容的要素有哪些？
5. 地图的数学要素有哪些？
6. 哪些要素是地理要素？
7. 地图的功能有哪些？
8. 叙述主要的地图分类方法及其具体的地图类型。
9. 什么是普通地图？什么是专题地图？它们有哪些区别和联系？
10. 普通地图上主要表述哪些内容？
11. 地形图与地理图有什么区别？
12. 如何区分大、中、小比例尺地图？
13. 试区别政区图、城市旅游图、地理图、地貌图是普通地图还是专题地图。
14. 什么是专用地图？
15. 地图的发展分几个阶段？

第 2 章　地图的数学基础

【教学目标】

地图的数学基础是指地图上各种地理要素与相应的地面景物之间保持一定对应关系的经纬网、坐标网、大地控制点、比例尺等数学要素。通过本章教学，使学生了解一个特定的地理坐标系是由一个特定的椭球体和一种特定的地图投影构成的，其中椭球体是一种对地球形状的数学描述，而地图投影是将球面坐标转换成平面坐标的数学方法。掌握最基本的投影性质和特点及其变形分布规律，从而能够正确辨认使用各种常用的投影。理解地球表面上的定位问题以及球面坐标系统的建立，并能在地图上确定点位、方向和距离。熟悉比例尺的概念和表现形式，掌握地形图的分幅与编号。

2.1　地球的形状与大小

地球的表面是一个不可展平的曲面，而地图是在平面上描述各种地理实体和地理现象，要建立球面与平面的对应关系，就必须对地球的形状和大小进行研究。

2.1.1　地球的自然表面

地球的自然表面起伏不平，极其不规则，有高山、深谷、丘陵和平原，又有江河湖海。地球表面约有 71%的面积为海洋所占据，29%的面积是大陆与岛屿。这个高低不平的表面无法用数学公式表达，也无法进行运算，所以在量测与制图时，必须找一个规则的曲面来代替地球的自然表面。

2.1.2　地球的物理表面

当海洋静止时，它的自由水面必定与该面上各点的重力方向（铅垂线方向）成正交，我们把这个面叫做水准面。水准面有无数多个，其中有一个与静止的平均海水面相重合。可以设想这个静止的平均海水面穿过大陆和岛屿形成一个闭合的曲面，这就是大地水准面（图 2.1）。大地水准面所包围的形体，叫大地球体。由于地球体内部质量分布的不均匀，引起重力方向的变化，导致处处和重力方向成正交的大地水准面成为一个不规则的，仍然不能用数学表达的曲面。

2.1.3　地球的数学表面

大地水准面形状虽然十分复杂，但从整体来看，起伏是微小的。它是一个很接近于绕自转轴（短轴）旋转的椭球体。所以在测量和制图中就用旋转椭球来代替大地球体，这个旋转球体通常称地球椭球体，简称椭球体。地球椭球体表面是一个规则的数学表面，它

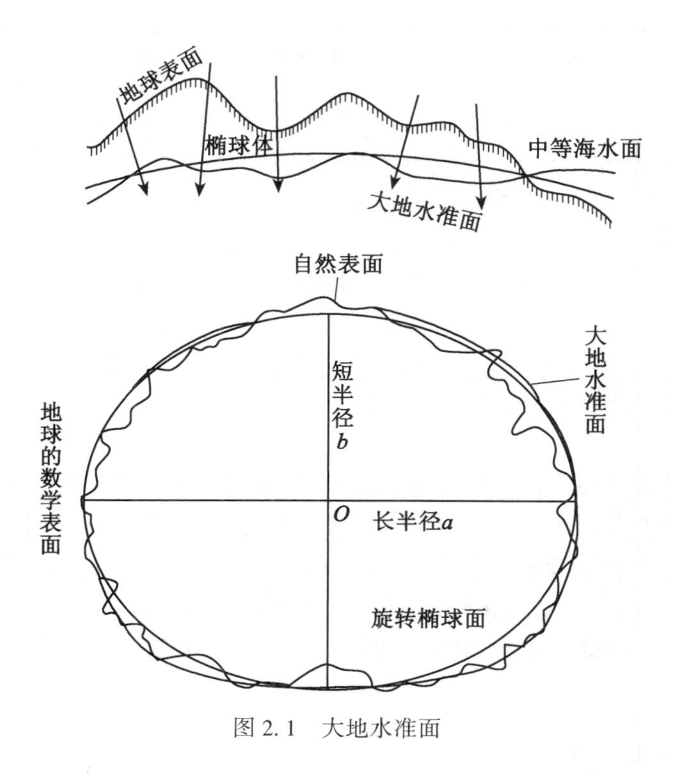

图 2.1　大地水准面

是测量与制图的基础。椭球体的大小，通常用两个半径——长半径 a 和短半径 b，或由一个半径和扁率 f 来决定。扁率表示椭球的扁平程度。扁率 f 的计算公式为：

$$f = \frac{a + b}{a}$$

基本元素 a、b、f 称为地球椭球体的三要素。这些基本元素，由于推求它的年份、所用的方法以及测定的地区不同，其成果并不一致，故地球椭球体的元素值有很多种。现将几个常用的地球椭球体元素值列于表 2.1 中。

表 2.1　**椭球体名称及元素值表**

椭球名称	年份	长半径（m）	扁率	附注
德兰勃（Delambre）	1800	6375653	1 : 334.0	法国
埃弗瑞斯（Everest）	1830	6377276	1 : 300.801	英国
贝塞尔（Bessel）	1841	6377397	1 : 299.152	德国
克拉克（Clarke）	1866	6378206	1 : 294.978	英国
克拉克（Clarke）	1880	6378249	1 : 293.459	英国
海福特（Hayford）	1910	6379388	1 : 297.0	1942 年国际第一个推荐值
克拉索夫斯基	1940	6378245	1 : 298.3	苏联

续表

椭球名称	年份	长半径（m）	扁率	附注
1967 年大地坐标系	1967	6378160	1∶298.247	1971 年国际 第二个推荐值
1975 年大地坐标系	1975	6378140	1∶298.257	1975 年国际 第三个推荐值
1980 年大地坐标系	1980	6378137	1∶298.257	1979 年国际 第四个推荐值
WGS-84	1984	6378137	1∶298.257	1984 年国际推荐值

（资料来源：《地图学与地图绘制》，王琴，2008）

我国在 1952 年以前采用海福特（Hayford）椭球体，从 1953 年到 1980 年采用克拉索夫斯基椭球体。随着人造地球卫星的发射，有了更精密的测算地球形体的条件，近些年来地球椭球体的计算又有不少新的数据。1975 年第 16 届国际大地测量及地球物理联合会（International Unionof Geodesy and Geophysics，IUGG）上通过的国际大地测量协会第一号决议中公布的地球椭球体，称为 GRS（1975），我国自 1980 年开始采用 GRS（1975）新参考椭球体系。

2.1.4　地球的正球体

地球虽然是一个两极稍扁、赤道略鼓的不规则椭球体，但是由于地球椭球体的扁率很小，其长半径与短半径的差值很小，如果按比例缩小后，差异会变得更小，所以当制作小比例尺地图或测区范围不大时，可以近似把它当作球体看待。按等体积计算将地球换算成一个正球体，这个正球体的半径取值为 6371110m。

2.2　坐标系与高程系

坐标系包含两方面的内容：一是在把大地水准面上的测量成果换算到椭球体面上的计算工作中所采用的椭球的大小；二是椭球体与大地水准面的相关位置不同，对同一点的地理坐标所计算的结果将有不同的值。因此，选定了一个一定大小的椭球体，并确定了它与大地水准面的相关位置，就确定了一个坐标系。确定地面的点位，就是求出地面点对大地水准面的关系，它包括确定地面点在大地水准面上的平面位置和地面点到大地水准面的高度。

2.2.1　地理坐标系

地面上任一点在大地水准面上的位置，都可用地理坐标（经度、纬度）来表示。地理坐标系是以地理极（北极、南极）为极点。地理极是地轴（地球椭球体的旋转轴）与椭球面的交点。所有含有地轴的平面，均称为子午面。子午面与地球椭球体的交线，称为子午线或经线。经线是长半径为 a、短半径为 b 的椭圆。所有垂直于地轴的平面与椭球体面的交线，称为纬线。纬线是不同半径的圆。其中半径最大的纬线是通过地轴中心垂直于地轴的平面所截的大圆，称为赤道。

设椭球面上有一点 P（图 2.2），通过 P 点作椭球面的垂线，称为过 P 点的法线。法线与赤道面的交角，叫做 P 点的纬度，通常以字母 ϕ 表示。纬度从赤道起算，在赤道上纬度为 0°。纬线离赤道愈远，纬度愈大，至极点纬度为 90°。赤道以北的叫北纬，赤道以南的叫南纬。过 P 点的子午面与通过英国格林尼治天文台的子午面所夹的二面角，叫做 P 点的经度，通常以字母 λ 表示。国际规定通过英国格林尼治天文台的子午线为本初子午线（或叫首子午线），作为计算经度的起点。该线的经度为 0°。向东 0°~180°叫东经，向西 0°~180°叫西经。

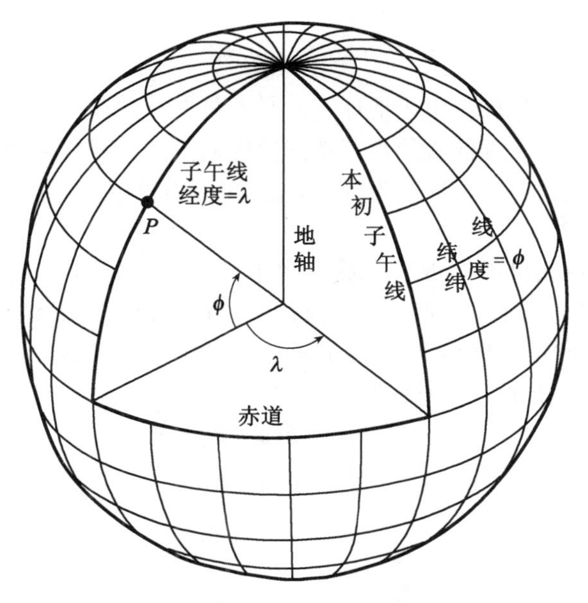

图 2.2　地球的经线和纬线

地面上任一点的位置，通常用经度和纬度来决定。经线和纬线是地球表面上两组正交（相交为 90°）的曲线，这两组正交的曲线构成的坐标，称为地理坐标系。地表面某两点经度值之差称为经差，某两点纬度值之差称为纬差。例如，北京在地球上的位置可由北纬 39°56′和东经 116°24′来确定。

2.2.2　地心坐标系

以地球的质心作为坐标原点的坐标系，称为地心坐标系，即要求椭球体的中心与地心重合。地心坐标系是在大地体内建立的 $O\text{-}XYZ$ 坐标系，原点 O 设在大地体的质量中心，用相互垂直的 X，Y，Z 3 个轴来表示，X 轴与首子午面与赤道面的交线重合，向东为正；Z 轴与地球旋转轴重合，向北为正。Y 轴与 XZ 平面垂直构成右手系。

人造地球卫星绕地球运行时，轨道平面时时通过地球的质心，同样，对于远程武器和各种宇宙飞行器的跟踪观测也是以地球的质心作为坐标系的原点，参考坐标系已不能满足精确推算轨道与跟踪观测的要求。因此建立精确的地心坐标系对于卫星大地测量、全球性导航和地球动态研究等都具有重要意义。

20 世纪 60 年代以来建立起来的 1972 年全球坐标系（WGS-72 坐标系）和 1984 年全球坐标系（WGS-84 坐标系）都属于地心坐标系。美国的全球定位系统 GPS，在实验阶段采用的是 WGS-72 坐标系，1986 年之后采用的是 WGS-84 坐标系。WGS-84 坐标系是一种国际上采用的地心坐标系。坐标原点为地球质心，其地心空间直角坐标系的 Z 轴指向 BIH（国际时间局）1984. O 定义的协议地球极（CTP）方向，X 轴指向 BIH 1984. 0 的零子午面和 CTP 赤道的交点，Y 轴与 Z 轴、X 轴垂直构成右手坐标系，称为 1984 年世界大地坐标系统。这是一个国际协议地球参考系统（ITRS），是目前国际上统一采用的大地坐标系。

2.2.3　平面坐标系

地理坐标是一种球面坐标。由于地球表面是不可展开的曲面，也就是说，曲面上的各点不能直接表示在平面上，因此必须运用地图投影的方法，建立地球表面和平面上点的函数关系，使地球表面上任一个由地理坐标（ϕ、λ）确定的点，在平面上必有一个与它相对应的点。

平面上任一点的位置可以用极坐标或直角坐标表示。如图 2. 3 所示，设 O 为极坐标的原点，即极点，OX 为极轴，A 点的位置可用其动径 ρ 和动径角 δ 来表示，即 A（ρ，δ）。如果以极轴为 X 轴，垂直于极轴的轴为 Y 轴，则 A 点的位置亦可用直角坐标表示，即 A（x，y）。极坐标与直角坐标的关系为：

$$\begin{cases} x = \rho\cos\delta \\ y = \rho\sin\delta \end{cases}$$

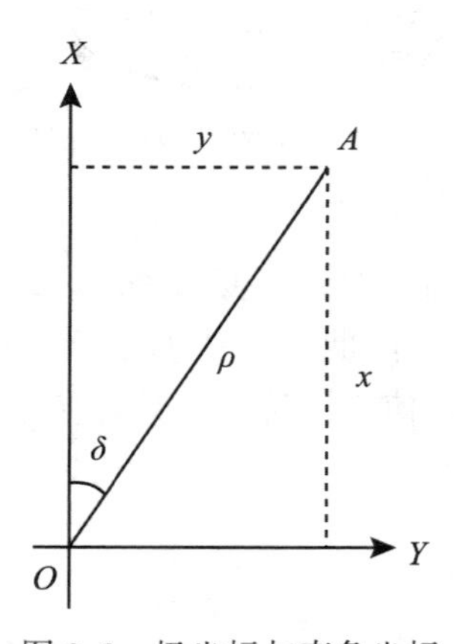

图 2. 3　极坐标与直角坐标

这里需要指出的是，在测量和制图中所规定的 X 轴和 Y 轴的方向与数学中的规定相反。动径角（δ）是极轴（OX）与动径（OA）所夹的角，它是按顺时针方向计算的，这也与数学中所规定的不同。

2.2.4 我国大地坐标系

我国目前常用的两个大地坐标系是1954年北京坐标系和1980年国家大地坐标系，以及2008年7月1日启用的2000国家大地坐标系。

1. 1954年北京坐标系

1954年北京坐标系为参心大地坐标系，大地上的一点可用经度L54、纬度M54定位，它是以克拉索夫斯基椭球为基础，经局部平差后产生的坐标系。

椭球坐标参数：长半轴 $a=6\ 378\ 245\text{m}$；短半轴 $b=6\ 354\ 950\text{m}$；扁率 $f=1/273.8$。

我国采用了苏联的克拉索夫斯基椭球参数，并与苏联1942年坐标系进行联测，通过计算建立了我国大地坐标系，定名为1954年北京坐标系。因此，1954年北京坐标系可以认为是苏联1942年坐标系的延伸。它的原点不在北京，而是在苏联的普尔科沃。

2. 1980年国家大地坐标系

1980年国家大地坐标系是中国于1978年4月经全国天文大地网会议决定，并经有关部门批准建立的坐标系，是采用1975年第16届国际大地测量及地球物理联合会（IUGG/IAG）推荐的地球椭球体参数，以陕西省西安市以北泾阳县永乐镇某点为国家大地坐标原点（图2.4），进行定位和测定工作，通过全国天文大地网整体平差计算，建立全国统一的大地坐标系，以取代1954年北京坐标系，其椭球短轴平行于由地球质心指向1968.0地极原点（JYP）的方向，首子午面平行于格林尼治天文台的子午面。

该系统以地球椭球体面在中国境内与大地水准面能达到最佳吻合为条件，利用多点定位方法而建立的国家大地坐标系统。其主要优点在于：椭球体参数精度高；4个参数是一个完整的系统；定位所决定的椭球体面与我国大地水准面符合得好；天文大地网坐标传算误差、天文重力水准线路传算误差都不太大，天文大地网坐标经过了全国的整体平差，坐标统一，精度优良，可以直接满足1∶5000甚至更大比例尺测图的需要。

图2.4 1980年国家大地坐标系原点

3. 2000国家大地坐标系

2000国家大地坐标系是全球地心坐标系在我国的具体体现，其原点为包括海洋和大气的整个地球的质量中心，Z 轴由原点指向历元2000.0的地球参考极的方向，该历元的指向由国际时间局给定的历元为 1984.0 的初始指向推算，定向的时间演化保证相对于地壳不产生残余的全球旋转，X 轴由原点指向格林尼治参考子午线与地球赤道面（历元 2000.0）的交点，Y 轴与 Z 轴、X 轴构成右手正交坐标系。

2000 国家大地坐标系采用的地球椭球参数：长半轴 a = 6378137m，短半轴 b = 6356752m，扁率 f = 1/298.257222101。

中华人民共和国成立以来，于 20 世纪 50 年代和 80 年代分别建立了 1954 年北京坐标系和 1980 年国家大地坐标系，测制了各种比例尺地形图，它们在国民经济、社会发展和科学研究中发挥了重要作用，限于当时的技术条件，中国大地坐标系基本上是依赖于传统技术手段实现的。1954 年北京坐标系采用的是克拉索夫斯基椭球体。该椭球在计算和定位的过程中，没有采用中国的数据，该系统在中国范围内符合得不好，不能满足高精度定位以及地球科学、空间科学和战略武器发展的需要。20 世纪 70 年代，中国大地测量工作者经过 20 多年的艰巨努力，终于完成了全国一、二等天文大地网的布测。经过整体平差，采用 1975 年 IUGG 第十六届大会推荐的参考椭球参数，中国建立了 1980 年国家大地坐标系，1980 年国家大地坐标系在中国经济建设、国防建设和科学研究中发挥了巨大作用。随着社会的进步，国民经济建设、国防建设和社会发展、科学研究等对国家大地坐标系提出了新的要求，迫切需要采用原点位于地球质量中心的坐标系统作为国家大地坐标系。采用地心坐标系，有利于采用现代空间技术对坐标系进行维护和快速更新，测定高精度大地控制点三维坐标，并提高测图工作效率。2008 年 3 月，由国土资源部正式上报国务院《关于中国采用 2000 国家大地坐标系的请示》，并于 2008 年 4 月获得国务院批准。自 2008 年 7 月 1 日起，我国全面启用 2000 国家大地坐标系。

2000 国家大地坐标系与现行国家大地坐标系转换、衔接的过渡期为 8~10 年。2008 年 7 月 1 日后，新生产的各类测绘成果采用 2000 国家大地坐标系。2008 年 7 月 1 日后新建设的地理信息系统应采用 2000 国家大地坐标系。

2.2.5　高程系

高程是指由高程基准面起算的地面点高度。高程基准面是根据验潮站所确定的多年平均海水面而确定的（图 2.5）。

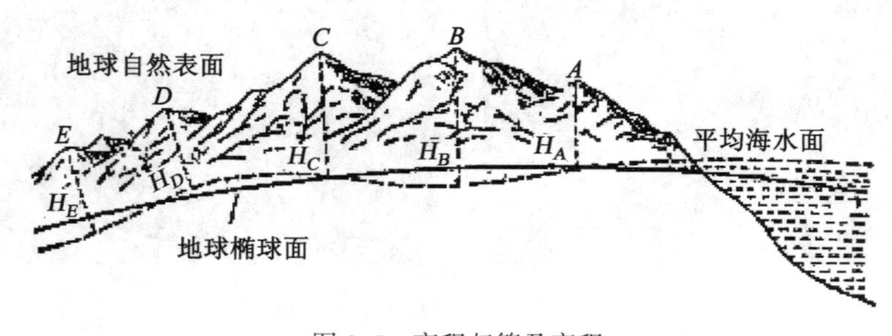

图 2.5　高程起算及高程

地面点至平均海水面的垂直高度即为海拔高程，也称绝对高程，简称高程。地面点之间的高程差称为相对高程，简称高差。

实践证明，在不同地点的验潮站所得的平均海水面之间存在着差异，选用不同的基准面，就有不同的高程系统。例如，我国曾经使用过 1954 年黄海平均海水面、坎门平均海水面、吴淞零点、废黄河零点和大沽零点等多个高程系统，均分别为不同地点的验潮站所得的平均海水面。

1. 1956 年黄海高程系

一个国家一般只能采用一个平均海水面作为统一的高程基准面。为使我国的高程系统达到统一，规定采用以青岛验潮站 1950—1956 年测定的黄海平均海水面作为全国统一高程基准面，其他不同高程基准面推算的高程均应归化到这一高程基准面。凡由该基准面起算的高程，统称为“1956 年黄海高程系”。统一高程基准面的确立，克服了中华人民共和国成立前高程基准面混乱（还有许多省区以假定高程作为起算）、不同省区的地图在高程系上普遍不能接合等弊端。我国 20 世纪 80 年代以前均采用此高程系测绘地图。

1956 年黄海高程系的水准原点设在青岛市的观象山上，它对黄海平均海水面的高程为 72. 298m。国家各等级的高程控制点（水准点、埋石点等）的高程数值都是由该点起，通过水准测量等方法传算过去，构成全国高程控制网，从而为测绘地图提供了必要条件。

地图上的多种高程控制点均用不同的符号区分表示。

2. 1985 国家高程基准

由于观测数据的累积，黄海平均海水面发生了微小变化，国家决定启用新的高程系，并命名为“1985 国家高程基准”。

该系统是采用青岛验潮站 1952—1979 年潮汐观测资料计算的平均海水面，国家水准原点和高程值 72. 260m，使高程控制点的高程产生了微小变化，但对已成地图上的等高线和影响可以忽略不计，可认为是没有变化的。人造地球卫星的迅速发展，为精确测定地球的形状，确定大地水准面与旋转椭球面的差距，测定地面点的三维空间的坐标，起到了积极的推动作用。

2.3 地图投影

地球椭球体表面是曲面，地图是绘在平面上的，而地球表面是不可能展成平面的曲面，因此，在制作地图时就产生平面和曲面的矛盾。如果硬要把地球表面展成平面，不可避免地要产生裂隙和重叠现象。那就必须采取特殊的方法将曲面展成平面，使其成为没有裂隙和重叠的平面，这个特殊的方法就是通过地图投影来实现的。

运用一定数学法则，建立起地球球面与地图平面之间的变换关系，并研究变形的大小与分布，这个变换的理论与方法称为地图投影。

2.3.1 地图投影的概念

在光线中，投影是在光的照射下，将物体投射到一个承影面上的影子或过程（图 2. 6）。在数学中，投影是指两个图形之间存在着一一对应的映射关系（图 2. 7）。同样，在地图学中，地图投影就是指建立地球表面上的点与投影平面上点之间的一一对应关系。地图投影的基本问题就是利用数学方法建立地球球面上的点与地图平面上相对应点间数学函数关系的过程，其实质是将球面上点的坐标，按照一定的数学法则表达到地图平面上。

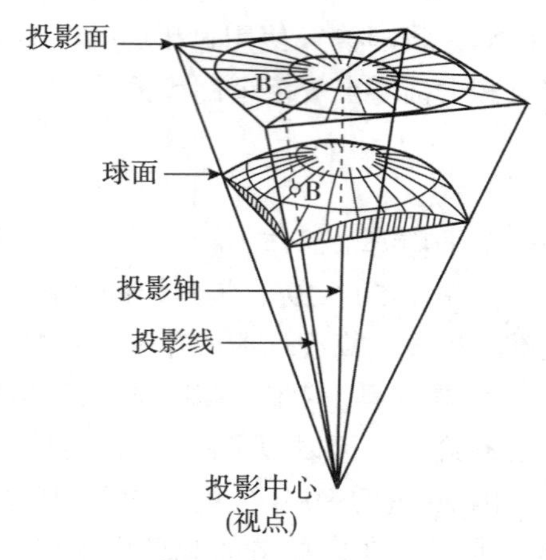

图 2.6　光学投影

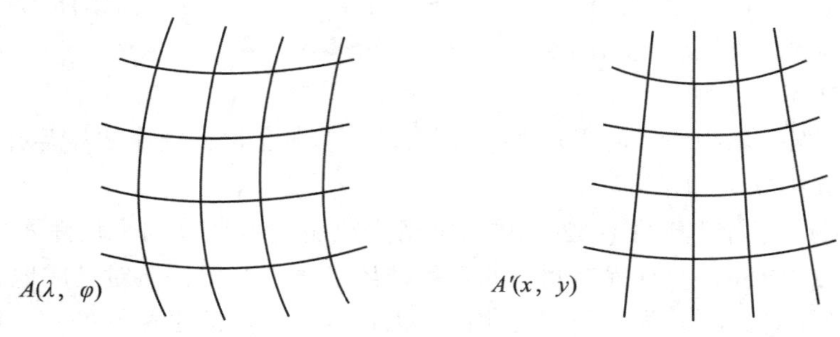

图 2.7　数学投影

地图投影的使用，保证了空间信息在地域上的联系和完整性，由于球面上任一点的位置是用地理坐标（纬度 φ、经度 λ）表示，而平面上点的位置是用直角坐标（纵坐标 x、横坐标 y）或极坐标（动径 ρ，动径角 δ）表示，所以要想将地球表面上的点转移到平面上，必须采用一定的数学方法来确定地理坐标与平面直角坐标或极坐标之间的关系。因为球面上任一点的位置取决于它的经纬度，所以实际投影时是先将一些经纬线交点展绘在平面上，再将相同经度的点连成经线，相同纬度的点连成纬线，构成经纬线网。有了经纬线网以后，就可以将球面上的点，按其经纬度画在平面上相应位置处。由此看来，地图投影的实质是将地球椭球面上的经纬线网按照一定的数学法则转移到平面上。经纬线网是绘制地图的“基础”，是地图的主要数学要素。

2.3.2　地图投影的变形

通过地图投影的方法，虽然可以将地球表面完整（无裂隙和无重叠）地表示在平面上。但是这种“完整”等于对投影图范围内某一部分的拉伸或压缩来实现的。只有按一定条件经过有规律地拉伸或压缩，才能实现将地球表面上的经纬线网转移到平面上，从而保持其经纬线网图形的完整性和连续性。

地图投影的方法很多，用不同的地图投影方法得到的经纬线网的形状也不相同（图

2.8)。这表明经过地图投影之后地图上的经纬线网发生了变形。因而根据地理坐标展绘在地图上的各种地理事物，也必然随之产生变形，也就是说，地图上所画出来的图形，与它所代表的地球表面上相应的图形并不完全相似。为了正确地使用地图，必须了解因地图投影而产生的变形。

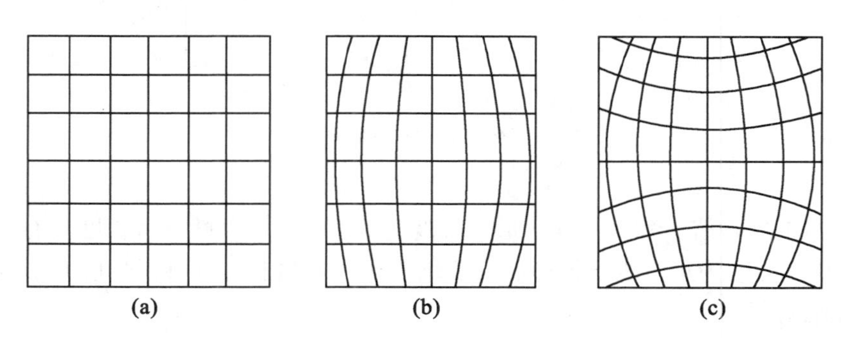

图 2.8 不同地图投影所得的经纬线网

从图上可以看出，地图投影的变形表现在三个方面，即长度变形、面积变形和角度变形。

在图 2.8（a）上可以看出，各条纬线长度均相等，而实际中纬线长度是不相等的，是从赤道向两极是递减的，其中赤道最长，纬度越高，纬线越短，极地的纬线长度为零。在图 2.8（b）、（c）上可以看出，各条经线长度不等，而实际中，所有经线的长度均相等。这说明同一地图上各地点的缩小比例并非一样，表明地图上具有长度变形。不同投影长度变形情况不一样，同一投影上，长度变形不仅随地点而改变，在同一点上还因方向不同而不同。

图上的面积也会因长度变形而发生改变，从图 2.8（a）上可以直观地看到图上所有经纬网格面积均相等，但实际中，在同一经度带内，纬线越高，网格面积越小。在图 2.8（c）中，同一经度带内各经纬网格面积又不相等，但实际中在同一纬度带内，经差相同的网格面积是相等的。这些显然表明经地图投影后有面积变形。不同的投影面积变形情况不一样，同一投影上，面积变形因地点的不同而不同。

角度变形是指地图上两条线所夹的角度不等于球面上相应的角度。图 2.8（b）上，只有中央经线和各纬线相交成直角，其余的经线和纬线均不呈直角相交，而实际中经线和纬线处处都呈直角相交，这表明投影后地图上发生了角度变形。角度变形的情况因投影而异，同一投影图上，角度变形因地点而变。

地图投影的变形，随地点的改变而改变，因此在一幅地图上，就很难笼统地说它有什么变形、变形有多大。为了定量地分析和研究投影变形，法国数学家底索在 1881 年提出了变形椭圆理论，他通过实验和数学推导表明，球面上的微小圆投影后将变成椭圆（特殊情况下为圆），并据此说明地图投影变形的性质和大小，这种椭圆被也称为变形椭圆（图 2.9）。

地图投影变形的各种情况可以通过地图投影的“变形椭圆”来说明。

1. 长度变形

椭圆半径与小圆半径之比是长度比，可以说明长度变形。

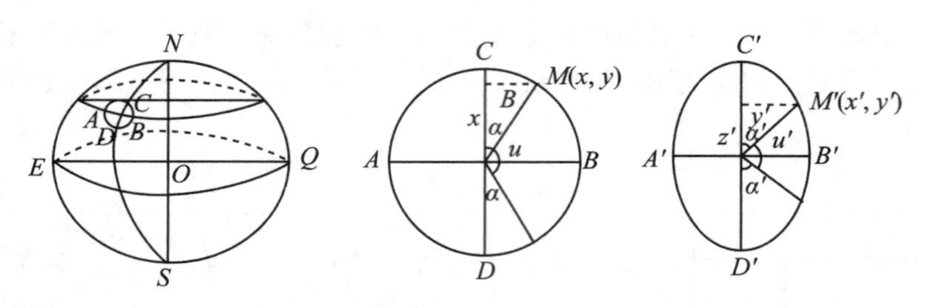

图 2.9　变形椭圆

长度比与 1 的差值，称为长度变形。长度比等于 1，表示投影后长度没有变形；长度比大于 1，长度变形为正，表示投影后长度增长了；长度比小于 1，长度变形为负，表示投影后长度缩短了。

长度比随方向的变化而变化，其中，在椭圆长轴方向以 a 表示的最大长度比，在椭圆短轴方向以 b 表示的最小长度比。最大长度比和最小长度比称为极值比。最大长度比方向和最小长度比方向称主方向。

长度比是一个用以描述长度变形的量，长度比与地图比例尺不同。长度比是研究长度变形时用的，地图比例尺是运用地图投影方法绘制经纬线网时将地球椭球体按一定比率缩小而表示在平面上时用的。地图比例尺称为主比例尺，或称普通比例尺，即一般地图上所注的比例尺。但是由于投影有变形，这个主比例尺仅能在地图上某些点或线上保持。这些符合主比例尺的点或线没有长度变形，其他地方或是大于主比例尺或是小于主比例尺，大于主比例尺的，长度变形为正；小于主比例尺的，长度变形为负。地图上除保持主比例尺的点和线以外其他部分，即大于或小于主比例尺的地方的比例尺，称为局部比例尺。局部比例尺的变化比较复杂，它们常常是随着线段的方向和位置而变化的。对于某些用途的要求，在地图上需要量测长度时，便要采用一定的方式设法表示出该图的局部比例尺。在大区域小比例尺地图上可以看到较复杂的图解比例尺中的复式比例尺。

2. 面积变形

椭圆面积与小圆面积之比是面积比，面积比与 1 的差值，称为面积变形。

设以 P 表示面积比，则 $P = ab$。面积比等于 1，表示投影后没有面积变形；面积比大于 1，面积变形为正，表示投影后面积增大了；面积比小于 1，面积变形为负，表示投影后面积缩小了。

3. 角度变形

椭圆上两方向线的夹角与小圆上相应的两方向线夹角之差，称为角度变形。由地面上微小圆的中心向圆周可以作许多方向线，每两条方向线都可组成一个角度，这样可以组成许多角度。微小圆上的许多角度经过投影以后，在变形椭圆上也相应地组成了很多角度，由于投影以后产生角度变形，所以变形椭圆上的各个角度与微小圆上相应的各个角度之差，即各个角度变形，一般也是不一样的。在这许多的角度变形中，一定有一个最大值，即存在一个最大的角度变形。我们在研究角度变形时，实际上指的都是最大的角度变形。

2.3.3 地图投影的分类

地图投影的种类很多，为了便于学习、研究和应用，应对其进行分类。由于投影条件的多样性，地图投影分类也是一个比较复杂的问题。可根据地图投影变形性质及投影面的形式分类，下面分别加以介绍。

1. 按投影的变形性质分类

按投影的变形性质地图投影可以分为三类：等角投影、等积投影和任意投影。

1）等角投影

在这种投影图上没有角度变形，即投影图上任意两方向线的夹角与地球面上相应的夹角相等，也就是角度变形为零。要保持没有角度变形，只有使每一个点上各个方向的长度比一致，因此地面上的微小圆在投影图上仍然投影为圆，而不是椭圆，即 $a=b$。在小区域内，投影出来的图形与实地是相似的，故这类投影又叫正形投影。等角投影其长度比在一点上不随方向的改变而改变，但在不同地点长度比的数值是不同的，所以从大范围来说，投影图形与实地图形并不相似，只能保持小区域内图形与实地近似。

由于这种投影没有角度变形，因此多用于绘制航海图、洋流图和风向图等。

2）等积投影

没有面积变形的投影，叫等积投影。在这种投影图上，任意一块面积与地球表面上相应的面积都是相等的，既面积比为 $P=1$，面积变形为零。保持等积条件，即 $ab=1$。由于各种投影都有长度变形，但又要保持等积，所以要实现等积，必须是变形椭圆长轴扩大多少，短轴就要缩小多少，因此在这种投影图上，角度（形状）变形较大。

由于这种投影没有面积变形，故有利于在地图上进行面积对比，一般常用于绘制对面积精度要求高的自然地图和经济地图，如政区图土地利用图。

3）任意投影

既不等积又不等角的投影，叫任意投影。在这种投影图中，面积和角度变形都有。但角度变形小于等积投影，面积变形小于等角投影。

在任意投影中，有一种比较常见的等距投影，定义为沿某一特定方向的距离，投影前后保持不变，即沿着该特定方向长度比为1。在这种投影图上并不是不存在长度变形，它只是在特定方向上没有长度变形。实际上根本不存在没有任何长度变形的地图投影，等距离投影只能说是过去的一种惯用说法而已。所谓等距投影，可以简单定义为沿经线或垂直圈方向保持长度不变，长度比为1。

任意投影多用于要求面积变形不大、角度变形也不大的地图，如一般参考用图和教学地图。

根据在投影图上变形椭圆的形状和大小的不同，就很容易区别出它属于何种变形性质的地图投影。在各种变形性质不同的地图投影中，变形椭圆的形状也是不同的（图2.10）。在等角投影图上表示出来的为大小不等的圆；在等积投影图上表示出来的为各种形状不同的变形椭圆，但其面积是相等的；在任意投影图上表示出来的为面积大小不等的变形椭圆，在任意投影中的等距投影图上表示出来的也为面积大小不等的变形椭圆，但这些变形椭圆还有一个特点，即沿经线或沿垂直圈方向上长度比为1。通过对这些图形的分析，可以看出，经过投影后地图上所产生的长度变形、面积变形和角度变形是相互联系、相互影响的。它们之间的关系是：在等积投影上不能保持等角特性，在等角投影上不能保持等积特性；在任意投影上不能保持等角和等积的特性；等积投影的形状变形比较大，等角投影的面积变形比较大。

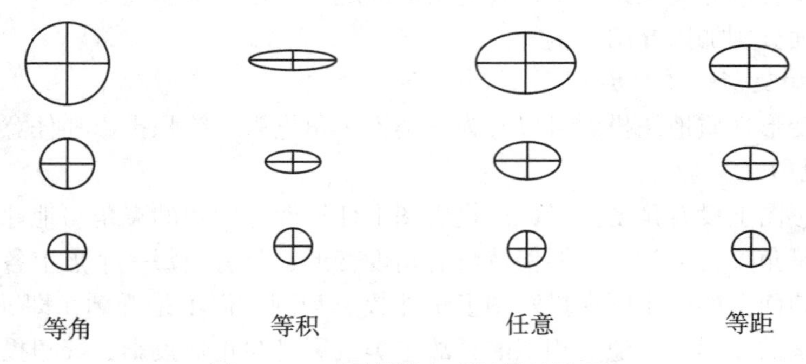

图 2.10　不同投影变形椭圆的情况

2. 按投影的构成方法分类

地图投影最初建立在透视的几何原理上，它是把椭球面直接透视到平面上，或透视到可展开的曲面上，如圆柱面和圆锥面。圆柱面和圆锥面虽然不是平面，但可以展为平面。这样就得到具有几何意义的方位、圆柱和圆锥投影。随着科学的发展，为了使地图上变形尽量减小，或者为了使地图满足某些特定要求，地图投影就逐渐跳出了原来借助于几何面构成投影的框子，而产生了一系列按照数学条件构成的投影。因此，按照构成方法，可以把地图投影分为两大类：几何投影和非几何投影。

1）几何投影

几何投影是把椭球面上的经纬线网投影到一个可展几何面上，然后将几何面展为平面而构成的投影。根据几何面的形状，可以进一步分为下述几类（图 2.11）：

（1）方位投影：以平面作为投影面，使平面与球面相切或相割，将球面上的经纬线投影到平面上而成。

（2）圆柱投影：以圆柱面作为投影面，使圆柱面与球面相切或相割，将球面上的经纬线投影到圆柱面上，然后沿圆柱的一条母线剪开，将圆柱面展为平面而成。

（3）圆锥投影：以圆锥面作为投影面，使圆锥面与球面相切或相割，将球面上的经纬线投影到圆锥面上，然后沿圆锥的一条母线剪开，将圆锥面展为平面而成。

在上述投影中，由于几何面与球面的关系位置不同，又分为正轴、横轴和斜轴投影。投影面的中心轴线与地轴一致，称为正轴投影；投影面的中心轴线与地轴垂直，称为横轴投影；投影面的中心轴线与地轴斜交，称为斜轴投影。

2）非几何投影

非几何投影不借助几何面，根据某些条件，用数学解析方法确定球面与平面之间点与点的函数关系。在这类投影中，一般按经纬线形状又分为下述几类：

（1）伪方位投影：在方位投影的基础上，规定纬线为同心圆，中央经线为直线，其余的经线均为对称于中央经线的曲线，且相交于纬线的共同圆心。

（2）伪圆柱投影：在圆柱投影的基础上，规定纬线为平行直线，中央经线为直线，

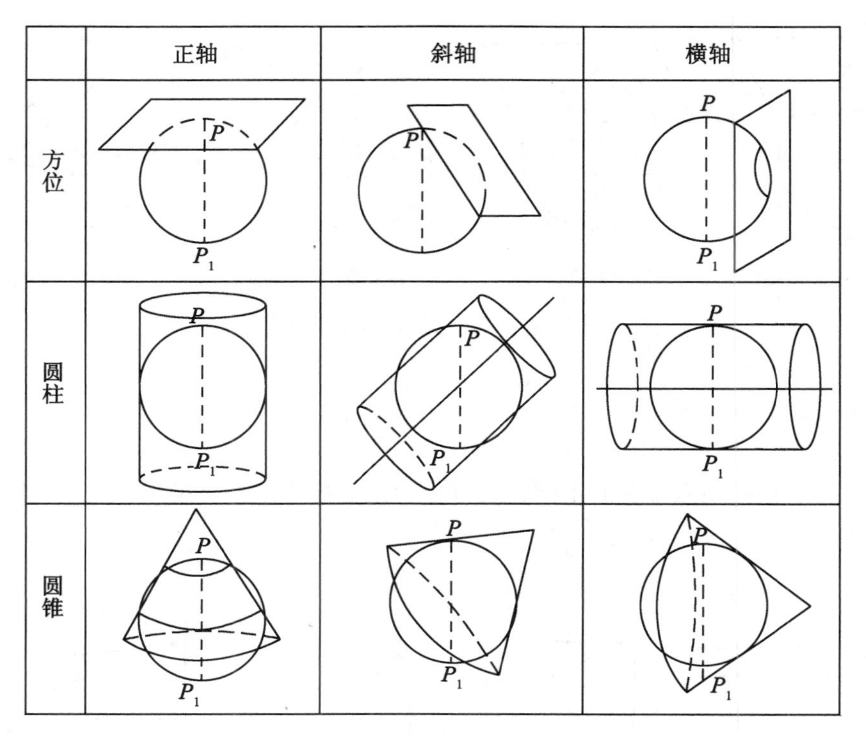

图 2.11 几何投影

其余的经线均为对称于中央经线的曲线。

（3）伪圆锥投影：在圆锥投影的基础上，规定纬线为同心圆弧，中央经线为直线，其余经线均为对称于中央经线的曲线。

（4）多圆锥投影：纬线为同轴圆弧，其圆心均位于中央经线上，中央经线为直线，其余的经线均为对称于中央经线的曲线。

2.3.4 方位投影

1. 方位投影的概念

方位投影是以平面作为投影面，使平面与球面相切或相割，将球面上的经纬线网投影到平面上而成。

1）投影面的位置

根据投影面与球面相切（或相割）的位置不同，方位投影又分为正轴、横轴和斜轴方位投影（图 2.12）。

（1）正轴方位投影：投影平面与地轴垂直，其投影的图形是以极点为中心，故又叫极心投影或极地投影。

（2）横轴方位投影：投影平面与地轴平行，其投影后的中心点在赤道上，故又称赤道投影。

（3）斜轴方位投影：投影平面与地轴既不垂直又不平行，与地轴斜交，故又称斜向

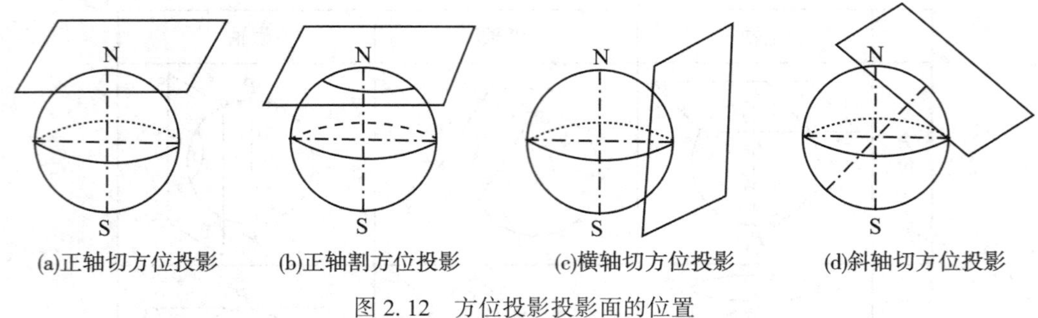

图 2.12 方位投影投影面的位置

投影或地平投影。

2）视点位置

方位投影，根据视点位置的不同，又可分为正射投影、平射投影、心射投影和外射投影（图 2.13）。

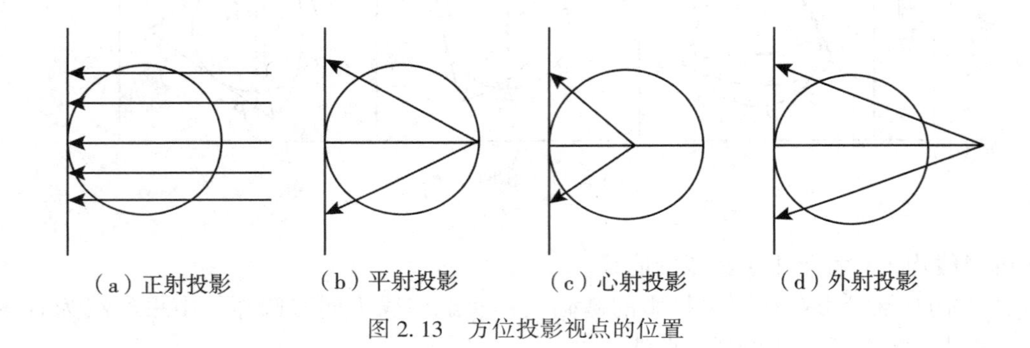

图 2.13 方位投影视点的位置

（1）正射投影：视点在距地球的无穷远处，投影光线为平行直线。

（2）平射投影：视点位于平面切于地球另一侧。

（3）心射投影：视点位于地球的中心。

（4）外射投影：视点在地球以外有限的距离内，至于距离的远近，因投影要求条件的不同而不同。

方位投影按其是否有一视点（或应用直线透视道理），又可分为透视投影和非透视方位投影。正射方位投影、平射方位投影、心射方位投影和外射方位投影属于透视投影。在这四种投影中，每种投影按投影面位置的不同，又都可分为正轴、横轴和斜轴三种投影。这样共构成了 12 种透视方位投影。在透视方位投影中，正射、外射和心射方位投影均属任意投影，平射方位投影属于等角投影。非透视方位投影是按照一定的条件构成的，在这类投影中有等距方位投影和等积方位投影。

2. 方位投影的经纬线

（1）在正轴方位投影中，经线是从投影中心点向外放射的直线束，纬线是以投影中心点为圆心的同心圆，经线夹角与地面上相应的经度差相等，经线和纬线相互垂直。

(2) 在横轴方位投影中，有两条直线，一条是经过投影中心点的经线，另一条是赤道，其余所有的经线都是曲线，除正射纬线是平行赤道的直线外，其余所有纬线都是曲线。

(3) 在斜轴方位投影中，除经过投影中心点的经线投影成直线外，其余的经线、纬线都是曲线。

各种方位投影经纬线情况如图 2.14 所示。

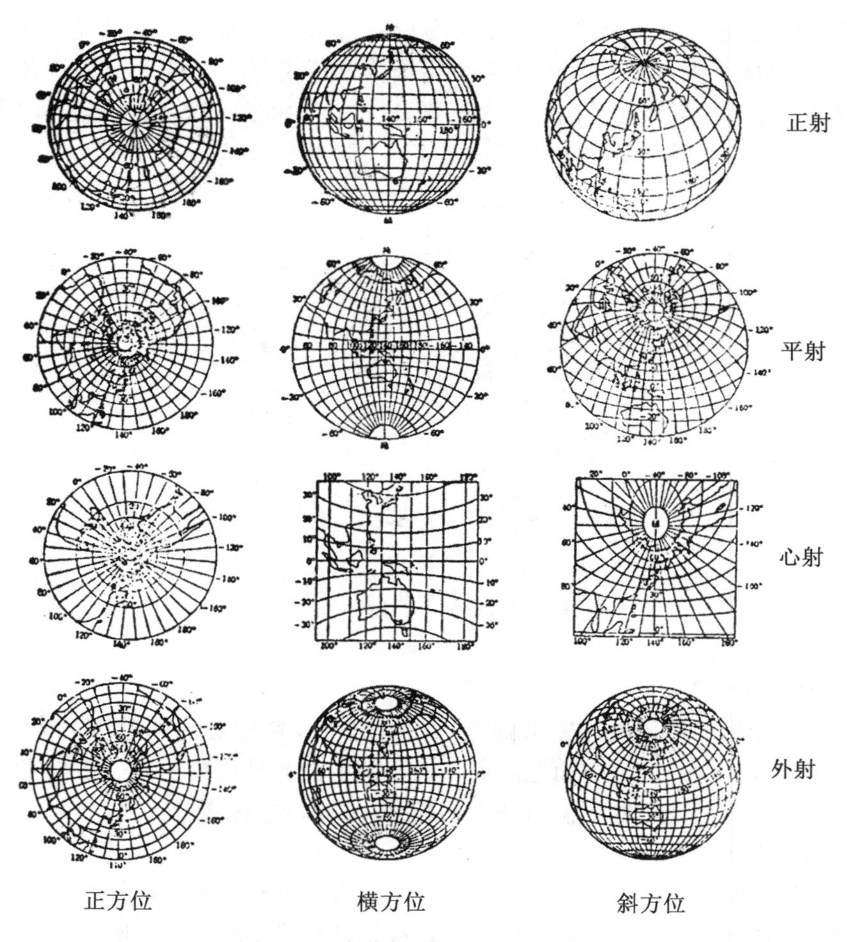

图 2.14　方位投影经纬线投影情况

3. 方位投影的变形分布规律

在正轴方位投影图上，因为经纬线互相垂直，所以经纬线方向就是主方向；在横、斜轴方位投影图上，除个别经纬线互相垂直外，一般都不互相垂直，所以经纬线方向一般来说不是主方向。在横、斜轴方位投影图上确定主方向，则应类似正轴方位投影那样，亦应是从投影中心点向外放射的直线方向和以投影中心点为圆心的同心圆方向。从投影中心点向外放射的直线相当于球面坐标系的垂直圈，以投影中心点为圆心的同心圆相当于球面坐标系的等高圈，投影图上的投影中心点相当于球面坐标系的极点。所以，在横、斜轴方位投影图上，垂直圈和等高圈的方向就是主方向。如果投影中心点选在地理坐标系极点，垂直圈就是经线圈，等高圈就是纬线圈。虽然正轴、横轴和斜轴的投影中心点（极点）不同，经纬线的形状也不同，但是垂直圈和等高圈的关系是相同的。投影中心点不同的方位投影，尽管经纬线网形状不同，但是变形规律却有共同特点，都和垂直圈与等高圈有直接关系。

方位投影的中心因为是投影平面与球面相切的点，所以是一个没有变形的点，这个没有变形的点称为标准点。从投影中心沿垂直圈方向向外，投影面离开地面，距投影中心愈远，投影平面愈远离地面，所以其投影变形也就愈大。在距离投影中心点相等的各点（即在同一个等高圈上的各点）其变形大小相等，故等变形线（变形值相等各点的连线）呈同心圆分布，即等变形线与等高圈一致。图 2. 15 表示的是切方位投影的变形分布规律示意图。

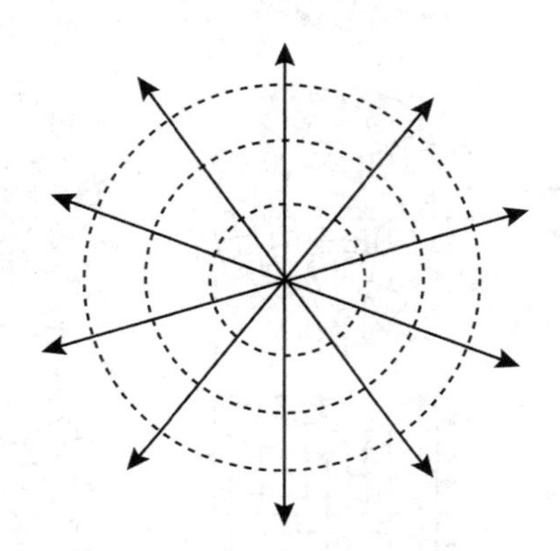

图 2. 15　方位投影的变形规律

4. 方位投影的得名

由于切方位投影中心是没有变形的点，而过这个投影中心点的球面的大圆弧（球面上两点间最短的线——过地球球面上两点及地心的平面与球面的交线）又均投影成直线，所以从投影中心点到任何点的方位角都是正确的，故称方位投影。

5. 方位投影的应用

因方位投影有圆形等变形线，故方位投影最适合于制作圆形区域的地图。正轴方位投影可作两极地区地图、南北半球图；横轴方位投影可作赤道附近接近圆形区域地图、东西半球图；斜轴方位投影可作中纬度接近圆形区域地图、水陆半球图。横、斜轴方位投影中有的还常用于作大洲图。应用方位投影所作的地图，一般不超过半球图。

1）非透视方位投影

（1）等积方位投影。等积方位影投又称兰勃特方位投影，是按等积条件设计的，使投影图上的面积和球面上的相应面积相等。投影的中心是没有变形的点，从投影中心沿垂直圈方向长度比不断缩小，长度变形为负；沿等高圈方向愈向外，长度比愈大，长度变形为正。除投影中心点外，地面上的微小圆投影为椭圆，愈向外，形状变形愈大。

等积方位投影是目前小比例尺地图上应用比较广泛的一种投影。横轴方位等积投影用于绘制东、西半球图，非洲地图等。斜轴方位等积投影主要用于绘制水、陆半球图、各大洲图等，也有用于绘制中国全图（南海诸岛不作插图时用此投影）。

（2）等距方位投影。根据以前的定义，沿经线或垂直圈长度比为1的投影，称等距投影。对于正轴等距方位投影（图2.16）来说，是使经线方向长度比为1；对于横轴和斜轴等距方位投影来说，是使垂直圈方向长度比为1。这种投影图的中心点是没有变形的点。沿垂直圈方向（正轴投影沿经线方向）没有长度变形，沿等高圈方向（正轴投影沿纬线方向）长度变形为正，离中心愈远的等高圈，变形愈大。球面上的小圆，只有投影中心点投影为圆，其余都投影为椭圆，沿着垂直圈方向的椭圆短轴不变，沿着等高圈方向的椭圆长轴不断伸长。

这种投影常用于编制南、北极附近地区地图及南、北半球图。由于该投影从投影中心点到任何点的方位角和距离都正确，故多用于绘制要求能从某一点量算到任意点的方向和距离都正确的专用地图。这就要求投影中心点选在合适位置上。因此，在实际应用中，斜轴等距方位投影用得较多，可用于地震观测图、航行图、广播中心图等，并将投影中心放在地震观测台（站）、飞机场和无线电广播中心位置上，这就能保持从投影中心向四面八方各点的方向和距离的正确关系。

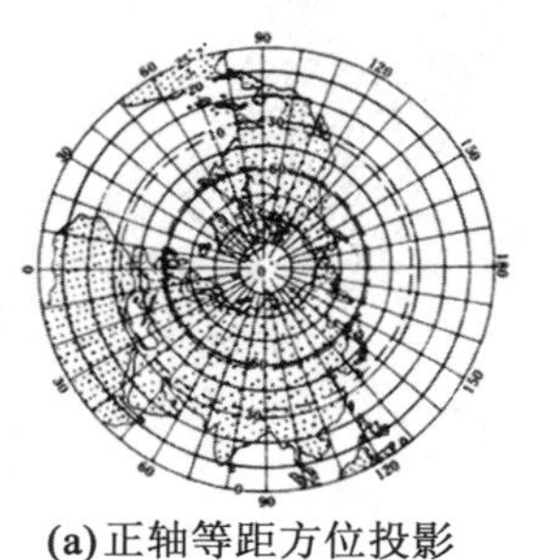

(a)正轴等距方位投影　(b)横轴等角方位投影　(c)斜轴等积方位投影

图2.16　方位投影应用

2）透视方位投影

（1）正射方位投影。该投影视点在无穷远处，所有射线都相互平行射出，并垂直于投影面，整个地球半球被投影成以地球半径为半径的圆内，按变形性质属于任意投影。

正射投影等高圈没有长度变形，垂直圈长度比和面积比都小于1，愈向外变形愈大。

由于这种投影变形很大，一般来说仅适用于表示不大地区的地图，而常用于表示天体图，如地球在轨道上公转时的地球图和月球图等。

（2）心射方位投影。该投影视点在球心，投影中心点没有长度变形，沿垂直圈和等高圈方向长度比都大于1，特别沿垂直圈方向，随着远离中心点向外迅速增大，地面上和投影面平行的大圆投影不出来，故不能制作半球图。按变形性质，该投影属于任意投影。

在该投影图上，地面大圆弧线投影成直线，所以在投影图上连接任意两点的直线可以用来确定大圆弧线。因为大圆弧线是球面上最短距离，航海时如按此线航行，则其距离最短，故心射方位投影常用于制作航海图。但由于该投影变形很大，它常和等角投影的航海图配合使用，并用此投影图解大圆航线的位置，读出在大圆航线上若干点的地理坐标，转绘到用等角投影编绘的航行图上，这样既能保证按等角航线航行，又能取最短距离路线。

（3）外射方位投影。该投影视点位于球外透视轴上距离地球的有限距离内，视点对地球距离的远近选择合适的话，既能使投影图大于半球范围，又能使各种变形分配比较均匀。视点距离球心的距离，目前一般采用的数值为地球半径的 1.35～1.71 倍。用外射赤道投影可以制作包括两极地区在内的大于半球的地图，如果投影中心点选择得也很好，则几乎可以绘制出包括整个陆地的地图。该投影按其变形性质，属于任意投影。

2.3.5　圆柱投影

1. 圆柱投影的概念

圆柱投影是以圆柱面作为投影面的，使圆柱面与地球仪相切或相割，将球面上的经纬线投影到圆柱面上，然后把圆柱面沿一条母线剪开展成平面而成。

由于圆柱面与球面相切或相割的位置不同，有正轴、横轴和斜轴圆柱投影（图 2.17）。

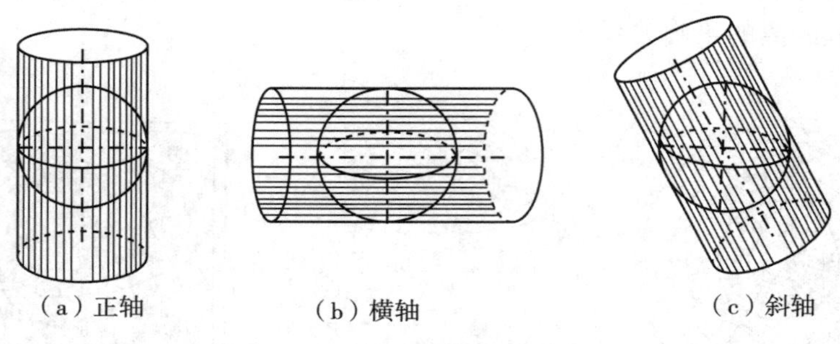

图 2.17　圆柱投影投影面的位置

（1）正轴圆柱投影：投影面圆柱的轴与地轴重合。

（2）横轴圆柱投影：投影面圆柱的轴与地轴垂直。

（3）斜轴圆柱投影：投影面圆柱的轴与地轴斜交。

2. 圆柱投影的经纬线

投影：正轴圆柱投影，投影时使圆柱的轴和地轴重合，纬线投影到圆柱面上仍为圆，这些圆都平行于赤道；经线投影为垂直于各纬线的平行直线，各经线间的间隔相等。

展开：将圆柱沿一条母线剪开展成平面后，则经线为间隔相等的平行直线，而纬线间隔并不一定相等，圆柱投影的经纬线是互相垂直的直线（图 2.18）。在这种投影图上，任一点的位置是用直角坐标表示的。

3. 圆柱投影的变形分布规律

圆柱投影经纬线是相互垂直，经纬线方向都是主方向。

（1）正轴切圆柱投影，赤道的长度比等于 1，赤道是一条没有变形的线，称为标准纬线。其他各条纬线的长度比均大于 1，长度变形为正。从赤道向南、北方向各纬线的长度变形随纬度的增加而增大，逐渐被拉长。面积变形和角度变形也是随着纬度的增加，其变形也增大。变形与经度无关，仅与纬度有关，在同一条纬线上变形数量相等（图 2.19）。

（2）正轴割圆柱投影，相割的两条纬线长度比等于 1，是两条没有变形的线，均称为标准纬线。在两条割纬线之间的纬线缩小了，长度比小于 1，长度变形为负，愈向赤道方

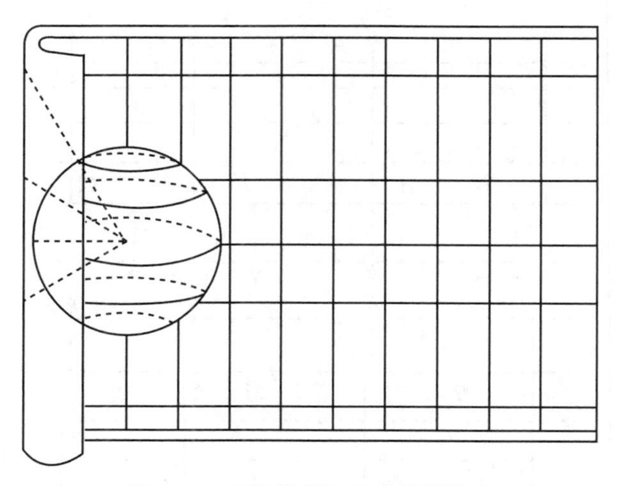
图 2.18 圆柱投影经纬线投影情况

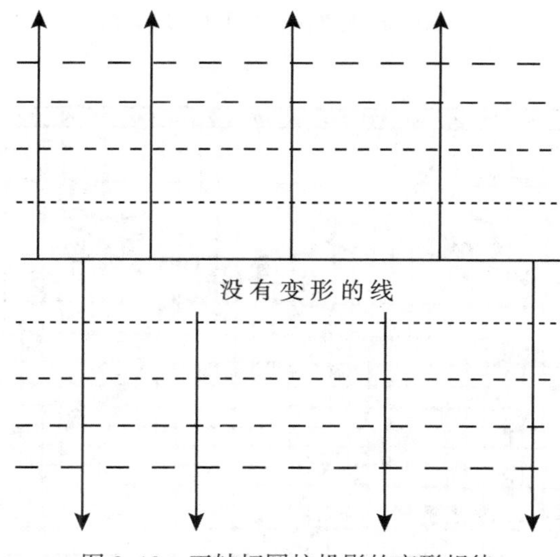

图 2.19 正轴切圆柱投影的变形规律

向愈缩小，赤道缩小最大。在两条割纬线之外的纬线扩大了，愈向外扩大愈多，长度比大于 1，长度变形为正。角度变形和面积变形也是这个规律，距离割纬线愈远，变形愈大。在同一条纬线上变形数量相等（图 2.20）。

4. 圆柱投影的应用

根据圆柱投影变形分布规律，切圆柱投影适宜绘制赤道附近和沿赤道两侧呈东西方向延伸地区的地图。

1）正轴等角切圆柱投影

正轴等角切圆柱投影是由荷兰地图学家墨卡托于 1569 年拟定，故又名墨卡托投影。该投影的条件是使赤道的长度比为 1，投影图上没有角度变形（图 2.21）。

根据圆柱投影构成的情况，各纬线是等长的，则各纬线长度都等于赤道长，即各纬线

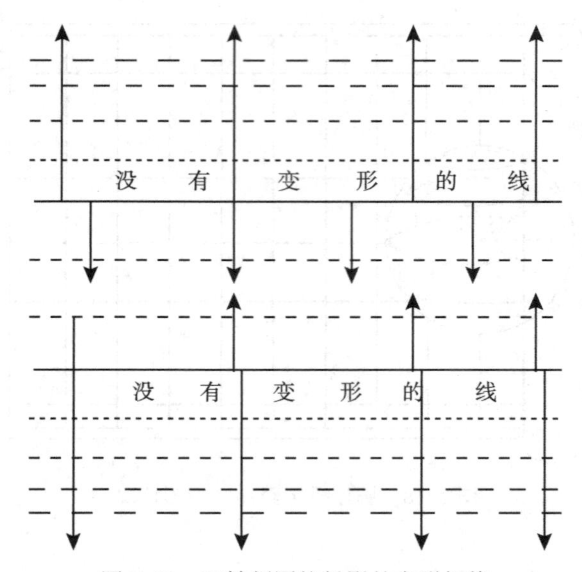

图 2. 20　正轴割圆柱投影的变形规律

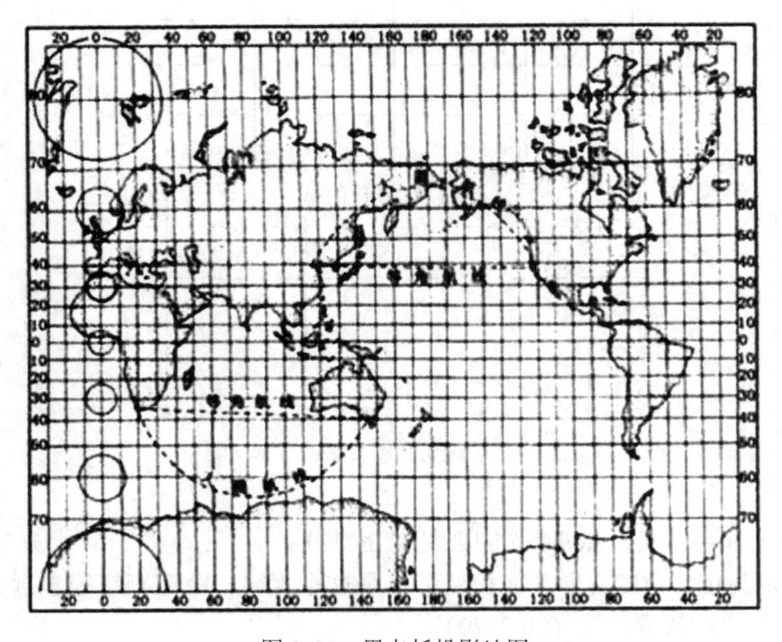

图 2. 21　墨卡托投影地图

实际长度都扩大了。为了保持没有角度变形，在每条纬线上的各点沿着纬线方向既然扩大了，那么在每条纬线上的各点沿着经线的方向也应同样扩大，即图上任一点的经线长度必须等于该点的纬线长度比。

这个投影角度没有变形，长度变形和面积变形随纬度的增高而迅速增大。

墨卡托投影具有一个很重要的特性，就是：图上任意两点连成的直线为等角航线

（即斜航线）。所谓等角航线，就是地球表面上与经线相交成相同角值的曲线。墨卡托投影任意两点的连线之所以能构成等角航线，这是因为本投影经线投影为平行直线，且角度没有变形。墨卡托投影这一特性对航海具有重要意义。因为根据这个特性，在图上将航行的起点和终点连成一直线，按此直线的方位角航行，即可到达目的地。

赤道和经线以外的等角航线并不是两点间的最短距离。地球表面上两点间的最短距离是通过两点间的大圆弧线（又称大圆航线或正航线）。在本投影图上确定大圆航线的方法，通常是将心射方位投影图上所表示的大圆航线（在该图上是直线）各点的坐标转给到本投影地图上，根据这些坐标点即可连成大圆航线。

由于只有等角圆柱投影具有将等角航线表现为直线的特性，所以它在编制航海图中被广泛应用。此外，由于本投影在低纬地区变形小，而且经纬线形状简单，所以常用于绘制赤道附近地区图，也还常用于绘制时区图和卫星轨迹图。

在墨卡托投影图上，通常都绘有复式比例尺，以作为量测两点间长度之用。

2）正轴平射割圆柱投影

正轴平射割圆柱投影，相割圆柱于南北纬 45°处，又称高尔投影，如图 2.22 所示。

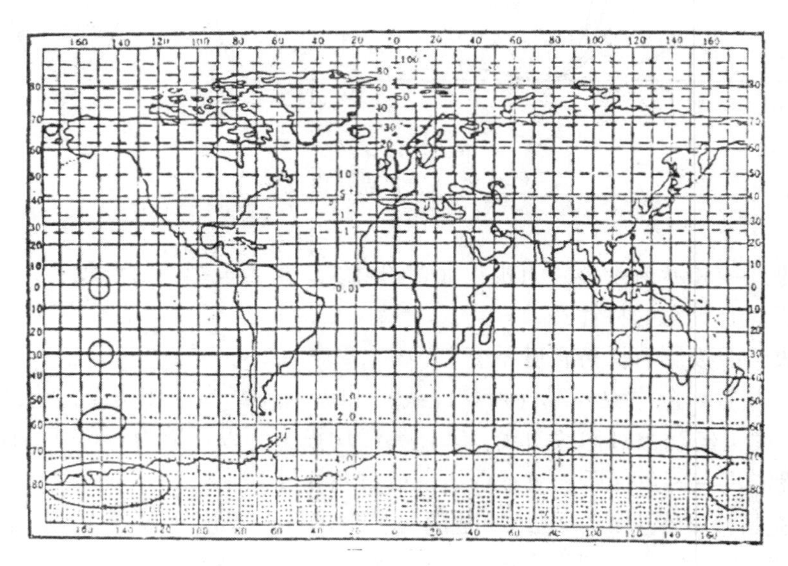

图 2.22　高尔投影地图

高尔投影经纬线都是平行直线且相互垂直。南北纬 45°纬线是两条没有变形的线，南北纬 45°以内，经纬线长度比都小于 1，长度变形和面积变形为负；南北纬 45°以外，经纬线长度比都大于 1，长度变形和面积变形为正。此投影属于任意投影，既不等积，又不等角。由于高尔投影在高纬地区长度变形和面积变形要比墨卡托投影小，长度变形和角度变形要比等积圆柱投影小，故从整个图形来看，能适当地全面表示出世界海陆分布的相对关系，加之绘法简单，所以常用于编制世界交通图和世界时区图。

3）横轴切椭圆柱等角投影

横轴切椭圆柱等角投影是由德国数学家、物理学家、天文学家高斯于 1825 年拟定的，后经德国大地测量学家克吕格于 1912 年对投影公式加以补充，故称高斯-克吕格投影。

高斯-克吕格投影是使一个椭圆柱面横切于地球椭球面的一条子午线（中央经线）上。然后按对高斯-克吕格投影所确定的条件将中央经线两侧各 3°（或 1°30′）经差范围内的带状区域投影到椭圆柱面上，再将椭圆柱面展成平面，即得到高斯-克吕格投影，如图 2.23 所示。对高斯-克吕格投影所确定的条件是：

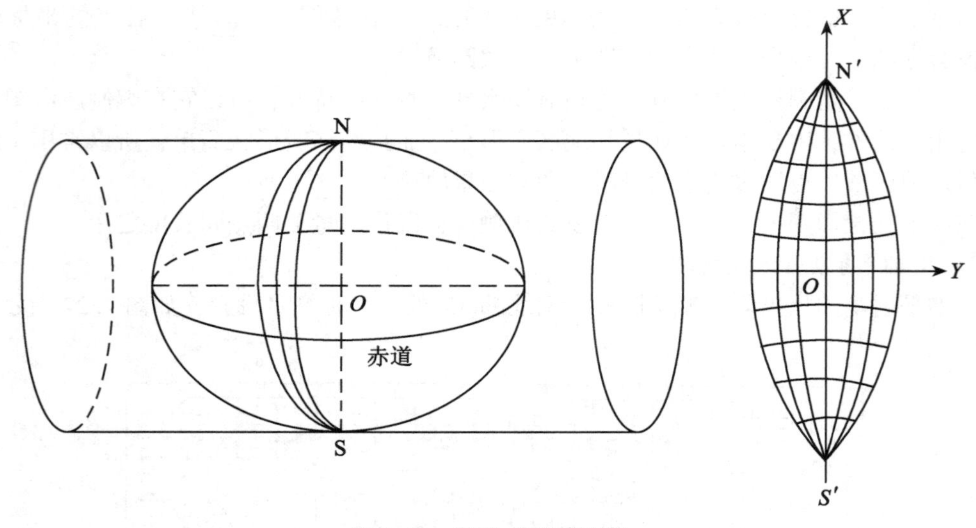

图 2.23　高斯-克吕格投影

（1）中央经线和赤道投影后为相互垂直的直线，且为投影的对称轴；

（2）投影具有等角的特性；

（3）中央经线投影后保持长度不变。

高斯-克吕格投影除中央经线（所切经线）和赤道投影为互相垂直的直线外，其他经线均投影为与中央经线相对称的曲线，其他纬线均投影为以赤道为对称轴的向两极弯曲的曲线，因本投影具有等角性质，故经纬线都成直角相交。

在高斯-克吕格投影上，中央经线是没有变形的线，长度比等于 1，其余经线长度比均大于 1，长度变形为正。在同一条经线上，纬度愈低，变形愈大，最大值位于赤道上；在同一条纬线上，离中央经线愈远，变形愈大，最大值位于投影带的边缘。由此可知，整个投影长度的最大变形是在边缘经线与赤道的交点上。面积变形也是这个规律。

高斯-克吕格投影是我国地形图系列中各种比例尺的数学基础。高斯-克吕格投影长度变形和面积变形都是离中央经线愈远，变形愈大。为了保证地形图应有的精度，是采用分带（6°或 3°）投影的方法，如图 2.24 所示，即将投影区域东、西加以限制，使其变形限定在要求的范围以内。这样将许多带结合起来，即成为整个区域的投影。

4）桑逊投影

这是经线为正弦曲线的等积伪圆柱投影，1650 年法国人桑逊用它绘制各种地图而得名，如图 2.25 所示。桑逊投影的纬线为间隔相等的平行直线，经线为对称于中央经线的正弦曲线。在每一条纬线上，经线间隔相等。

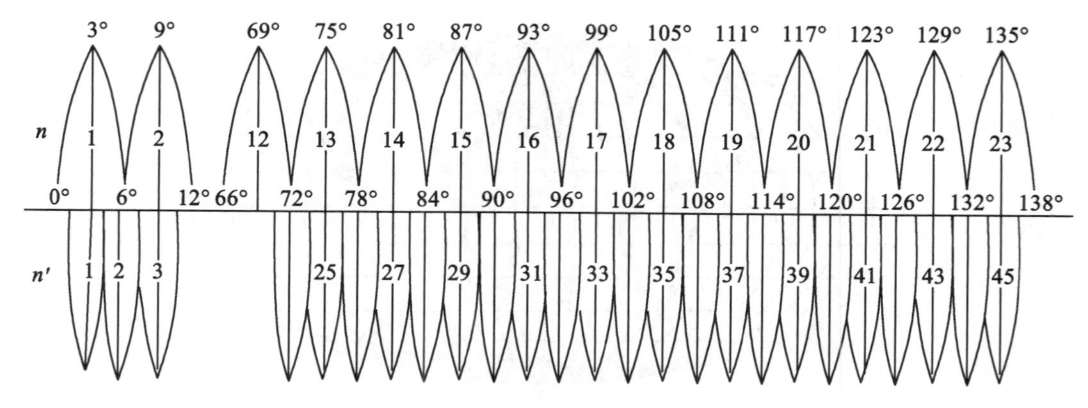

图 2.24　高斯-克吕格投影的分带

桑逊投影的所有纬线长度比均等于 1，中央经线长度比等于 1，其他经线长度比均大于 1，而且离中央经线愈远，经线长度比愈大。面积比等于 1。赤道和中央经线是两条没有变形的线，离开这两条线愈远，变形愈大。桑逊投影适合于制作赤道附近南北延伸地区的地图，如非洲、南美洲地图。

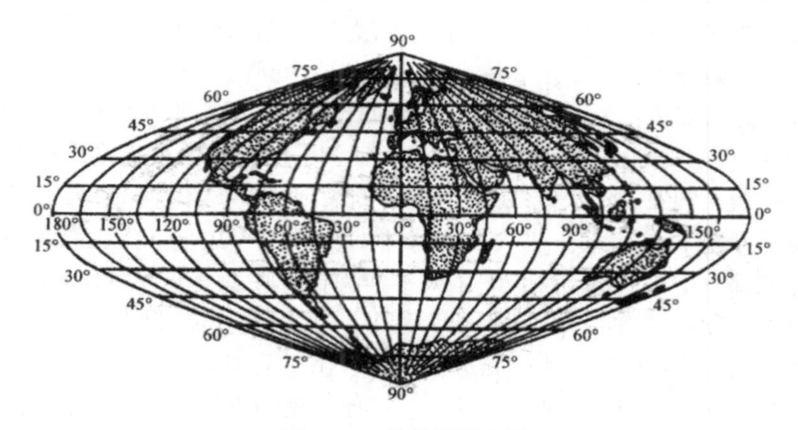

图 2.25　桑逊投影地图

5）摩尔威特投影

这是经线为椭圆曲线的等积伪圆柱投影，1805 年由德国人摩尔威特所创立而得名，如图 2.26 所示。摩尔威特投影的中央经线为直线，离中央经线经差为±90°的经线为一个圆，圆的面积等于地球面积的一半，其余的经线为椭圆；赤道长度是中央经线的 1 倍。纬线是间隔不等的平行直线，在中央经线上从赤道向南、北方向纬线间隔逐渐缩小。同一条纬线上，经线间隔相等。

摩尔威特投影没有面积变形。中央经线和纬度±40°44′11.8″的两交点是没有变形的点，从这两点向外变形逐渐增大，向高纬比向低纬增大得急剧。

摩尔威特投影常用于编制世界地图和东、西半球地图。

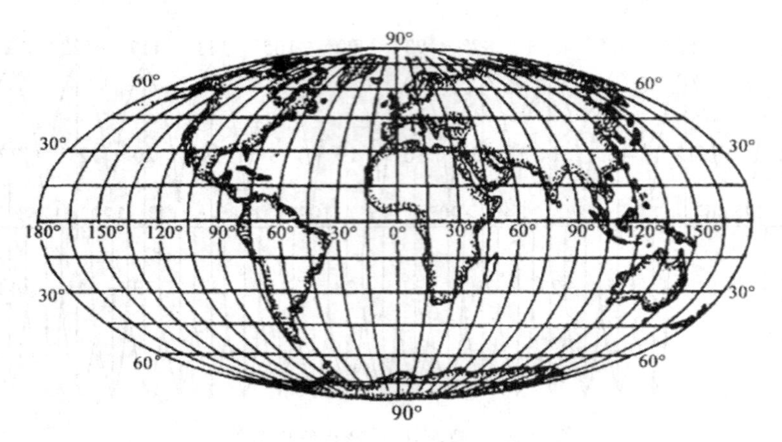

图 2.26　摩尔威特投影地图

6）古德投影

从伪圆柱投影的变形情况来看，离中央经线愈远，变形愈大。为了减小远离中央经线部分的变形，美国地理学家古德于 1923 年提出一种分瓣方法，就是在整个制图区域的几个主要部分中央都设置一条中央经线，分别进行投影，则全图就分成几瓣，各瓣沿赤道连接在一起，如图 2.27 所示。这样，每条中央经线两侧投影范围不宽，变形就小一些。这种分瓣方法可用于桑逊投影、摩尔威特投影以及其他伪圆柱投影。

古德的分瓣方法如下：为了完整地表示大陆，各大陆采用不同的中央经线：北美洲，中央经线为-100°；南美洲，中央经线为-60°；亚洲、欧洲，中央经线为+60°；非洲，中央经线为+20°；澳大利亚，中央经线为+150°，断裂部分在大洋。如果为了完整地表示大洋，则中央经线可选下列几条：北大西洋，中央经线为-30°；南大西洋，中央经线为-20°；太平洋北部，中央经线为-170°；太平洋南部，中央经线为-140°；印度洋北部，中央经线为+60°；印度洋南部，中央经线为+90°，断裂部分在大陆。

除了单独将某一种伪圆柱投影进行分瓣外，古德还采用了将桑逊投影和摩尔威特投影结合在一起的分瓣方法，使投影变形有所改善。摩尔威特投影在高纬度地区的变形比桑逊投影小，而桑逊投影在低纬度地区的变形又比摩尔威特投影要小。摩尔威特投影在南、北纬 40°附近处沿纬线长度比等于 1，与桑逊投影的纬线长度比一致，所以，把南、北 40°纬线作为两投影的结合处，在南、北纬 40°以内采用桑逊投影，在南、北纬 40°以外采用摩尔威特投影。在这个投影上，南、北纬 40°处经线出现折角，这个折角离中央经线愈远愈显著。

在国外（美、日）出版的世界地图集中，世界地图经常采用古德投影，例如美国出版的古德世界地图集中的世界各种自然地图，大多采用古德投影。

2.3.6　圆锥投影

1. 圆锥投影的概念

圆锥投影是以圆锥面作为投影面，使圆锥面与地球仪相切或相割，将球面上的经纬线

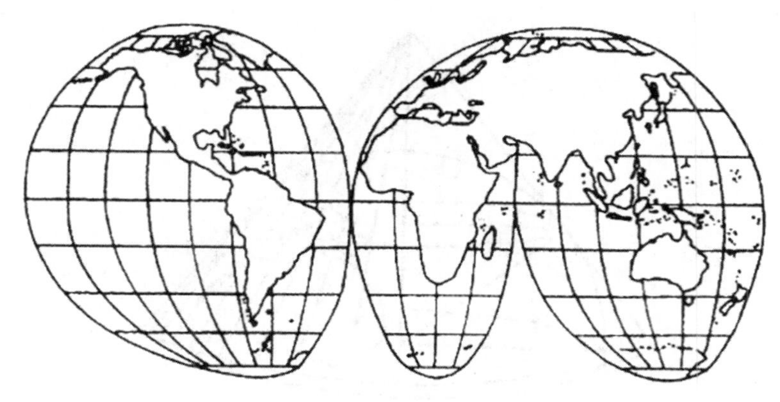

图 2.27 古德投影地图

投影到圆锥面上，然后把圆锥面沿一条母线剪开展为平面而成。

由于圆锥面与地球相切或相割的位置不同，有正轴、横轴和斜轴圆锥投影，如图 2.28 所示。

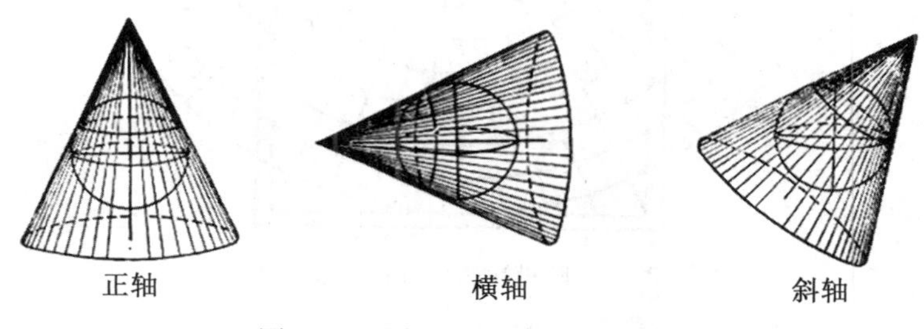

图 2.28 圆锥投影投影面的位置

（1）正轴圆锥投影：投影面圆锥的轴与地轴重合。

（2）横轴圆锥投影：投影面圆锥的轴与地轴垂直。

（3）斜轴圆锥投影：投影面圆锥的轴与地轴斜交。

2. 圆锥投影的经纬线

投影：正轴圆锥投影，投影时使圆锥的轴和地轴重合，纬线圈投影在圆锥面上仍为圆，这些圆都互相平行；经线投影为相交于圆锥顶点的一束直线。如图 2.29 所示。

展开：由于圆锥顶角小于 360°，所以将圆锥面沿一条母线剪开展成平面后为一扇形平面，在扇形平面上的纬圈不再是圆，而是以扇形顶点为圆心的同心圆弧，经线为由扇形顶点向外放射的直线束，经线间的夹角小于相应的经度差，经纬线互相垂直。如图 2.30 所示。

3. 圆锥投影的变形分布规律

圆锥投影的经纬线互相垂直，经纬线方向就是主方向。

（1）正轴切圆锥投影，相切的纬线长度比等于 1，是一条没有变形的线，故切圆锥投影也称为标准纬线圆锥投影。其他各纬线的长度比均大于 1，长度变形为正，各纬线的长

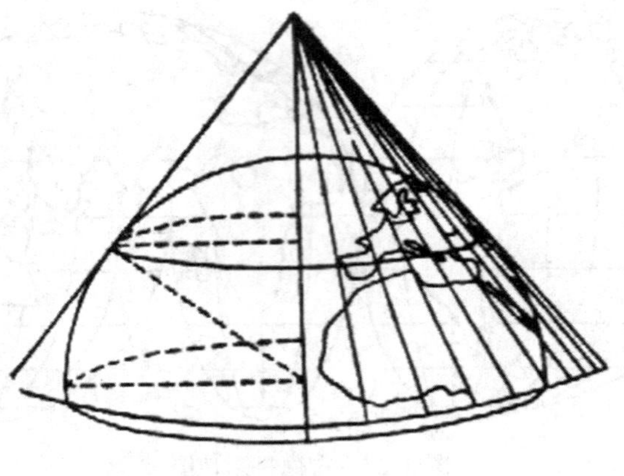

图 2.29　圆锥投影

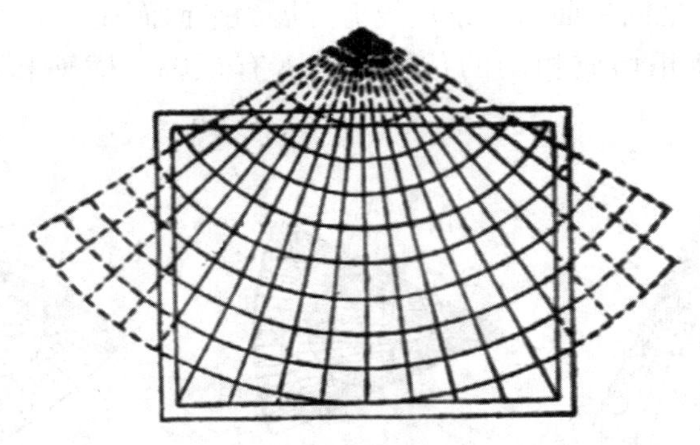

图 2.30　圆锥投影经纬线投影情况

度变形从标准纬线向南、向北均逐渐增大。这就影响着面积变形和角度变形，也将从标准纬线向南、向北逐渐增大。如图 2.31 所示。

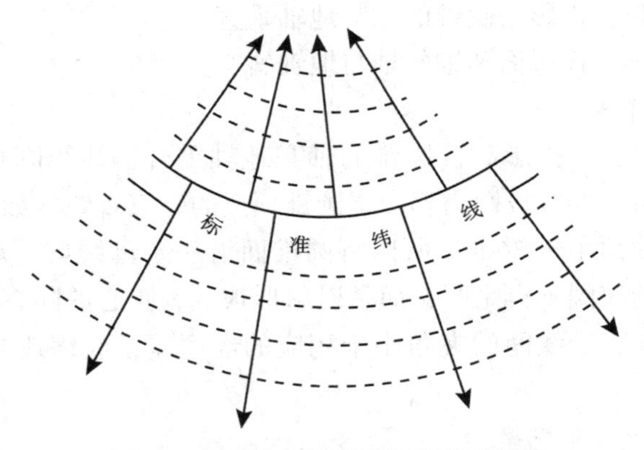

图 2.31　正轴切圆锥投影的变形规律

（2）正轴割圆柱投影，相割的两条纬线长度比等于 1，是两条没有变形的线，故割圆锥投影也称为双标准纬线圆锥投影。在两条标准割纬线之间的纬线缩小了，长度比小于1，长度变形为负，愈向赤道方向愈缩小，赤道缩小最大。在两条标准割纬线之外的纬线扩大了，愈向外扩大愈多，长度比大于1，长度变形为正。角度变形和面积变形也是这个规律，距离割纬线愈远，变形愈大。在同一条纬线上，变形数量相等。如图2.32所示。

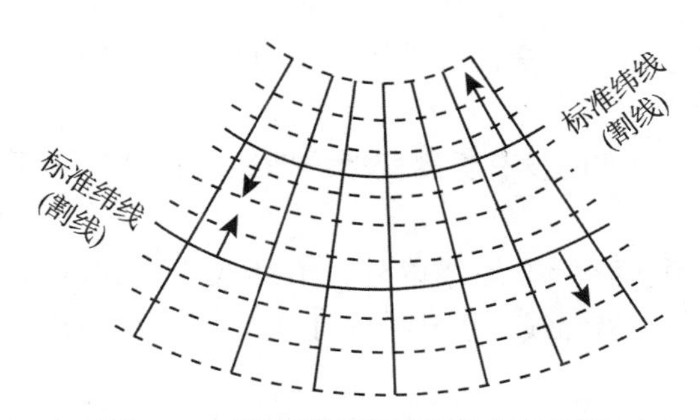

图2.32 正轴割圆锥投影的变形规律

4. 圆锥投影的应用

圆锥投影按变形性质可以分为等角、等积和等距三种。无论哪一种，又有切圆锥和割圆锥投影之分。如果制图区域所包括的纬差较小，宜用切圆锥投影；如果制图区域所包括的纬差较大，则宜采用割圆锥投影。选择相切的纬线或相割的两条纬线，要视制图区域的具体位置决定。

1）等角圆锥投影

没有角度变形，投影在图上任一点的经线长度比和纬线长度比相等，球面上的小圆投影后仍为圆。

对于切圆锥投影，由于相切的纬线为没有变形的线，即标准纬线，其长度比等于1。从标准纬线向南、向北纬线长度比均大于1，为了保持没有角度变形，经线的长度比也相应扩大，与纬线的长度比相等。标准纬线是一条没有变形的线，从标准纬线向南、向北长度变形和面积变形为正，且离标准纬线愈远，变形愈大。

对于割圆锥投影，相割的两条纬线为标准纬线，其长度比等于1。两条标准纬线之间的纬线长度比小于1，因而经线的长度比也相应地小于1；两条标准纬线之外，纬线长度比大于1，经线长度比也相应地大，即任一点上的经线长度比与纬线长度比数值相等。两条标准纬线是没有变形的线，在两条标准纬线之内，长度变形和面积变形为负；两条标准纬线之外，长度变形和面积变形为正；离标准纬线愈远，变形愈大。

等角圆锥投影，特别是等角圆锥投影中的割圆锥投影应用很广。等角割圆锥投影广泛用于绘制中纬度国家和地区地图。我国地图将南海诸岛作为插图配置时，就是采用等角割圆锥投影，两条标准纬线选在北纬25°和北纬47°。世界不少国家，如法国、比利时、西班牙等，都曾用等角割圆锥投影作为地形图的数学基础。

2）等积圆锥投影

如果没有面积变形，图上任一点的经线长度比等于纬线长度比的倒数。

对于切圆锥投影，相切的纬线为标准线，其长度比等于1，从标准纬线向南、向北纬线长度比均大于1，为了保持等积，因而经线长度比均小于1。在本投影图上纬线长度变形为正，经线长度变形为负。换句话说，纬线比实际扩大了，而经线是缩小了，保持图上面积与实际相等。

对于割圆锥投影，则两条割纬线之间，纬线缩短，经线伸长；两条割纬线以外，纬线伸长，经线缩短，从而保持图上面积相等。

等积圆锥投影常用于绘制南海诸岛作为插图的我国全图，割纬线为北纬 25°和北纬 47°。西方国家出版的许多挂图、桌图和地图集中也广泛采用等积圆锥投影。

3）等距圆锥投影

等距圆锥投影是沿经线方向没有长度变形，即经线长度比等于 1。等距圆锥投影也有切圆锥和割圆锥之分。

对于切圆锥投影来说，除标准纬线以外，沿纬线长度比均大于 1；对割圆锥投影来说，在两条标准纬线以内，沿纬线长度比均小于 1，在两条标准纬线以外，沿纬线长度比均大于 1。

等距圆锥投影按变形性质来说，属于任意投影，投影变形比较适中，适合于绘制一般参考用图和教学地图。我国地图出版社出版的《中学适用地图册》中的南欧、北美、苏联、美国和墨西哥等都是采用等距圆锥投影。

2.3.7　多圆锥投影

在切圆锥投影中，离开标准纬线愈远，变形愈大。如果制图区域包含纬差较大，则在边缘纬线处将产生相当大的变形。因此，采用双标准纬线圆锥投影比采用单标准纬线圆锥投影变形要小一些。如果有更多的标准纬线，则变形会更小些，多圆锥投影就是由这样的设想建立起来的。

假想有许多圆锥与地球面上的纬线相切，按照一定条件，将地球表面上的经纬线投影到这些圆锥面上，然后沿同一圆锥母线方向将圆锥剪开展成平面。由于圆锥顶点不是一个，所以纬线投影为同轴圆弧，其圆心都是在投影为直线的中央经线上，其他经线投影为对称于中央经线的曲线。如图 2.33 所示。

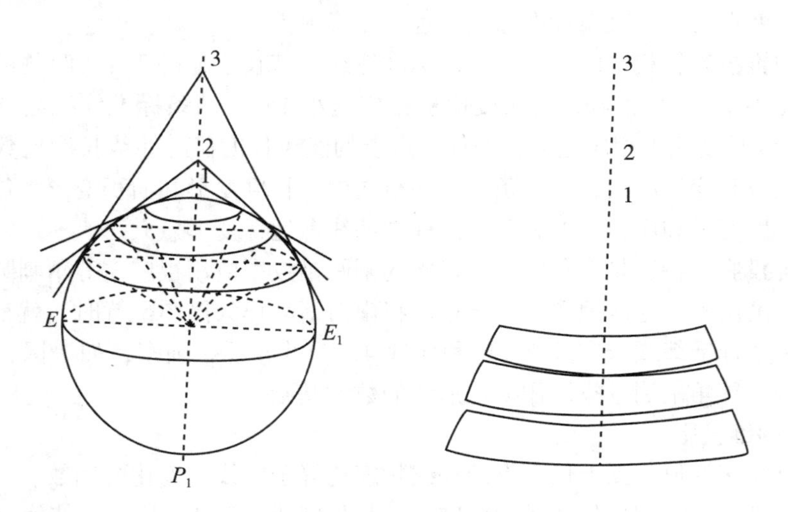

图 2.33　多圆锥投影

1. 普通多圆锥投影

普通多圆锥投影是中央经线和每一条纬线投影后与实地等长的多圆锥投影，在中央经线上没有长度变形，在各条纬线上也没有长度变形，中央经线上纬线间隔相等。

普通多圆锥投影属于任意投影，各种变形都存在，中央经线是一条没有变形的线，离开中央经线愈远，变形愈大，如图 2.34 所示，故这种投影适于作南北方向延伸地区的地图。该投影是美国海岸测量局于 1820 年拟定，并最早用于编制美国海岸附近地区的地图，此后加拿大、巴西、阿根廷等国都用以编制过各种比例尺的地图。由于多圆锥投影的经纬线系弯曲的曲线，具有良好的球形感，所以它也常用于编制世界地图。

图 2.34　普通多圆锥投影

2. 等差分纬线多圆锥投影

等差分纬线多圆锥投影是在普通多圆锥投影的基础上经过修改而成的，是一种任意性质的等分纬线多圆锥投影，由于纬线是同轴圆弧，每条纬线上长度比等于 1，在每条纬线上经线间隔相等，所以在两条纬线之间经差相同的范围内，图上面积彼此不等，在中央经线附近图上面积接近正确，离中央经线愈远，图上面积愈大。这对于制作一般世界地图不太合适。为了解决这个问题，我国地图出版社于 1963 年曾在普通多圆锥投影的基础上设计一种任意性质的等差分纬线多圆锥投影，这种投影纬线上经线间隔长度不是等分的，而是按照一定的差数划分的，即从中央经线起，纬线上经线间隔长度值的划分随远离中央经线而逐渐缩短，其缩短数值，是按等差递减。因纬线是同轴圆弧，虽离中央经线愈远弯曲愈大，但由于在纬线上对经线间隔长度的划分，向外侧是按等差递减的，经差相同的纬线长度愈向外愈短，所以能够保持两条纬线之间经差相同的范围面积相差不大，它比普通多圆锥投影优越。如图 2.35 所示。

我国编制各种世界政区图和其他类型世界地图时广泛应用等差分纬线多圆锥投影，它具有以下特点：

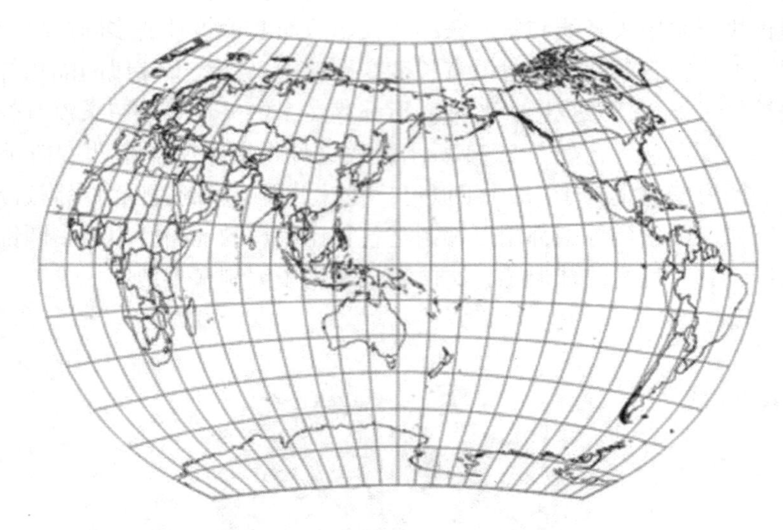

图 2.35　等差分纬线多圆锥投影

(1) 纬线投影后为对称于赤道的同轴圆弧，圆心位于中央经线上，极点也表示为圆弧，其长度为赤道投影长度的二分之一；经线为对称于中央经线的曲线，各经线间的间隔随离中央经线距离的增大而逐渐缩短，按等差递减；赤道和中央经线是互相垂直的直线。经纬线网的图形具有球形感。

(2) 我国在地图上的位置接近于中央，轮廓形状比较正确，我国面积比同一纬度带上的其他国家的面积不因面积变化而有所缩小。

(3) 图面上太平洋保持完整，有利于显示我国与邻近国家的水陆关系。

(4) 投影的变化性质为面积变化不大的任意投影，我国绝大部分地区的面积变化在 10 %以内，面积比为 1 的等变形线自东向西横贯我国中部；位于中央经线和南北纬线 44°交点处没有角度变形，我国绝大部分地区最大的角度变形在 10°以内，少数地区在 13°左右。

2.3.8　地图投影的选择

地图投影选择得是否科学合理，直接影响地图的精度和实用价值。因此在编图以前，要根据各种投影的性质、经纬线网形状特点等，针对所编地图的具体要求，选择最适宜的投影。

1. 制图区域的大小、形状和地理位置

制图区域的范围、形状和地理位置（表 2.2）主要关系到选用按投影的构成方法分类的哪一类投影。对于世界地图，常用的主要是正轴圆柱、伪圆柱和多圆锥三类投影。例如，我国出版的世界地图多采用等差分纬线多圆锥投影。对于半球地图，常分为东半球、西半球、南半球、北半球、水半球、陆半球地图。东、西半球图常选用横轴方位投影，南、北半球图常选用正轴方位投影，水、陆半球图一般选用斜轴方位投影，其投影中心分别为 $\varphi_0 = +45°$、$\lambda_0 = 0°$ 和 $\varphi_0 = -45°$、$\lambda_0 = 180°$。

表 2.2 **制图区域的范围、形状和地理位置**

区域范围	区域形状	地理位置
大尺度	近似圆形区域	两极
中尺度	南北延伸型区域	赤道附近
小尺度	东西延伸型区域	中纬度地区

除了世界图和半球图外，还有大洋图、大洲图以及国家图等。对于这些区域范围地图的投影选择，必须考虑其轮廓形状和地理位置，最好是使等变形线与制图区域的轮廓形状基本一致，以便减少图上变形。因此，圆形地区一般宜采用方位投影，在两极附近则宜采用正轴方位投影，以赤道为中心的地区采用横轴方位投影，在中纬度地区采用斜轴方位投影。当制图区域是东西延伸而又在中纬度地区时，一般多采用正轴圆锥投影，如中国、美国等。当制图区域在赤道附近，或沿赤道两侧东西延伸时，则宜采用正轴圆柱投影，如印度尼西亚。当制图区域是沿南北方向延伸时，如南美洲的智利和阿根廷，一般可采用横轴圆柱投影和多圆锥投影。对于任意方向延伸的地区，可选用斜轴圆柱投影。

2. 制图比例尺

不同比例尺地图对精度要求的不同，在投影选择上亦各不相同。以我国为例，大比例尺地形图由于要在图上进行各种精确量算及定位，以高斯-克吕格投影为主；而中、小比例尺的省区图由于概括程度高，则多选用正轴等角、等积、等距的圆锥投影等。

3. 地图的内容

地图主要用于表示哪一方面内容、解决什么问题，这关系到选用按变形性质分类的哪一类投影。如行政区划图、人口密度图、旅游经济地图等，一般要求面积正确，因此应选用等积投影；而航海旅游图、航空旅游图、旅游天气图等，一般多采用等角投影，因为能比较正确地表示方向，且在小区域内可保持图形与实地相似，这对于实地使用地图非常方便；有些地图要求各种变形都不太大，如旅游宣传用地图等，则可选用任意投影，为了使城市中心区更为突出，城市旅游图还可采用变比例尺设计。

除上述以外，出版方式、转绘技术、制图资料等也会对投影选择产生影响。

2.4 地图比例尺

地图是制图区域的缩小，要把地面上的线段描绘到地图平面上，首先要将地面线段沿垂线投影到大地水准面上，然后归化到椭球体面上，再按某种方法将其投影到平面上，最后按某一比率将它缩小到地图上，这个缩小比率就是地图比例尺。因此，要想知道地图上某一段距离在实地上的长度，就必须知实地在地图上缩小的倍数。

2.4.1 地图比例尺定义

地图比例尺是地图上主要的数学要素之一，它决定着实地的轮廓转变为制图表象的缩小程度。

地图上某线段的长度与实地相应线段的水平长度之比，称为地图比例尺。其表达式为：

$$\frac{1}{M}=\frac{e}{L}$$

式中：M——比例尺的分母；

e——地图上线段长度；

L——实地相应线段的水平长度。

上式可用于地形图上的线段与实地对应线段投影长度之间的换算。

相应的，还可以求出地图上某区域面积与实地对应区域的投影面积之间的关系，其表达式为：

$$\frac{1}{M^2}=\frac{f}{F}$$

式中：M——比例尺的分母；

f——地图上某区域的面积；

F——实地对应区域的投影面积。

比例尺表示图上距离比实际距离缩小的程度，因此也叫缩尺。如 1∶10 万，即图上 1cm 长度相当于实地 1000m。地图比例尺的大小是以比例尺的比值来衡量的，它的大小与分母值成反比，分母值大，则比值小，比例尺就小，地面缩小倍率大，地图内容就概略；分母值小，则比值大，比例尺就大，地面缩小倍率小，地图内容就详细。

从地球制图区域到地图平面，主要经过两个阶段，并产生两个地图比例尺概念。第一个阶段是按照一定比例将地球缩小，形成缩小的地球（仪），这个比例就是随后所编制地图的主比例尺。在地球投影中，切点、切线和割线上是没有任何变形的，这些地方的比例尺皆为主比例尺。在各种地图上通常所标注的都是主比例尺，也称为普通比例尺。第二个阶段是将缩小了的地球（仪），经过各种地图投影，就可以形成地图了。由于投影变形的存在，不同地方的缩小比例就不一样，有的比主比例尺大（地图投影面之下），有的比主比例尺小（地图投影面之上），有的与主比例尺相等（前述切线、切点、割线之处），这就形成了局部比例尺的概念。局部比例尺大于或小于主比例尺，并随其所在位置和方向的不同而发生变化。一般地图上都不注此种比例尺。严格来讲，只有在表示小范围的大比例尺地图上，由于不考虑地球的曲率，全图比例尺才是一致的。

2.4.2　地图比例尺形式

地图比例尺的形式通常有数字比例尺、文字比例尺和图解比例尺。

1. 数字比例尺

直接用阿拉伯数字表示的比例尺，或用分子为 1 的分数式来表示的比例尺，称为数字比例尺。上节地图比例尺表达式中 M 称为比例尺分母，表示缩小的倍数，M 愈小，比例尺愈大，图上表示的地物地貌愈详尽。

例如，地图上 1cm 长度代表实地 1000m，则比例尺可写成 1∶100000（或简写作 1∶10 万），或 $\frac{1}{100000}$ 表示。

2. 文字比例尺

用文字注解的方法表示的比例尺，称为文字比例尺。

例如“一比十万”（或简称十万分之一），“图上1厘米相当于实地1千米”等。

表达比例尺的长度单位，在地图上通常以厘米计，在实地上以米或千米计。例如，常常用“图上1厘米相当于实地N米（或千米）”来表示比例尺；涉及航海方面的地图，实地距离则常以海里（mile）计。

3. 图解比例尺

用图形加注记的形式表示的比例尺，称为图解比例尺。通常有直线比例尺、斜分比例尺和纬线比例尺等。

（1）直线比例尺：是以直线段形式标明图上线段长度所对应的地面距离。直线比例尺是地图上比较常见的一种比例尺，它可以不必经过数学计算，可直接在地图上量出相应的实地距离。如图2.36所示。

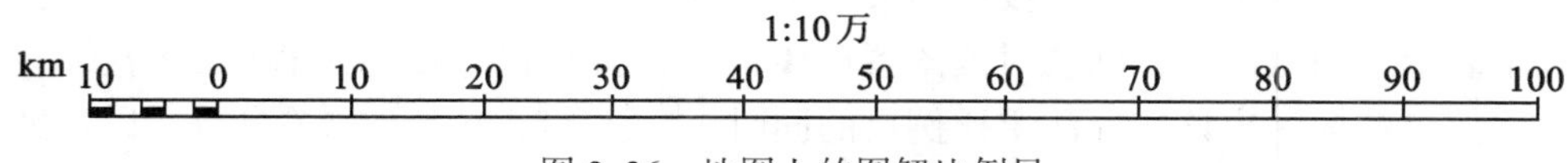

图2.36 地图上的图解比例尺

直线比例尺的制作方法：在一直线上，以1cm或2cm为基本单位，作为尺头；截取若干与尺头相等的线段作为尺身；再将尺头等分10小格，然后以尺头与尺身的接合点为零，分别注记相应实地的水平距离，即成直线比例尺。例如，1∶1000的图示比例尺，绘制时先在图上绘两条平行线，再把它分成若干相等的线段，称为比例尺的基本单位，一般为2cm；将左端的一段基本单位又分成10等份，每等份的长度相当于实地2m。而每一基本单位所代表的实地长度为2cm×1000=20m。

（2）斜分比例尺：斜分比例尺是纵横两种分划的复合比例尺，又可称为微分尺。

（3）纬线比例尺：上述直线比例尺及斜分比例尺主要用于大中比例尺地图，而在小比例尺(1∶100万以下）的地图上，由于投影的关系，使之各纬线（或经线）的长度变形不同，所以不能用一种直线比例尺来概括全图。此时，应对每一纬线（或经线）画一个直线比例尺，结合起来称为纬线比例尺。

地球表面是个不可展的曲面，为了消除投影变形对图上量测的影响，制图人员就按照经纬线投影后的特性绘制了一种比例尺，叫做经纬线比例尺。1∶250万中华人民共和国全图上所绘的比例尺，就是这种比例尺。由于小比例尺地图变形较大，并且一幅地图上各处变形并不一致，用纬线比例尺虽然可以消除一部分误差，但仍不能用于精确量测。图2.37是变形随纬度不同而变化的纬线比例尺。

地图上通常采用几种形式配合来表示比例尺，最常见的是数字式和图解式的配合使用。比例尺小于百万分之一的地图，在图例中都绘有经纬线比例尺，同时还注有数字比例尺。数字比例尺也叫做主比例尺，它是表示没有变形地方的比例尺，也就是标准纬线上的比例尺。

4. 大比例尺地图的比例尺表示

在大比例尺地图上，由地图投影因素产生的变形很小，可以只用主比例尺（普通比

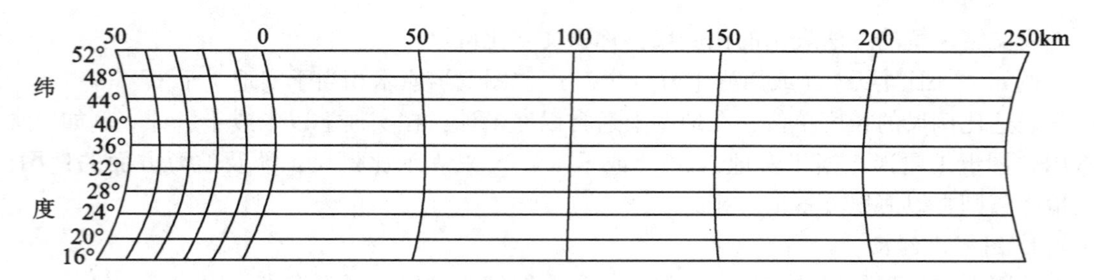

图 2.37　双标准纬线等角圆锥投影的纬线比例尺

例尺）及其任何形式（数字式、文字式、直线图解式等）来表示地图的比例尺，并且不必给予说明。据此比例尺对地图内容进行各种量算，可以得到较为准确的结果。

5. 小比例尺地图的比例尺表示

在小比例尺地图上，由地图投影因素产生的变形会较大，甚至很大，这时如果只用主比例尺来表示地图比例尺，则会对读图者产生误导，甚至出现使用过程中的错误。此时，对地图比例尺的标注应该在标注主比例尺的同时，标注投影类型及相关参数，以帮助读者对该地图投影变形的区域变化规律做辅助理解。

在比例尺的标注形式上，可以使用数字式表示主比例尺，但最好同时使用图解式的复式比例尺，如纬线比例尺或经线比例尺；不要用文字式。如在一亿分之一的地图上，把比例尺标注为“1∶100000000”可以理解为这是隐含表示主比例尺；但如果用文字表示为“图上 1 厘米代表实地距离 1000 千米”，那就会导致理解上的错误。图 2.38 所示为复式比例尺示例（等角正轴切圆柱投影的纬线比例尺）。

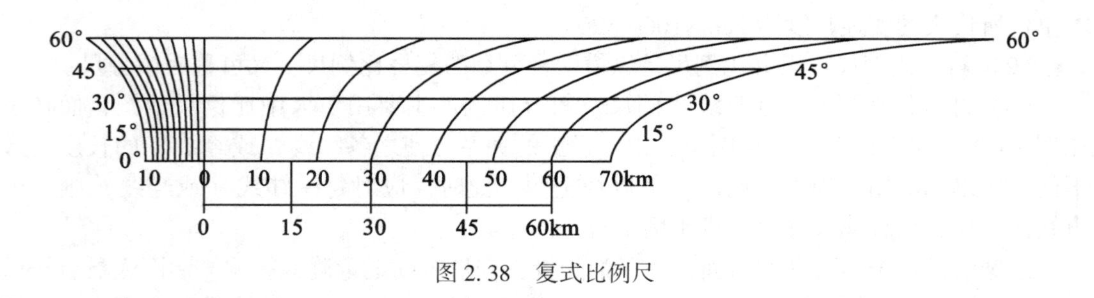

图 2.38　复式比例尺

2.4.3　地图比例尺的作用

（1）地图比例尺的大小，决定着实地范围在地图上缩小的程度。例如 1 平方公里面积的居民地，在 1∶5 万地形图上为 4 平方厘米，可以表示出居民地的轮廓和细貌；在 1∶10万图上为 1 平方厘米，有些细貌就表示不出来了；在 1∶20 万图上，只有 0.25 平方厘米，仅能表示出一个小点。这就说明，当地图幅面大小一样时，对不同比例尺来说，表示的实地范围是不同的，比例尺大，所包括的实地范围就小；反之，比例尺小，所包括的实地范围就大。

(2) 地图比例尺的大小，决定着图上量测的精度和表示地形的详略程度。由于正常人的眼睛只能分辨出图上大于0.1mm的距离，图上0.1mm的长度在不同比例尺地图上的实地距离是不一样的，如1∶5万图为5m，1∶10万图为10m，1∶20万图为20m，1∶50万图为50m。由此可见，比例尺越大，图上量测的精度越高，表示的地形情况就越详细；反之，比例尺越小，图上量测的精度越低，表示的地形情况就越简略。

一般在实地测图时，就只需达到图上0.1mm的正确性。显然，比例尺越大，其比例尺精度也越高。不同比例尺图的比例尺精度见表2.3。

表2.3 **比例尺精度**

比例尺	1∶500	1∶1000	1∶2000	1∶5000	1∶10000
比例尺精度	0.05m	0.1m	0.2m	0.5m	1.0m

比例尺精度的概念，对测图和用图都有重要的指导意义。首先，根据比例尺精度可以确定在测图时距离测量应准确到什么程度。例如，在按1∶2000的比例尺测图时，比例尺精度为0.2m，故实地量距只需取到0.2m，因为若量得再精确，在图上也无法表示出来。其次，当设计规定需在图上能量出的实地最短长度时，根据比例尺精度可以确定合理的测图比例尺。例如，某项工程建设要求在图上能反映地面上10cm的精度，则所选图的比例尺就不能小于1∶1000。图的比例尺愈大，测绘工作量会成倍地增加，所以应该按城市规划和工程建设、施工的实际需要合理选择地图的比例尺。

总之，根据地图上的比例尺，可以量算图上两地之间的实地距离；根据两地的实际距离和比例尺，可计算两地的图上距离；根据两地的图上距离和实际距离，可以计算比例尺。根据地图的用途，所表示地区范围的大小、图幅的大小和表示内容的详略等不同情况，制图选用的比例尺有大有小。地图比例尺中的分子通常为1，分母越大，比例尺就越小。在同样图幅上，比例尺越大，地图所表示的范围越小，图内表示的内容越详细，精度越高；比例尺越小，地图上所表示的范围越大，反映的内容越简略，精确度越低。

2.4.4 地图的比例尺系统

各个国家的地图比例尺系统是不完全相同的，特别是有的国家采用英制，换成公制较麻烦。我国采用十进位的米制长度单位。规定8种比例尺为国家基本地形图的比例尺系列，见表2.4。

表2.4 **国家地形图基本比例尺系列**

数字比例尺	文字比例尺 (地图名称)	图上1cm相当于 实际的km数	实地1km相当于 图上cm数
1∶5000	五千分之一	0.05	20
1∶10000	一万分之一	0.1	10

续表

数字比例尺	文字比例尺（地图名称）	图上 1cm 相当于实际的 km 数	实地 1km 相当于图上 cm 数
1：25000	二万五千分之一	0.25	4
1：50000	五万分之一	0.5	2
1：100000	十万分之一	1	1
1：250000	二十五万分之一	2.5	0.4
1：500000	五十万分之一	5	0.2
1：1000000	百万分之一	10	0.1

小比例尺地图没有固定的比例尺系统。根据地图的用途、制图区域的大小和形状、纸张和印刷机的规格等条件，在设计地图时确定其比例尺。但是，在长期的制图实践中，小比例尺地图也逐渐形成约定的比例尺系列。例如，从现有的大量地图来看，多出现下列较为完整的数字比例尺：1：100 万、1：150 万、1：200 万、1：250 万、1：300 万、1：400万、1：500 万、1：600 万、1：750 万、1：1000 万等。

2.4.5　地形图按比例尺分类

通常把 1：500、1：1000、1：2000、1：5000、1：10000 比例尺的地形图称为大比例尺地形图；把 1：2.5 万、1：5 万、1：10 万比例尺的地形图称为中比例尺地形图；把 1：20万、1：50 万、1：100 万比例尺的地形图称为小比例尺地形图。

比例尺为 1：500 和 1：1000 的地形图一般用平板仪、经纬仪或全站仪测绘，这两种比例尺的地形图常用于城市详细规划、工程设计施工等。比例尺为 1：2000、1：5000 和 1：10000 的地形图一般用更大比例尺的图缩制，大面积的比例尺测图也可以用航空摄影测量方法成图。1：2000 地形图常用于城市详细规划及工程项目初步设计，1：5000 和 1：10000的地形图则用于城市总体规划、厂址选择、区域布置、方案比较等。

中比例尺地形图系国家的基本图由国家测绘部门负责测绘，目前均用航空摄影测量方法成图。小比例尺地形图一般由中比例尺地形图缩小编绘而成。

2.5　地 图 定 向

确定地图上图形的地理方向，叫做地图定向。地图定向在社会实践中有着重要意义，在地理考察中用于识途、测定现象分布走向、判定现象在地图上的位置或地图上的图形指代现象的实地位置，以及研究现象在不同方向上的差异；在经济建设和国防建设中，工矿厂址选择、开渠筑路的实地勘测选线、海上与空中航行、军队行军和火炮射击等，均需要用地图确定方位。

2.5.1 地形图的定向

测绘或使用地形图时，首先要确定一个南北标准方向线，作为标定地图方向和测定目标方位的依据，常用的是方位角和三北方向线。

为了满足使用地图的要求，规定在于大 1∶10 万的各种比例尺地形图上绘出三北方向和三个偏角的图形，如图 2.39 所示。它们不仅便于确定图形在图纸上的方位，同时便于在实地使用罗盘标定地图的方位。

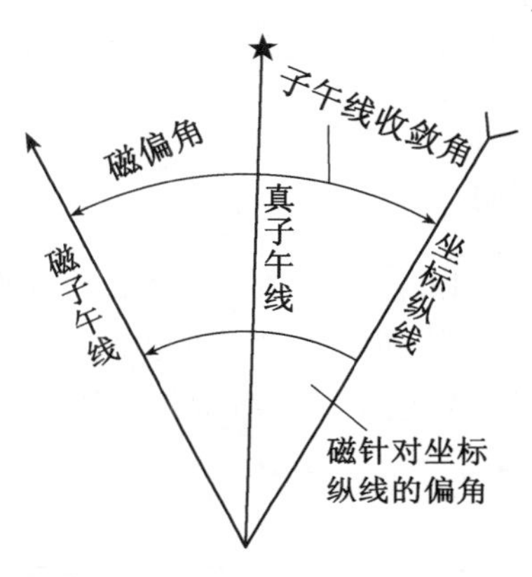

图 2.39 三北方向和三个偏角

1. 三北方向线

三北方向线指真北方向线，坐标北方向线和磁北方向线。

（1）真北方向线：过地面上任意一点，指向北极的方向，叫真北。其方向线称真北方向线或真子午线，地形图上的东西内图廓线即真子午线，其北方方向代表真北。对一幅图而言，通常是把图幅的中央经线的北方方向作为该图幅的真北方向。

（2）坐标北方向线：图上方里网的纵线叫做坐标纵线，它们平行于投影带的中央经线（投影带的平面直角坐标系的纵坐标轴），纵坐标值递增的方向称为坐标北方向。大多数地图投影的坐标北和真北方向是不完全一致的。

（3）磁北方向线：实地上磁北针所指的方向叫磁北方向。它与指向北极的北方向并不一致，磁偏角相等的各点连线就是磁子午线，它们收敛于地球的磁极。

2. 三个偏角

（1）子午线收敛角：在高斯-克吕格投影中，除中央经线投影成直线以外，其他所有的经线都投影成向极点收敛的弧线。因此，除中央经线之外，其他所有经线的投影同坐标纵线都有一个夹角（即过某点的经线弧的切线与坐标纵线的夹角），这个夹角即子午线收敛角，如图 2.39 所示，可以用下式计算：

$$\gamma = \lambda\sin\varphi + \frac{\lambda^3}{3}\sin\varphi\cos^2\varphi(1 + 3\eta^2) + \cdots$$

由上式可见，子午线收敛角随纬度的增高而增大，随着对投影带中央经线的经差增大而加大。在中央经线和赤道上都没有子午线收敛角。采用6°分带投影时子午线收敛角的最大值为±3°。

（2）磁偏角：地球上有北极和南极，同时还有磁北极和磁南极。地极和磁极是不一致的，而且磁极的位置不断有规律地移动。

过某点的磁子午线与真子午线之间的夹角称为磁偏角，磁子午线在真子午线以东，称为东偏，角值为正；在真子午线以西，称为西偏，角值为负。在我国范围内，正常情况下磁偏角都是西偏，只有在某些发生磁力异常的区域才会表现为东偏。

（3）磁针对坐标纵线的偏角：过某点的磁子午线与坐标纵线之间的夹角，称为磁针对坐标纵线的偏角。磁子午线在坐标纵线以东为东偏，角值为正，以西为西偏，角值为负。

2.5.2　小比例尺地图的定向

我国的地形图都是以北方定向的。在一般情况下，小比例尺地图也尽可能地以北方定向（图2.40），即使图幅的中央经线同南北轮廓垂直。但是，有时制图区域的情况比较特殊（例如我国的甘肃省），用北方定向不利于有效地利用标准纸张和印刷机的版面，也可以考虑采用斜方位定向（图2.41）。

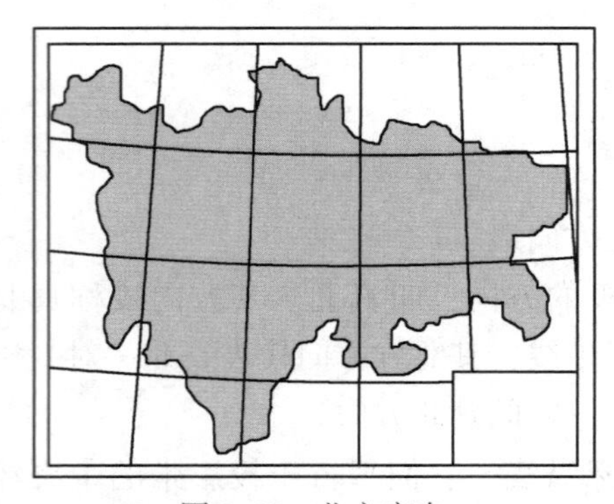

图2.40　北方定向

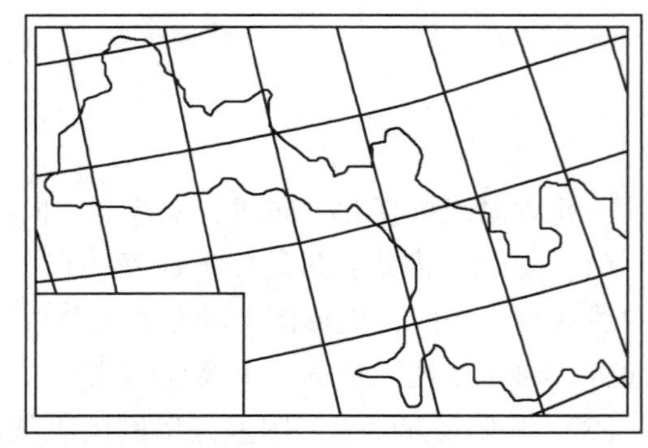

图2.41　斜方位定向

在极个别的情况下，为了更有利于表示地图的内容（例如鸟瞰的方法表达位于坡向面北的制图区域），甚至也可以采用南方定向。

2.6　地图分幅与编号

对一个确定的制图区域，要将全区绘于一张图需要增大图幅，这样就不可能在一张图纸上描绘出来，而是要分幅描绘，为了保管和使用方便，我国对每一种基本比例尺地形图的图廓大小都做了规定，每一幅地形图给出了相应的号码标志，这就是地形图的分幅与编号。

2.6.1 地图的分幅

地图有两种分幅形式，即矩形分幅和经纬线分幅。

1. 矩形分幅

每幅地图的图廓都是一个矩形，因此，相邻图幅是以直线划分的。矩形的大小一般根据纸张和印刷机的规格（全开、对开、四开、八开等）而定。矩形分幅又可分为拼接的和不拼接的两种。拼接的矩形分幅是指相邻图幅有共同的图廓线，使用地图时可按其公共边拼接起来。墙上挂图和比例尺大于1：2000的地图多采用这种分幅形式。不拼接的矩形分幅是指图幅之间没有公共边，每个图幅有其相应的制图主区，地图集中的分区地图通常是这样分幅的，各图幅之间常有一定的重叠，而且有时还可以根据主区的大小变更地图的比例尺。

挂图、地图集和专题地图多用矩形分幅方式。矩形分幅主要优点是图幅之间结合紧密，便于拼接使用，各图幅的印刷面积可以相对平衡，有利于充分利用纸张和印刷机的版面，还可以使分幅有意识地避开重要地物，以保持其图形在图面上的完整。其主要缺点是整个制图区域只能一次投影完成。

2. 经纬线分幅

经纬线分幅也叫做梯形分幅，地图的图廓由经纬线构成，是当前世界各国地形图和小比例尺分幅地图所采用的主要分幅形式。

经纬线分幅的主要优点是每个图幅都有明确的地理位置概念，因此适用于很大区域范围（全国、大洲、全世界）的地图分幅。其主要缺点是经纬线被描绘成曲线时，图幅拼接不便；随着纬度的升高，相同的经纬差所限定的面积不断缩小，因此图幅不断变小，不利于有效利用纸张和印刷机的版面，为了克服这个缺点，在高纬度地区不得不采用合幅的方式，这样就干扰了分幅的系统性；此外，经纬线分幅还经常会破坏重要物体（如大城市）的完整性。

我国基本比例尺地图是以经纬线分幅制作的，它们是以1：100万地图为基础，按规定的经差和纬差划分图幅，使相邻比例尺地图的数量成简单的倍数关系。

2.6.2 我国基本比例尺地形图的分幅与编号

我国基本比例尺地形图的分幅与编号在1991年前后有一定的差异。

（1）1991年前，我国基本比例尺地形图分幅与编号系统是以1：100万地形图为基础，延伸出1：50万、1：25万、1：10万三种比例尺。在1：10万地形图基础上又延伸出两支：第一支为1：5万及1：2.5万比例尺；第二支为1：1万比例尺。1：100万地形图采用行列式编号，其他六种比例尺的地形图都是在1：100万地形图的图号后面增加一个或数个自然序数（字符或数字）编号标志而成。

1：100万地形图的分幅和编号是国际上统一规定的，从赤道起向两极纬差每4°为一列，将南北半球分别分成22列，依次以字母A，B，C，…，V表示；由经度180°起，从西向东，每经差6°为一行，将全球分成60行，依次用数字1，2，3，…，60表示，采用“横列号-行号”编号表示（图2.42）。例如某地的经度为东经117°54′18″，纬度为北纬

39°56′12″，则其所在的 1∶100 万比例尺图的图号为 J-50。

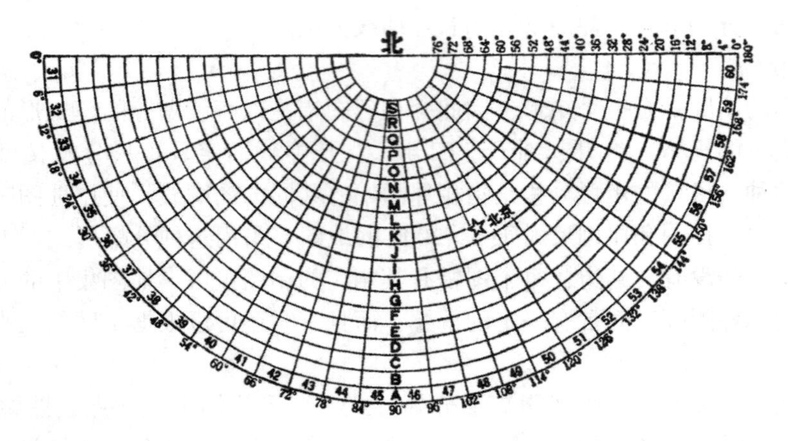

图 2.42　北半球 1∶100 万地形图的分幅和编号

1∶10 万比例尺图的分幅和编号是将一幅 1∶100 万的图，按经差 30′，纬差 20′分为 144 幅 1∶10 万的图。按图 2.43 所示顺序，某地的 1∶10 万图的编号为 J-50-8。

	114°		115°		116°		117°		118°		119°	120°
40°	1	2	3	4	5	6	7	8	9	10	11	12
	13	14	15	16	17	18						24
	25	26	27	28								36
39°	37	38										48
	49											60
	61											72
38°	73						J-50					84
	85											96
	97											108
37°	109											120
	121											132
36°	133	134	135	136	137	138	139	140	141	142	143	144

图 2.43　1∶10 万比例尺图的编号

1∶5 万和 1∶2.5 万比例尺图的分幅和编号都是以 1∶10 万比例尺图为基础的。每幅 1∶10 万的图，划分成 4 幅 1∶5 万的图，分别在 1∶10 万的图号后写上各自的代号 A、B、C、D。每幅 1∶5 万的图又可分为 4 幅 1∶2.5 万的图，分别以 1、2、3、4 编号。某地上述两种比例尺图的图幅编号见表 2.5。

1∶10000 和 1∶5000 比例尺图的分幅编号也是在 1∶10 万比例尺图的基础上进行的。每幅 1∶10 万的图分为 64 幅 1∶10000 的图，分别以（1），（2），…，（64）表示。每幅

1：10000的图分为4幅1：5000的图，分别在1：10000的图号后面写上各自的代号a、b、c、d。各种比例尺地形图的图幅大小及编号见表2.5。

表2.5 **各种比例尺地形图的图幅大小**

比例尺	图幅大小		在上一例比例尺图中所包含本比例尺图的幅数	某地的图幅编号
	纬度差	经度差		
1：10万	20′	30′	在1：100万图幅中有144幅	J-50-8
1：5万	10′	15′	4幅	J-50-8-B
1：2.5万	5′	7′30″	4幅	J-50-8-B-2
1：10000	2′30″	3′45″	在1：10万图幅中有64幅	J-50-8-(15)
1：5000	1′15″	1′52.5″	4幅	J-50-8-(15)-a

（2）1991年我国制定了国家标准《国家基本比例尺地形图分幅和编号》，自1991年起新测和更新的地形图，照此标准进行分幅和编号。

新的分幅编号对照以前有以下特点：

① 1：5000地形图列入国家基本比例尺地形图系列，使基本比例尺地形图增至8种。

② 分幅虽仍以1：100万地形图为基础，经纬差也没有改变，但划分的方法不同，即全部由1：100万地形图逐次加密划分而成；此外，过去的列、行现在改称为行、列。

③ 编号仍以1：100万地形图编号为基础，后接相应比例尺的行、列代码，并增加了比例尺代码。因此，所有1：5000~1：50万地形图的图号均由5个元素10位代码组成。编码系列统一为一个根部，编码长度相同，计算机处理和识别时十分方便。

1：100万地形图的分幅按照国际1：100万地形图分幅的标准进行。

每幅1：100万地形图划分为2行2列，共4幅1：50万地形图，每幅1：50万地形图的分幅为经差3°、纬差2°。

每幅1：100万地形图划分为4行4列，共16幅1：25万地形图，每幅1：25万地形图的分幅为经差1°30′、纬差1°。

每幅1：100万地形图划分为12行12列，共144幅1：10万地形图，每幅1：10万地形图的分幅为经差30′、纬差20′。

每幅1：100万地形图划分为24行24列，共576幅1：5万地形图，每幅1：5万地形图的分幅为经差15′、纬差10′。

每幅1：100万地形图划分为48行48列，共2304幅1：2.5万地形图，每幅1：2.5万地形图的分幅为经差7′30″、纬差5′。

每幅1：100万地形图划分为96行96列，共9216幅1：1万地形图，每幅1：1万地形图的分幅为经差3′45″、纬差2′30″。

每幅1：100万地形图划分为192行192列，共36864幅1：5000地形图，每幅1：5000地形图的分幅为经差1′52.5″、纬差1′15″。

为了使各种比例尺不至于混淆，分别采用不同的英文字符作为各种比例尺的代码，见表 2.6。

表 2.6　**我国基本比例尺代码**

比例尺	1∶50 万	1∶25 万	1∶10 万	1∶5 万	1∶2.5 万	1∶1 万	1∶5000
代 码	B	C	D	E	F	G	H

1∶100 万的代码仍由行（字符码）与列（数字码）号码组成，如北京幅为 J50。

1∶50 万~1∶5000 比例尺地形图的编号均由 5 个元素 10 位代码构成，即 1∶100 万图的行号（字符码）1 位，列号（数字码）2 位，比例尺代码（字符）1 位，该图幅的行号（数字码）3 位，列号（数字码）3 位，不是 3 位时前面补 0，行号排前、列号排后，加在 1∶100 万图幅图号之后，中间排比例尺代码。例如，1∶25 万某幅为 J50C001002，表示该图幅位置为第 1 行、第 2 列；1∶10 万中的某幅为 J50D008010，表示该图幅位置为第 8 行、第 10 列等，如图 2.44 所示。

X	X X	X	X X X	X X X
1∶100 万图幅 行号字符码	1∶100 万图幅 列号数字码	比例尺 代码	图幅行号 数字码	图幅列号 数字码

图 2.44　地形图图号构成

2.6.3　大比例尺地图的分幅与编号

为了满足工程设计、施工及资源与行政管理的需要所测绘的 1∶500、1∶1000、1∶2000 和小区域 1∶5000 比例尺的地形图属于大比例尺地图，多采用矩形分幅。

矩形分幅以直角坐标线为内图廓线，图幅大小一般为 50cm×50cm 或 40cm×50cm，以纵横坐标的整公里或整百米数作为图幅的分界线。50cm×50cm 图幅最常用。

一幅 1∶5000 的地形图分成 4 幅 1∶2000 的图；一幅 1∶2000 的地形图分成 4 幅 1∶1000 的地形图；一幅 1∶1000 的地形图分成 4 幅 1∶500 的地形图。

各种比例尺地形图的图幅大小见表 2.7。

表 2.7　**矩形分幅及面积**

比例尺	50×40 分幅		50×50 分幅	
	图幅大小（cm×cm）	实地面积（km×km）	图幅大小（cm×cm）	实地面积（km×km）
1∶5000	50×40	5	50×50	1
1∶2000	50×40	0.8	50×50	4
1∶1000	50×40	0.2	50×50	16
1∶500	50×40	0.05	50×50	64

矩形图幅的编号，一般采用该图幅西南角的 X 坐标和 Y 坐标以 km 为单位，之间用连字符连接。如一图幅，其西南角坐标为 $X=3810.0$km，$Y=25.5$km，其编号为“3810.0-25.5”。编号时，1∶5000 地形图，坐标取至 1km；1∶2000、1∶1000 地形图，坐标取至 0.1km；1∶500 地形图，坐标取至 0.01km。对于小面积测图，还可以采用其他方法进行编号，如按行列式或按自然序数法编号。对于较大测区，测区内有多种测图比例尺时，应进行系统编号。

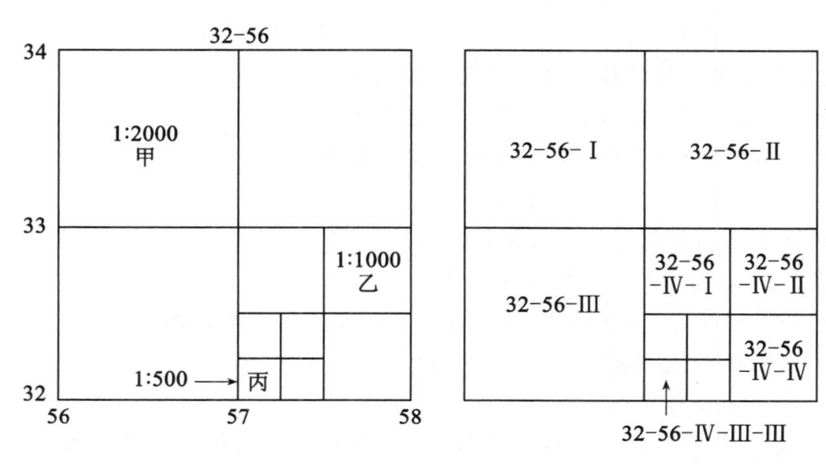

图 2.45　矩形分幅与编号

有时在某些测区，根据用户要求，需要测绘几种不同比例的地形图，在这种情况下，为便于地形图的测绘管理、图形拼接、编绘、存档管理与应用，应以最小比例尺的矩形分幅地形图为基础进行地形图的分幅与编号。如测区内要分别测绘 1∶500、1∶1000、1∶2000、1∶5000 比例尺的地形图（可能不完全重叠），则应以 1∶5000 比例尺的地形图为基础，进行 1∶2000 和大于 1∶2000 地形图的分幅与编号。例如，某 1∶5000 图幅西南角的坐标值 $X=32$km，$Y=56$km，则其图幅编号为“32-56”（见图 2.45）。这个图号将作为该图幅中的其他较大比例尺所有图幅的基本图号。如图 2.45 所示，在 1∶5000 图号的末尾分别加上罗马字Ⅰ、Ⅱ、Ⅲ、Ⅳ，就是 1∶2000 比例尺图幅的编号，如甲图幅，其编号为“32-56-Ⅰ”；同样，在 1∶2000 图幅编号的末尾分别再加上Ⅰ、Ⅱ、Ⅲ、Ⅳ，就是 1∶1000 图幅的编号，如乙图幅，其编号为“32-56-Ⅳ-Ⅱ”。在 1∶1000 比例尺的图号末尾再加上Ⅰ、Ⅱ、Ⅲ、Ⅳ，就是 1∶500 图幅的编号，如丙图幅，其编号为“32-56-Ⅳ-Ⅲ-Ⅲ”。

【本章小结】

地图学的数学基础是表示地理信息空间方位的依据，坐标系统是确定地面点位的参考系，比例尺是表示地理信息与实地关系的数学基础，地图的投影变换建立了地球曲面与地图平面的关系，要掌握地图分幅编号及其在地图制图中的作用。

◎ 思考题

1. 试述地图投影的概念。
2. 说明地图投影的实质。
3. 地图投影按变形性质分为哪几类？有何特点？
4. 何为长度变形、面积变形、角度变形？
5. 说明地图投影的分类。
6. 叙述方位投影中经纬线的投影情况及其变形规律。
7. 叙述圆柱投影中经纬线的投影情况及其变形规律。
8. 叙述圆锥投影中经纬线的投影情况及其变形规律。
9. 地图投影选择的主要依据是什么？
10. 如何理解地图投影对地图比例尺的影响？
11. 地图比例尺通常表现为哪几种形式？
12. 常用的空间参考系有哪些？简述其各自的特点和使用范围。
13. 什么是高斯-克吕格投影？有何特点？
14. 简述矩形分幅与梯形分幅的特点及优缺点。
15. 20 世纪 90 年代后，我国基本比例尺地形图的分幅与编号有何特点？

第3章　地图语言

【教学目标】

学习本章，要掌握地图符号的概念、分类、构成要素；熟悉色彩三要素、色彩的感觉、色彩的象征及色彩的选择；了解地图注记的意义与作用，并掌握地图注记的分类和要素。

3.1　地图符号

3.1.1　地图符号的概念

地图符号是表示地图内容的基本手段，它由形状不同、大小不一、结构各异、色彩有别的图形和文字组成，如图3.1所示。地图符号具有如下特点：

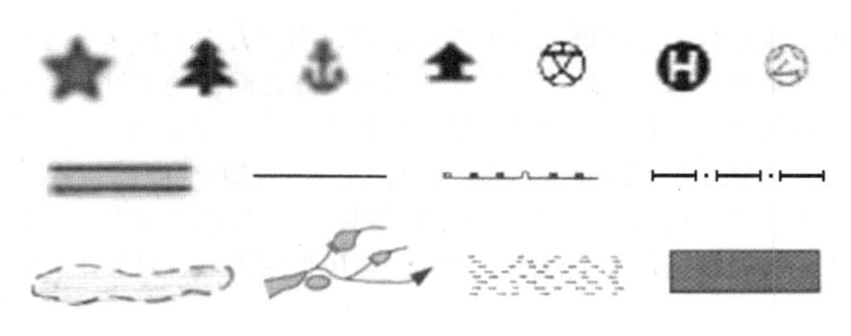

图3.1　地图符号

（1）地图符号应与地理事物的具体特征有联系，以便根据符号联想到实际地理事物；

（2）地图符号之间应有明显的差异，以更方便地区分地图上所表示的各种地理事物；

（3）同类地理事物的地图符号应相类似，以便分析各类地理事物总的分布情况，以及研究各类地理事物之间的相互联系；

（4）地图符号应力求简单易绘、直观易读、美观大方、便于记忆、使用方便。

地图符号是地图语言，而且是一种图形语言，它与文字语言相比较，最大的特点是形象、直观、简洁，一目了然。

运用地图符号，能对地理信息进行抽象、概括和简化，使地图主题突出、主次分明、形象直观，能在地图比例尺缩小的情况下，仍可以清晰地反映制图区域的基本情况。

运用地图符号，可使地图具有极大的表现力，既能表示地理事物的空间位置和分布特点，又能反映地理事物的质量、数量和类别；既能表示具体的地理事物，也能表示抽象的地理事物；既能表示地理事物的现状，也能表示地理事物的发展变化；既能表示地理事物的外形，也能表示地理事物的内部性质；既能表示较大地理事物，也能表示较小但十分重要的地理事物；既能表示有具体外形的地理事物，也能表示没有具体外形的地理事物。

单个符号，可以表示各种地理事物的空间位置、大小、质量和数量特征；同类符号，可以反映各类要素的分布特点；各类符号的总和，可以表明各类要素之间的相互关系以及区域总体特征。因此，地图符号不仅具有确定地理事物空间位置、分布特点以及质量和数量特征的基本功能，而且还具有相互联系和共同表达地理环境诸要素总体特征的特殊功能。

随着人类对自然与社会环境认识的不断深入，要在地图上表示的客观事物也越来越多，使地图的表示方法也从写景向着具有一定数学基础的水平投影的符号方向发展，因此地图表示的内容具有了精确定位的可能。地图符号将采用便于空间定位的形式来表示各种物体与现象的性质和相互关系，它用于记录、转换和传递各种自然和社会现象的信息，在地图上形成客观实际的空间形象，具有客观的和思维的意义。地图符号要与被表示的对象有一定的关系，进而又出现了将只能反映客观事物的个体符号向着分类、分级方向发展，使地图符号具有了一定的概括性，即用抽象的具有共性的符号来表示某一类（级）客观事物。例如，用不同形状的符号将道路分为铁路、公路和大车路；用不同颜色（或晕线）的符号将建筑物坚固的和不坚固的特征加以体现等。这种定位的、概念化的地图符号，不仅解决了把复杂繁多的客观事物表示出来的困难，而且能反映事物的群体特征和本质规律。

地图符号的形成过程，可以说是一种约定过程，制图者为了传递思想和概念，采用一些图形来代替一些概念，这就是地图符号与所代表概念之间的约定过程，从而使地图符号具有约定性。任何符号都是在社会上被一定的社会集团或科学团体所承认和共同遵守的，在某种程度上具有“法定”的意义。地图符号，尤其是普通地图的符号，大多经过了长时间的考验，已由约定而达俗成的程度。既然地图符号与概念之间存在的是约定关系，那么就可以选择不同符号来指代某个概念，例如，居民地用圈形符号表示，河流用渐变的实线表示，等等。

由此可见，地图符号具有可视性。它是用一种物质的对象来代替一个抽象的概念，以一种容易被心灵了解和便于记忆的形式，将制图对象的抽象概念呈现在地图上，从而使人们对所表示的地理环境产生深刻的印象。

3.1.2　地图符号的分类

地理空间事物复杂多样，表示地图内容的地图符号，虽然经过了抽象和概括，仍是非常众多，而且数量还在日趋增多。为了更好地利用各种地图符号，需要对地图符号进行归纳分类。

1. 按所表示地理事物的分布状况分类

1）点状符号

点状符号是表示在地面上所占的面积很小，按地图比例尺缩小后无法显示，在地图上只能是个点，但它是具有重要意义的地理事物（如油库、气象站、温泉、宝塔等）时所采用的符号。点状符号在地图上配置在地理事物的所在位置点上，符号的形状和大小与地图比例尺无关，只具有定位意义。点状符号的形状和颜色表示地理事物的性质，点状符号的大小通常反映地理事物的等级或数量特征。

点状符号按图形特征又分为几何符号、文字符号和象形符号，如图3.2所示。

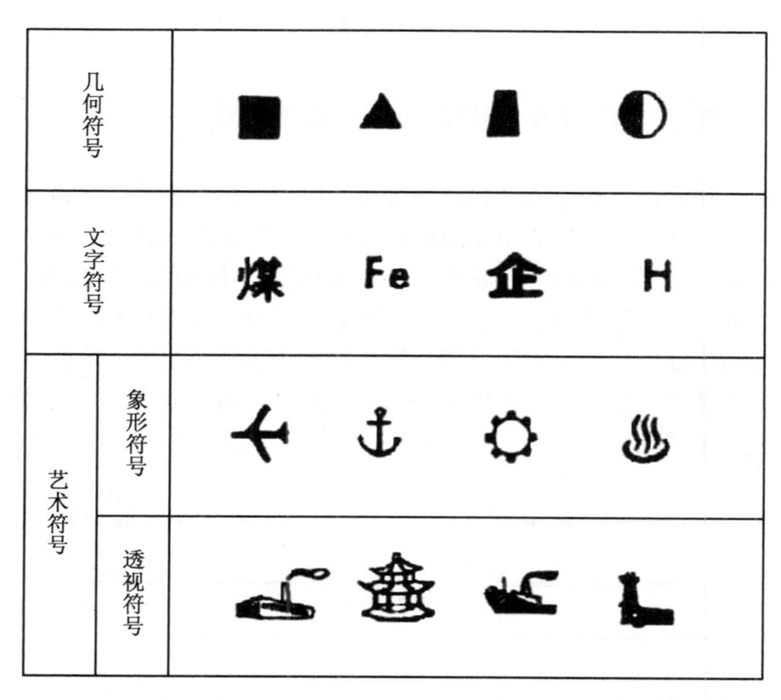

图3.2　点状符号

（1）几何符号。以简单的几何图形为符号，如圆、正方形、矩形、三角形等。其优点是：图形简单、容易绘制；图形便于绘小，符号在地图上所占面积小；定位部明确，符号定位方便；图形区分明显，不易混淆；图形大小可以表示数量的多少，易作对比。几何符号在地图中应用较为广泛。其缺点是：简单的几何形状太少，表示复杂多样的地理事物不够用；符号形状与所表示的地理事物的外形一般没有直接联系，缺乏真实感。

（2）文字符号。以所表示地理事物名称的第一、二个字母或简注汉字为符号，如“Fe”或“铁”表示铁矿；“P”表示停车场；“H”表示酒店；“煤”表示煤矿等。其优点是：望文生义、一目了然，不需要查看图例就可以读图。其缺点是：许多地理事物名称的开头字母相同，容易混淆；字体结构不同，不易进行定位和比较数量大小。这种符号应用较多的是表示矿产的元素符号，其他运用较少。若在文字符号外加绘简单几何图形，可使符号易于定位和比较大小，如图3.3所示。

（3）艺术符号。它分为象形符号和透视符号两种。象形符号是以简单形象的图形为符号，其优点是：简单明确，容易记忆和理解，便于读图。透视符号是按地理事物的透视关系绘制而成符号，其优点是：形象生动，通俗易懂，直观易读，可增强记忆。这两种符号的共同缺点是：符号不易绘小，在地图上占面积大；定位部不明确，定位困难；不易通过符号的大小进行数量多少的对比，有的根本不能对比，如不能以家畜的大小进行家畜头

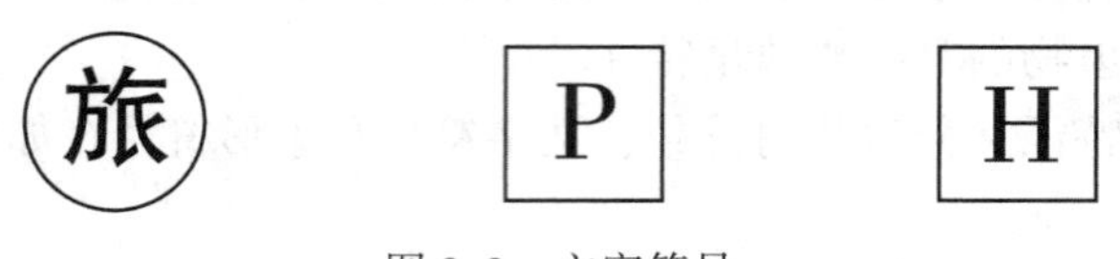

图3.3 文字符号

数多少的对比。这种符号常用于绘制宣传地图和旅游地图。

2）线状符号

线状符号是一种表达呈线状或带状延伸分布的地理事物的符号。在地面上呈线状或带状延伸分布的事物，在地图上只能用线的形式表示时，则采用线状符号表示，如图3.4所示。如道路、沟渠、境界、河流、运输线等。线状符号有不同颜色的实线、虚线、点线；有单线、双线、曲线，以不同的形式、不同的色彩表示线状或带状地理事物的类别质量特征。线状符号其长度能按比例尺表示，可表示地理事物的分布位置、形状、长度、弯曲程度及延伸形态；而宽度一般不能按比例尺表示，需要进行适当的夸大，其宽度往往反映地理事物的等级或数量特征。

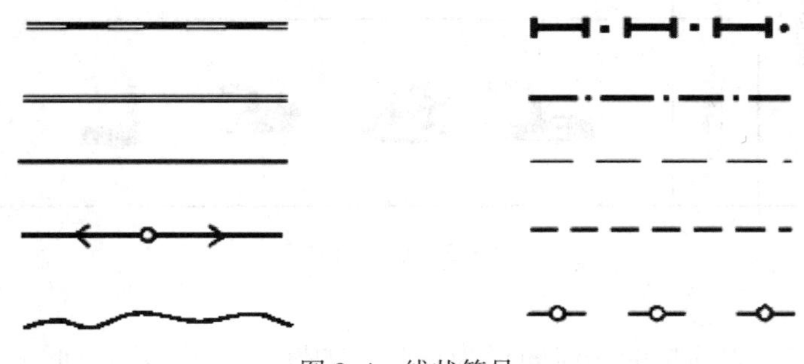

图3.4 线状符号

3）面状符号

面状符号是一种能按地图比例尺表示出地理事物分布范围的符号。地理事物呈面状分布，在地面上所占的面积很大，按地图比例尺缩小后，仍能显示其外部轮廓时，用面状符号表示，如图3.5所示，如大面积的森林、耕地、草地、水库、湖泊、沼泽等。面状符号是用轮廓线（实线、虚线或点线）表示事物的分布范围（界限明显的用实线，不明显的用虚线或点线，概略的不绘界线），其形状与事物的平面图形相似。轮廓线内填绘颜色、晕线、符号或说明注记（不绘界线的在概略范围内填绘符号或说明注记）以表示其性质和数量。面状符号能表示地理事物的分布位置、形状、意义、性质、数量和质量，并可从图上量测其长度、宽度和面积。

2. 按符号尺寸与地图比例尺的关系分类

1）依比例符号

依比例符号又称比例符号，也称轮廓符号，如图3.6所示，用于表示在地面上占有相当大面积，按比例尺缩小后仍能清晰地显示出真实轮廓形状的地理事物。依比例符号是按地图的比例尺将地面上的地理事物缩绘在地图上，即能保持地理事物平面轮廓形状的符

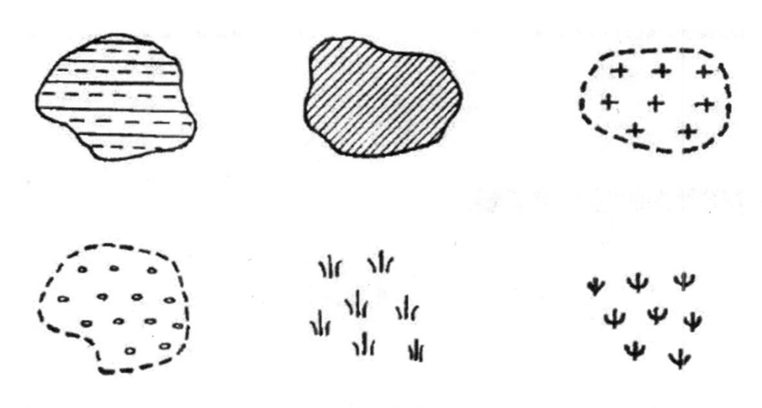

图 3.5 面状符号

号，具有相似性和准确性。依比例符号用轮廓线（实线、虚线或点线）表示地理事物的真实位置和形状，在轮廓线内填绘符号、注记或颜色，以表明地理事物的质量（性质）与数量特征。如大范围的街区、湖泊、林区、沼泽、草地等。

图 3.6 依比例符号

2）半依比例符号

半依比例符号即线状符号，如图 3.7 所示，用于表示在地面上长度能依比例表示，而宽度不能依比例表示的地理事物。半依比例符号是按地图的比例尺将地面上的地理事物的长度缩绘在地图上，宽度适当夸大表示，即能保持地理事物平面轮廓的长度，不能保持其宽度的符号。如道路、渠堤、城墙、河流等。

3）不依比例符号

不依比例符号又称非比例符号，如图 3.8 所示，用于表示在地面上占有很小面积独立的、重要的，当按比例尺缩小后仅为一个小点子，无法显示其平面轮廓的地理事物。不依比例符号不能保持地理事物平面轮廓的形状，而是用一定图形与尺寸的夸大表示。不依比例符号仅表示地理事物的位置和类别，不能量测其实际大小。如古塔、凉亭、水井、独立树等。

3. 按符号的比率关系分类

地图符号的大小与所表示的地理事物的数量有一定比率关系，称为比率符号。比率符

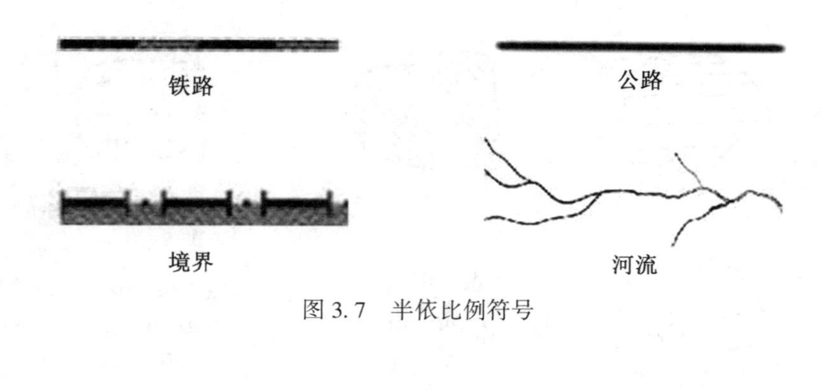

图 3.7　半依比例符号

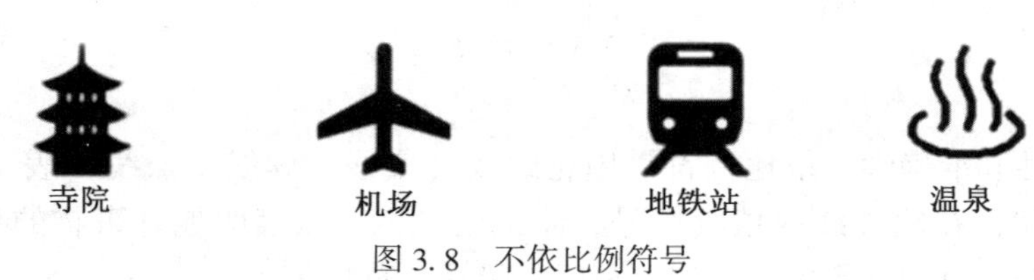

图 3.8　不依比例符号

号一般为圆形和正方形。根据符号的大小与所表示地理事物的数量比率关系的不同，比率符号分为绝对比率符号和条件比率符号。

1）绝对比率符号

绝对比率符号面积的大小与所表示地理事物的数量成正比关系。绝对比率符号又分为绝对连续比率符号和绝对分级比率符号。

（1）绝对连续比率符号，其面积的大小与所表示的每个地理事物的数量成正比关系。因此，需要规定比率基线，计算每个符号的准线长度，然后根据每个符号的准线长度绘制符号。具体作法如下：

①规定比率基线。比率基线是指单位基准线长度的符号所代表的数量。如规定边长 1mm 的正方形符号代表 1000 人，规定半径 1mm 的圆形符号代表 10000 元等。

②计算每个符号的准线长度。设单位基准线长 d 为正方形符号的边长或圆形符号的半径，它所代表的数量为 M；计算每个符号的准线长度 d_i，代表的数量 M_i。按正比关系可写出下式：

$$d_i^2 : d^2 = M_i : M$$

或

$$\pi d_i^2 : \pi d^2 = M_i : M$$

则

$$d_i = d\sqrt{\frac{M_i}{M}}$$

因为 d 为单位基准线长，所以

$$d_i = \sqrt{\frac{M_i}{M}}$$

每个数量将 M_i 代入上式，即可计算出代表每个数量的正方形符号的边长或圆形符号的半径。

③根据计算所得的 d_i 绘制符号。

例：某地 A 厂生产水泥 360 吨，B 厂生产 250 吨，C 厂生产 160 吨，将其绘成绝对连续比率符号。

设比率基线为 1mm 代表 10 吨。

$$d_A = \sqrt{\frac{M_A}{M}} = \sqrt{\frac{360}{10}} = 6\text{mm}$$

$$d_B = \sqrt{\frac{M_B}{M}} = \sqrt{\frac{250}{10}} = 5\text{mm}$$

$$d_C = \sqrt{\frac{M_C}{M}} = \sqrt{\frac{160}{10}} = 4\text{mm}$$

根据 d_A 、d_B 、d_C 绘制正方形符号，如图 3.9 所示。

图 3.9 绝对连续比率符号

绝对连续比率符号的优点是：每个符号的面积与所表示的数量成绝对正比关系，容易比较地理事物的大小，并可根据符号的大小在地图上量算出相应地理事物的数量。缺点是：计算麻烦；当地理事物两个极端数相差悬殊时，为了使最小的符号清晰可辨，则最大的符号在地图上所占的面积就会很大，不但会影响其他地理事物的表示，而且图面也不协调；反之，要使最大的符号在地图上大小适当，则最小的符号就难以绘制和阅读了；不易保持地图的现势性。绝对连续比率符号由于缺点较多，所以一般地图中很少应用，它主要用于编制精确的社会经济地图。

（2）绝对分级比率符号，其面积的大小不是与地理事物的每一个数量成绝对正比关系，而是对地理事物的数量进行分级，按地理事物数量的分级，每个等级一个符号，由每个等级中数量平均值来确定符号面积大小，如图 3.10 所示。具体作法如下：

①分级。按等差分级，如 0~10，10~20……按等比分级 1~3，3~10，10~30……或按等差与等比结合分级。

②求分级数量指标平均值。其求法如 0~10 平均值为 5，10~20 平均值为 15 等。

③将平均值按绝对比率求符号的准线长。

④按准线长绘圆形符号或正方形符号。

绝对分级比率符号的优点是：由于对地理事物的数量进行了分级，确定相应符号工作量大大减少；图例相应简化了，便于阅读；由于分级的数量有一个区间，在一定时期内能保持地图的现势性。缺点是：同一级内的地理事物，数量差别显示不出来；相邻分级界限

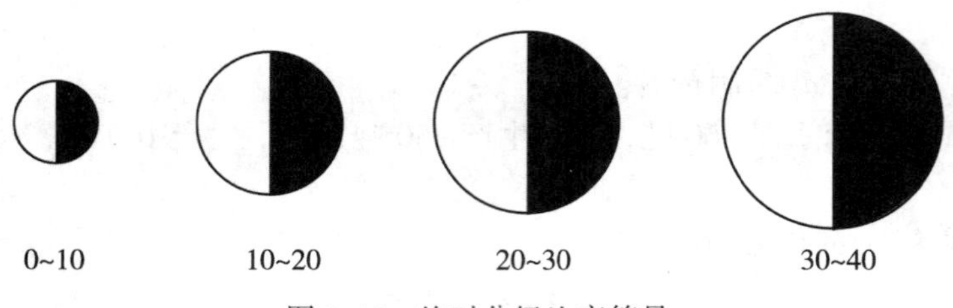

图 3.10　绝对分级比率符号

上、下的数量，本来差别不大，反而分成了两级，符号大小差别却很显著。

2）条件比率符号

条件比率符号面积的大小与所表示地理事物的数量之间仍保持一定的比率关系，但两者并不成绝对的比率关系，在确定符号的大小时，给予一定的条件，使地图上最小符号清晰易读，最大符号也不过大，图面协调。条件比率符号分为条件连续比率符号和条件分级比率符号。

（1）条件连续比率符号，和绝对连续比率符号相似，有一个地理事物数量就有一个一定大小的符号与它相对应。不同的是，先规定两个极值的符号准线长度，介于极值之间的其他各值的符号准线长度，取其中相应的尺寸，即对基准线长度附以函数条件，以改变其大小，且数值与符号也一一对应的符号称为条件连续比率符号，如图 3.11 所示。

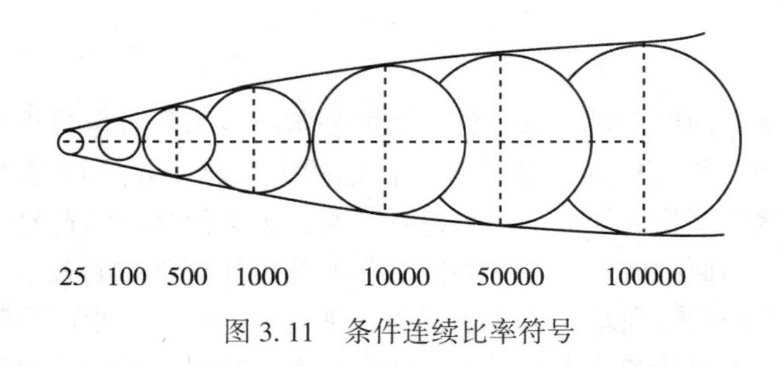

图 3.11　条件连续比率符号

具体作法如下：

①规定最小符号和最大符号准线长度的原则。最小符号清晰可辨，最大符号不过分大，符号大小便于区分，能于地图总内容相协调。

②绘制符号比率图表。如图 3.12 所示，绘一条水平直线并等分；在等分点上分别注 1、10……70 表示地理事物的数量，其中 1 和 70 为两极值；在 1 和 70 处作水平直线的垂线并等于规定的准线长度；两垂线顶端连斜直线；由 10、20……处作水平直线的垂线至斜直线。此图表注数，可根据实际而定。

③在所绘图表上，按地理事物数量量取相应准线长并绘制符号。

条件连续比率符号的优点是：最小的符号清晰可辨，最大符号也不过分大，符号大小能于地图总内容协调。缺点是：符号面积大小只代表被表示地理事物的强弱、相对多少，而各地理事物的数量之比不等于符号的面积之比，不能准确表达数量对比关系；数量相差

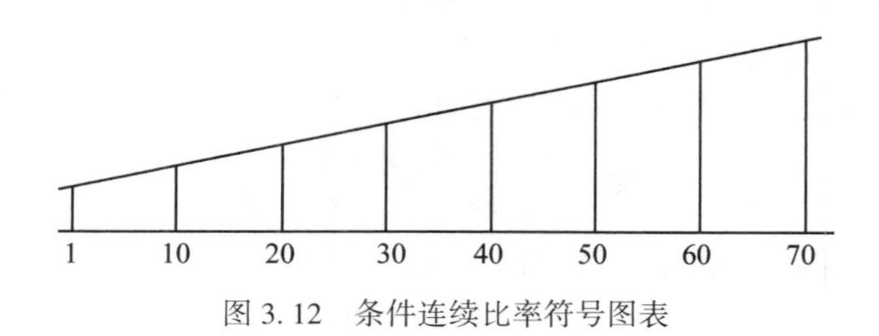

图 3.12　条件连续比率符号图表

明显而符号不易区分；不易保持地图的现势性。

(2) 条件分级比率符号，其面积与数量指标的分级平均值不成正比关系，只与分级平均值的多少相对应，它是将各分级平均值按条件连续比率绘制符号。条件分级比率符号的优点与绝对分级比率符号的优点基本相同，而且比绝对分级比率符号优点更明显，符号大小更协调，所以在地图中广泛应用。

4. 按符号结构的繁简程度分类

1) 单一符号

单一符号表示某种单一的地理事物，前面所述的点状符号、线状符号等都属于单一符号。

2) 结构符号

结构符号是将整个符号划分为几个部分，以反映整体的各个部分及其在整体中所占的比率，如图 3.13 所示。常用的结构符号有圆形、环形、正方形等。

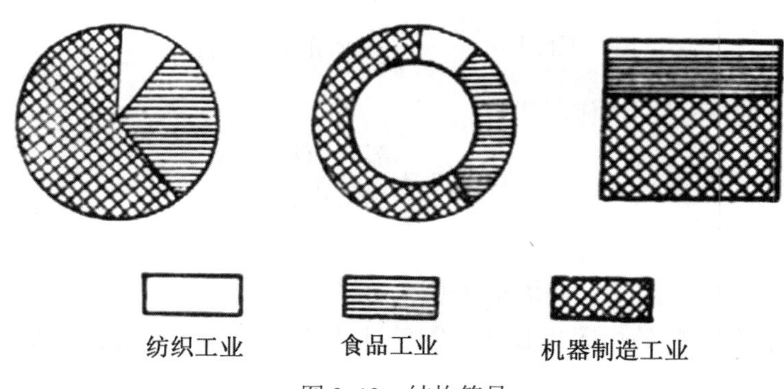

图 3.13　结构符号

(1) 圆形结构符号的绘制：

①绘圆。按地理事物总量绘成圆形比率符号。

②计算。按下列公式求出各部门在圆中心所占的角度数：

$$360° \times \frac{\text{各部门量}}{\text{总量}}$$

③划分。根据各部门在圆中心所占的角度数，划分出各部门所占的扇形面积。

(2) 环形结构符号的绘制：环形结构符号有环心表示主导部门和环心空白两种，绘制环心表示主导部门的环形结构符号。

①绘圆环。按地理事物总量绘成圆形比率符号，即环的外圆；按相同比率法绘出主导部门圆，即环的内圆，并使两个圆同心。

②计算。按下列公式求出各部门（主导部门除外）在圆中心所占的角度数：

$$360° \times \frac{各部门量}{总量 - 主导部门量}$$

③划分。根据各部门在圆中心所占的角度数，划分出各部门所占的圆环面积，如图 3.14（a）所示。

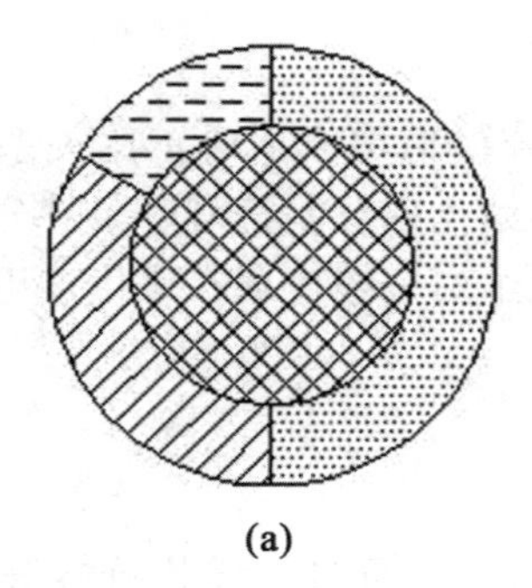
(a)

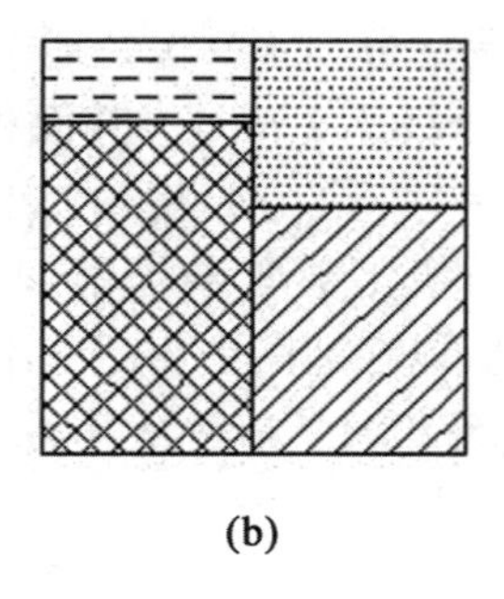
(b)

图 3.14　结构符号绘制

（3）正方形结构符号的绘制：

①绘圆。按地理事物总量绘成正方形比率符号。

②计算。按下列公式求出各部门面积：

$$部门面积 = \frac{部门数量}{总数量} \times 正方形面积$$

按下列公式求出各部门的作图边长：

$$矩形边长 = \frac{部门面积}{规定边长}$$

或

$$正方形边长 = \sqrt{部门面积}$$

③分割。根据各部门的作图边长，分割整体正方形为若干正方形和矩形，如图 3.14（b）所示。

3）复合符号

复合符号不反映整体与部门的关系，同一地点各扇形半径的长短是彼此独立的，分别反映每一种地理事物的数量等级，如图 3.15 所示。

4）发展符号

发展符号也称增量符号，用向外扩展或增长的符号反映一定时期内地理事物的发展变化。常用外接正方形、外接圆、外接三角形、同心正方形、同心圆、同心五角星等符号，并配以不同色彩，来表示各个不同时期地理事物数量的变化，如图 3.16 所示。

5. 按符号的定位情况分类

1）定位符号

图 3.15 复合符号

图 3.16 发展符号

定位符号是指地图上有确定位置，一般不能任意移动的符号，如河流、居民地、道路、境界等。可以根据定位符号的位置，确定其所代表的地理事物在实地的位置。地图上的符号大部分都属于这一类。

2）说明符号

说明符号是指为了说明事物的质量和数量特征而附加的一类符号。说明符号通常是依附于定位符号而存在的，如说明森林树种的符号、果园符号、耕地符号等。它们在地图上配置于地类界范围内，或整列式（规则排列）或散列式（不规则排列），但都没有定位意义，如图 3.17 所示。

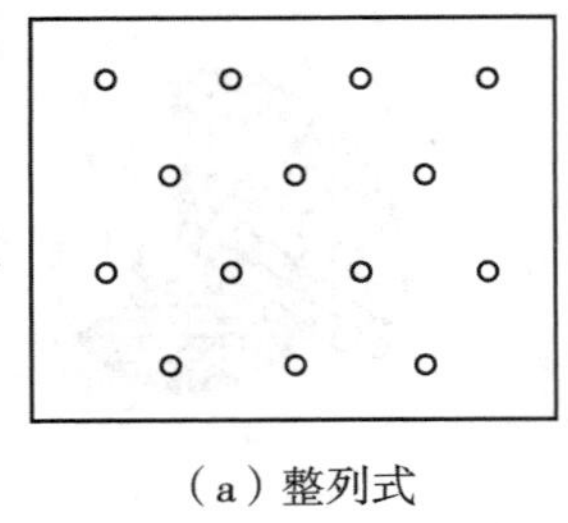

（a）整列式

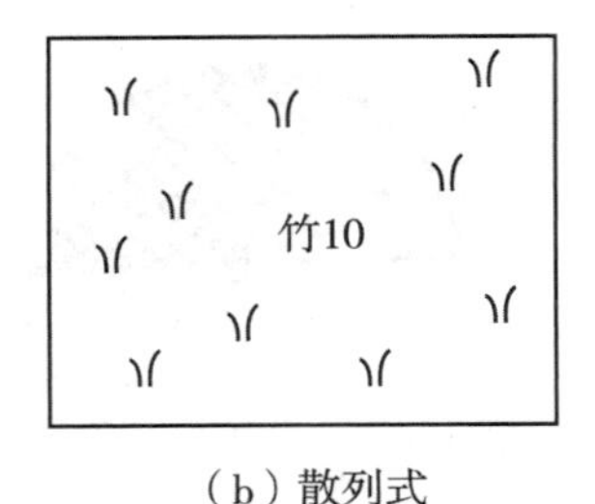

（b）散列式

图 3.17　说明符号

3.1.3　地图符号构成要素

地图符号从表面上看复杂多样，但仔细分析，它们都是由一定的形状、尺寸、颜色和结构的变化体现的，因此，形状、尺寸、颜色和结构就构成了地图符号的基本要素。

1. 地图符号的形状

地图符号的形状就是有规律的图形、无规律的范围轮廓线，用以反映地理事物要素的外形和特征。要求地图符号的形状要具有一定的表现力，即有象征性、艺术性；具有图案化和系统化，简单、象形、易于区别、易于阅读、易于记忆和便于定位的特点。地图符号的形状有重要的视觉差别，表示地理事物的类别差异。

当地理事物有明显外形时，地图符号的形状也并不是地理事物实际形态的缩小，而是按照地理事物外形的基本特征加以概括，使其典型化，并用规则的图形表示，如铁路、公路、房屋、树木等，如图 3.18 所示。

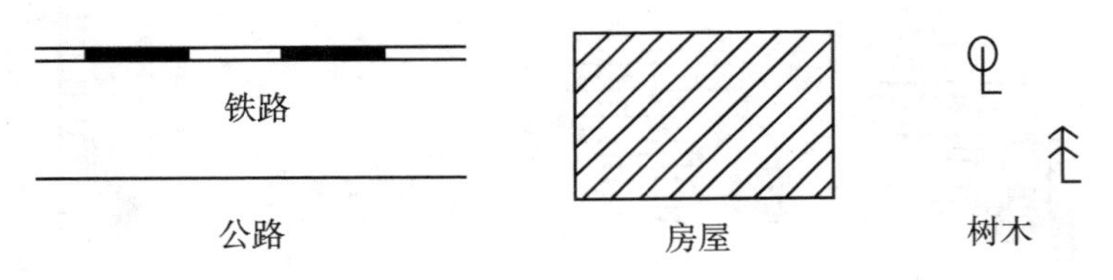

图 3.18　有形地理事物地图符号的形状

当地理事物并无明显的形状或者无外形时，则采用象征性的图形，以便于使读图者根据符号联想到实际地理事物，如境界、经纬线、降水量等，如图 3.19 所示。

点状符号的基本形状是规则的几何图形或是不规则的象形图形。点状符号的形状往往与地理事物外部特征相联系。

线状符号的形状是各种形式的线划，如单线、双线、实线、虚线、点线等。线状符号的形状差异通常与其所表示的地理事物实地特征有关。例如，用实线表示常年有水的河流，用虚线表示季节性河流，用平行双线表示公路等。

面状符号的形状是由它所表示的地理事物平面图形决定的。

2. 地图符号的尺寸

地图符号的尺寸，即符号的大小。地图符号尺寸的大小可以反映地理事物的数量特征

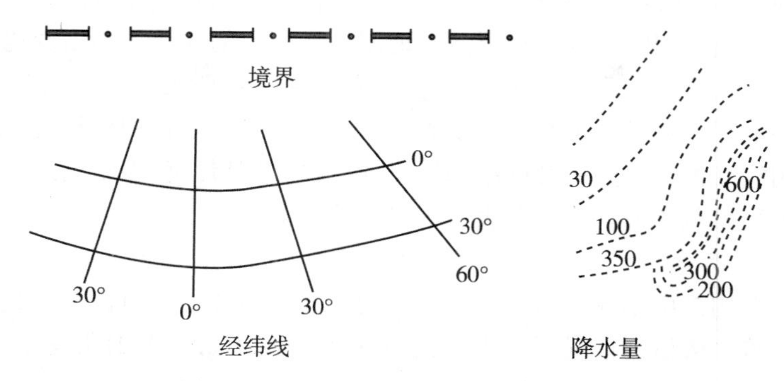

图 3.19 无形地理事物地图符号的形状

及主次等级，显示地理事物占有空间的大小和在地图上的重要性。

地图符号尺寸的大小，与地图内容、用途、比例尺、目视分辨能力、绘图与印刷能力等有关系。如教学挂图用的符号需要粗大；科学参考图因其内容多，又在近距离阅读，其符号就需要小些。不同比例尺的地图，其符号大小也有所不同，比例尺大，图上单位面积中的内容相对较少，符号尺寸就大些；比例尺小，符号尺寸就小些。

在地图上，地图符号尺寸的大小主要用于反映地理事物的重要程度、数量差异和主次等级。例如按人口数量划分居民地等级的圈形符号，人口多圆圈就大，人口少圆圈就小；又如用粗的点线表示国界，较粗的点线表示省界，细的点线表示区界等。

地图符号的尺寸并不是可以随着地图比例尺的缩小而无止境缩小的，到了线画对视力的分辨能力和印刷能力极限时，就不能再缩小了。

只用地图符号尺寸的大小或单用地图符号形状的差异表示地理事物的数量多少、主次等级，都不易达到地图图面清晰的要求，若采用以符号形状区分为主，以符号大小为辅的方法表示，则实际效果良好，如图 3.20 所示。

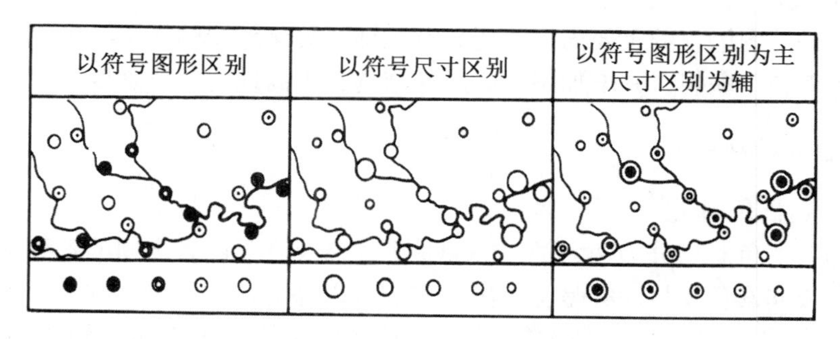

图 3.20 以符号图形为主、尺寸为辅区别居民地等级

3. 地图符号的颜色

地图符号颜色的应用弥补了符号图形和尺寸的不足，能增强地图符号的分类、分级概念，简化地图符号的形状差异，减少符号数量，提高地图的表现力和艺术效果，已成为地图符号不可缺少的最为活跃的要素。

地图符号的颜色与形状配合可增强视觉差异，提高用图者的分辨能力。如用红色表示公路、蓝色表示河流，用图者则一目了然。地图符号颜色的深浅、明暗变化，可以区分地理事物的等级、主次关系和重要程度。深色（鲜艳色）一般表示重要的地理事物；浅色一般表示次要的地理事物。如用红色表示人口密度大的居民地，用橘红色表示人口密度中等的居民地，用浅红色表示人口密度小的居民地。再如用橙红色表示高速公路，用橙色表示国道，用橙黄色表示省道，用黄色表示县级公路，等等。

4. 地图符号的结构

地图符号的结构是由不同形状、疏密与方向的线划组成的。可以在简化地图符号形状差别、减少地图符号数量的情况下，表示比较多的内容，如图 3.21 所示。在非彩色地图中应用较为广泛。

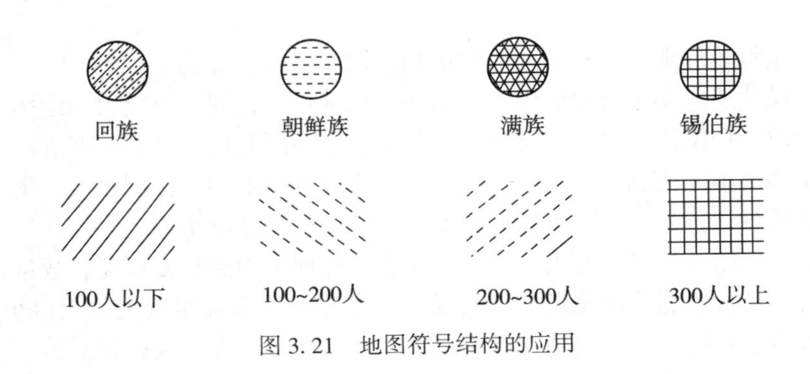

图 3.21 地图符号结构的应用

3.2 地图色彩

色彩的呈现是在光的照射下，物体粒子选择性吸收和反射入射光，各种色光进入人眼刺激视网膜并传至大脑神经中枢，从而产生的感觉。

地图色彩是地图语言的重要内容，还具有装饰、美化地图的作用，可使地图内容更加丰富，使用图者易于联想，并增加图解的层次结构，提高地图的清晰度。

3.2.1 色彩的利用

1. 色彩三属性的利用

自然界的一切色彩可分为两大类：一类是黑、白及介于两者之间的各种深浅不同的灰色，称为消色或非彩色；另一类是除了黑、白、灰以外的各种颜色，称为彩色。

自然界的色彩灿烂绚丽、种类繁多，但都有共同的三个要素：色相、亮度、纯度（色彩的三属性）。

非彩色系的颜色只有亮度特征，没有色相和纯度特征；彩色系的颜色则有三个基本特征。

1）色相

色相又称色别，是指色彩的相貌，即色彩的类别。色相表示颜色之间质的区别，是色彩最本质的属性。色相在物理上是由光的波长所决定的，如红、橙、黄、绿、青、蓝、紫……通常用色环来表示色彩系列，如图 3.22 所示。色相的不同，在地图上多用于表达类别的差异。例如，在地图上多用蓝色表示水系，用绿色表示植被，用棕色表示地貌等。

色相用于地图的突出优点是：增强了地图各要素分类的概念，提高了地图的科学性和表达力；简化了地图符号形状，提高了地图的视觉效果。

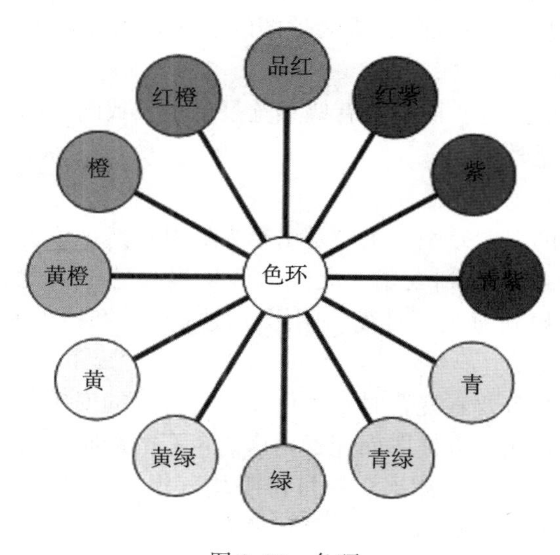

图 3.22　色环

2）亮度

亮度又称明度，是指色彩本身的明暗程度，也指色彩对光照的反射程度。

色相不同，亮度不一，如黄色亮度最大，品红、绿色中等，紫色亮度最低。同一色相，因光照强弱不同，亮度也不一，如绿色随光照强弱变化，相应有明绿、绿、暗绿之分。同一色相，若在其中加白色成分，则亮度增加；加黑色或灰色成分，则亮度降低。

亮度值相等的色相处于不同的背景中时，视觉上的亮度效应是很不一样的，心理因素对亮度的对比会产生重要影响。

非彩色的亮度变化就是亮度最小的黑色向亮度最大的白色渐变的过程，由此形成了“黑—灰—白”的灰阶。

在地图上，多运用不同的亮度来表现地理事物的数量差异，特别是同一色相的不同明度，更能明显地表达数量的增减。例如，用蓝色的深浅表示海水的深度变化。再如，人口密度大的地区、人均收入高的地区、粮食产量高的地区等都用较深的色调来表达。

3）纯度

纯度又称色度或饱和度，是指色彩接近标准色的纯净程度（鲜艳程度）。饱和度取决于颜色中含色成分与消色成分的比例。含色成分越大，色彩越接近标准色，其纯度越大，色彩越鲜艳；反之，含消色成分越大，纯度越小，色彩越暗淡。当一个颜色的本身色素含量达到极限时，就显得十分鲜艳、纯净，特征明确，此时颜色就饱和了。绘制和印制地图时，只有运用这一属性来调配色彩，才会收到好的效果。例如，地图上用许多颜色组合表现对象的分布范围时，一般小面积、少量分布的对象多使用纯度较高的色彩，以求明显突出；而大面积范围设色则最好纯度偏弱，以免过分明显、刺眼。

任何色彩都具有三个基本特征，而且一个特征改变，其他特征也可能随之变化。由此，可产生种类甚多的色彩。地图上运用色彩，增强了地图各要素分类、分级的概念，反映了制图对象的质量与数量的多种变化；运用色彩，还可简化地图符号的图形差别和符号的数量（例如，同一实线的黑、棕、蓝三色分别表示道路、等高线和水涯线）；使地图内容可以相互重叠，区分几个“层面”，提高地图的表现力和科学性。

2. 色彩感觉的利用

色彩能给人以不同的感觉，而其中有些感觉是趋于一致的，如颜色的冷暖、兴奋与沉静、远与近、轻与重等感觉。

1）颜色的冷暖感

色彩本身并无冷暖的温度差别，主要是由于人们对自然现象色彩的联想所致。如人们看到红、橙、黄等颜色会联想到太阳、火焰，产生温暖感，因此它们被称为暖色；青、蓝、蓝紫等色则使人联想到海水、月夜、阴影，使人产生寒冷的感觉，因此它们被称为冷色。

色彩的冷暖感在地图各要素配置时，不仅要注意位置的安排与组合关系，而且更应注意各要素色彩轻重感的运用，以使图面配置均衡。色彩的冷暖在地图上的应用很广泛。例如，在气候图中，总是把降水、冰冻、一月份平均气温等现象用蓝、绿、紫等冷色来表现；日照、七月份平均气温等常用红、橙等暖色来表现，使地图符号的设计与人对色彩的感觉联系起来。

2）颜色的兴奋与沉静感

红、橙、黄等鲜艳而明亮的色彩（暖色）能给人以兴奋的感觉，即为兴奋色、积极色。青、蓝、蓝紫、蓝绿等色（冷色）会给人以沉着、平静的感觉，即为沉静色、消极色。而介于两者之间的如绿、黄绿、蓝、蓝绿等色，色泽柔和，久视不易疲劳，给人以宁静、平和之感，有中性色之称（黑、白、灰、金、银等色也属中性色）。色彩中，兴奋感最强的是红橙色；沉静感最强的是青色；紫色、绿色介于冷暖色之间，属于中性色，其特征为色泽柔和。在地图设计中，要根据不同年龄的用图对象而选择用色。例如，供老年人用的历史地图，多用沉静色；供小学生及少儿读的地图，一般使用刺激性很强烈的兴奋色等。

3）颜色的远近感

颜色的远近感，是指人眼观察地图时，处于同一平面上的各种颜色给人以不同远近的感觉。例如，暖色似乎离眼睛近，有凸起之感觉，也称前进色、膨胀色。当色相和亮度相同时，高纯度的鲜艳颜色给人以前进、膨胀的感觉。冷色似有离眼睛远而具有凹下之感觉，也称后退色、收缩色。当色相和亮度相同时，低纯度的浑浊色给人以后退、收缩的感觉。在地图设计中，常利用颜色的远近感来区分内容的主次，主要内容用浓艳的暖色，次要内容用浅淡的灰色等，这是把地图内容表现为几个层面的主要措施，使地图有了立体感和空间感。

4）色彩的轻重感

决定色彩轻重感的主要因素是明度，明度高的色彩感觉轻，如红、橙、黄色；明度低的色彩感觉重，如蓝、蓝绿、蓝紫色。另外，在同一明度条件下，纯度对轻重感也起重要作用，纯度高的感觉重，纯度低的感觉轻。在地图设计中进行图面各要素配置时，不仅要注意位置的安排与组合关系，更应注意各要素色彩轻重感的运用，以使图面配置均衡。

3. 色彩象征意义的利用

大自然丰富的色彩和人们使用色彩的习惯长期造成的印象，使某些色彩根据地域和民族的差异形成某些象征意义。

红色，使人易对自然界中的红艳芳香的鲜花、丰硕甜美的果实产生联想。因此，常以红色象征艳丽、饱满、成熟和富于生命力，象征欢乐、喜庆、兴奋，象征革命事业的胜利、兴旺发达、政治进步等。绿色，又称为生命之色，可作为农、林、牧业的象征色，还可以象征春天、生命、活力，象征和平等。蓝色，易使人联想到天空、海洋、湖泊、严寒等，象征崇高、深远、纯洁、冷静、沉思等。白色，易使人联想到太阳、冰雪、白云，象征光明、纯洁等。

在地图上，主要利用色彩的自然景色象征和政治意义的象征，丰富地图的信息量，加强其传输效果。几乎在所有国家的普通地图上，各要素的用色大同小异地成了习惯，如水系用蓝色，森林用绿色，地貌用棕色等，这就是自然景色的象征性的具体应用。还有，地图上用红色（箭头）表示暖流，用蓝色或绿色（箭头）表示寒流，用红色或橙色表示 7 月份等温线，用蓝色表示 1 月份等温线等。

3.2.2 色彩的选择

色彩具有强烈的表现力，它不仅能清晰地表现制图对象而使人们易于理解和认识，而且由于地图色彩协调而富有韵律，会产生很强的艺术感染力，增强地图的传输效果。因此，彩色地图实质上就是利用不同颜色的符号来显示五彩缤纷的客观世界的形象化模型。色彩的合理配置，即是建立这种模型所不可缺少的措施。

色彩的选择，有些是以生理学为基础的，因为人的知觉作用有时会构成设计图形时的限制；有些是以心理学为基础的，对色彩产生具有寓意的和主观的效果；有些则是色彩应用长期形成的用色习惯。

按色彩在地图上的表现形式，可分为点状色彩、线状色彩、面状色彩三大类。下面分别介绍它们的选色要求。

1. 点状色彩

点状色彩是指表示点位数据的点状符号的色彩，由于图表符号可以作为定点符号使用，也包含统计图表的色彩。

点状符号属于非比例符号，多由线划构成图形，用色时，多利用色相变化表示物体的质和类的差异，而很少利用明度和饱和度的变化。

（1）利用不同色相表示质量差异。

（2）利用色彩渐变表示现象的动态变化。

（3）点状色彩应尽量与所表示的地理事物的固有色彩相似或在含义上有某种联系。

（4）色彩应同地图用途、符号本身的图形大小、技术条件、制印成本相联系。

（5）单点符号多用原色和间色，少用复色。

（6）结构符号中多用对比色组合，并注意色块间的明度对比，以提高识别度。

2. 线状色彩

线状色彩是指线状符号用色。地图上彩色线划有三种类型：界线、线状物体符号、运动线。

1）界线的色彩

界线是非实体符号，但它们有主次之分。主要界线用色应鲜、浓、深、艳，以提高其对视觉的冲击力；次要界线用灰、浅、淡色表示。用色相表示其质量、类型差异，用浓淡、粗细等表示其不同等级和重要性的差异。

2）线状物体符号的色彩

同界线相同，也用颜色的鲜、暗，浓、淡，深、浅表示其重要性，色相表示质量、类型差异，浓淡、粗细表示等级和重要性差异。

3）运动线的色彩

运动线也需根据地图用途区分出主次关系，同样沿用上面的用色原则。所不同的是，由于运动线是向量线，宽度较大，对它的整饰同一般线划符号有所区别，可采用平涂法、装饰法、渐变法、色带衬影法。

运动线和其他线的区别还在于，运动线的宽度应当用来表示专题现象的数量关系。

3. 面状色彩

面状色彩是指在一定的面积范围内设色。它又分为质别底色、区域底色、色级底色和大面积衬托底色。

1）质别底色

用不同颜色、晕线、花纹填充在面状符号的边界范围内，区分区域的不同类型和质量差别，这种设色形式称为质别底色。地质图、土壤图、作物分布、森林类型等地图上的底色都是质别底色。

质别底色在设色时，应能正确反映不同现象的固有特点和质量差别。在选择颜色时，应尽量选择有象征性和联想性的颜色。有传统习惯用色和部门用色标准的，应按习惯和标准用色。

应考虑图斑的大小来调整色彩的饱和度。

主色调是图面的主要色彩倾向，用它来反映地图的主题内容，更能提高地图的表现力和感受力。

2）区域底色

用不同的颜色、晕线、花纹显示区域范围，并不表示任何的质量和数量意义，这样的设色形式称为区域底色。政区底色、表示某种现象分布区域（范围）的底色就是这种底色。

区域底色的设色目的在于标明某个区域范围，没有主次的区别，整个图面构成上应比较均匀，不能造成其中某些区域特别明显和突出的感觉。选色时，宜选用对比色且不必设置图例。

3）色级底色

按色彩渐变的色阶表示现象数量关系的设色形式称为色级底色。常用的是分级统计图的底色和分层设色表示地貌时的分级底色。

色级底色选色时，要按照一定的深浅变化和冷暖变化的顺序和逻辑关系进行。一般来说，数量大的用饱和度大，对视觉冲击力大的偏暖的颜色。表达数量时，通常以亮度变化为主要手段，色相变化为辅助手段。

4）衬托底色

这是一种既不表示数量特征，也不表示质量特征的设色方式，它是为了衬托和强调图面上的其他要素，使图面形成不同层次，有助于用图者对主要内容的阅读。这时底色的作用是辅助性的，是一种装饰色彩，如在主区内或主区外套印一个浅淡的、没有任何数量和质量意义的底色。衬托底色应是不饱和的原色或肉色、淡黄、米色、淡红、浅灰等，不给用图者以刺目的感觉，不影响其他要素的显示，并且和衬托的点、线符号保持一定的对比度。

3.3 地图注记

地图上起注解说明作用的文字和数字，总称为地图注记。地图注记对地图符号起补充作用，注在地图符号旁边，使地图具有可阅读性、可翻译性，并使地图成为一种信息传输的工具。

3.3.1 地图注记的意义与作用

1. 地图注记的意义

地图注记并不是自然界中的一种要素，但它们与地图上所表示的要素有关，没有注记的地图只能表达事物的空间概念，而不能表示事物的名称和某些质量和数量特征。地图注记与图形符号构成了一个整体，是地图内容的重要组成部分。

2. 地图注记的作用

地图注记是地图的重要内容之一，是判读和使用地图的直接依据。

地图注记是表示地图内容的一种手段，对地图内容可以起到说明的作用，它可以说明制图对象的名称、种类、性质和数量等具体特征；地图注记还可以弥补地图符号的不足，丰富地图的内容，在某种程度上也可以起到符号的作用。如“青年大街”、“杨树庄”、“白马寺”等注记，就起到了符号的作用。

3.3.2 地图注记的种类

地图上的注记可分为名称注记、说明注记和数字注记三种。

1. 名称注记

名称注记是说明各种地理事物的专有名称的地图注记，如行政区域名称、居民地名称、水系名称、山和山脉名称、交通名称等。名称注记在地图上的量最大，分布范围也广，从一个小地方到整个大陆，均有名称注记。在地图的使用中，地图注记显得尤其重要，无论是一般浏览还是详细分析地图，都离不开名称注记。

2. 说明注记

说明注记是说明各种地理事物的种类或性质特征，用于补充图形符号的不足的地图注记。说明注记常用简注表示，例如：石油管道用的注记“油”，输水管道用的注记“水”，石质河底用的注记“石”，松树林用的注记“松”等。

3. 数字注记

数字注记是说明某些地理事物的数量特征的地图注记，如高程、比高、路宽、水深、流速、桥长、载重量、树高、树粗等。

4. 图幅注记

图幅注记是图廓外所附的各种文字说明或图表的地图注记，包括图名、图号、行政区划、接图表、比例尺、坡度尺、偏角图、图例、所采用的大地坐标系与高程系、等高距和使用的图式、资料说明及截止日期、制图与出版单位、出版时间等。

3.3.3 地图注记的要素

地图注记要素包括字体、字大、字色、字隔、字向、字列、字位等。

1. 字体

地图上注记所使用的字体，称为制图字体。常用的制图字体有汉字、汉语拼音字母和阿拉伯数字。

1）汉字

地图上常用不同的字体表示不同的事物，常用的字体主要有：宋体及其变形体（长、扁、倾斜等）、等线体及其变形体（长、扁、耸肩等）、仿宋体、隶体、魏碑体及美术体等，如图3.23所示。

宋体字的特征是：字形方正、横平竖直、横细竖粗、棱角分明。按笔画粗细，可分为细宋、中宋和粗宋体三种。由于它端正清晰，横细竖粗，适合汉字横笔画多、竖笔画少的特点，在地图上应用较广，如用于注记居民地等。但一般不做最高等级的注记字体，因为这种字太大了，不如等线体粗壮，显得软弱无力；也不宜做最低级的注记字体，因为这种字太小了，笔锋装饰多，不易印刷清楚。

等线体字的特征是：字形端正、横平竖直、笔画等粗、庄严醒目。按笔画粗细，可分为粗等线体、中等线体和细等线体三种。由于等线体字造型简单，基本上无装饰，字体醒目、朴素，在地图上应用很广。粗等线体庄严有力，可做标题、图名和大型居民地的注记。中等线体笔画均匀，是较大居民地注记的重要字体。细等线体清秀明快，是地图上最小注记的基本字体。

变体字的特征是：将正方形汉字的外形加以变化，使之成为左斜、右斜、耸肩、长方、扁方、圆角等不同字形，这种不同变形的字，通称为变体字。长方字取高宽比为3∶2；扁方字为3∶4，圆角体字取高宽比为2∶3（这种字也称横线体字，字形扁方、横细竖粗、棱角浑圆，这种字清晰、大方，多用于政区名称的表面注记）。斜体字用于注记水系，耸肩体用于注记山脉，长方字用于注记山峰，扁方与圆角体用于注记行政区域等名称。

仿宋体字的特征是：宋体结构、楷书笔法、粗细匀称、清秀挺拔。由于它笔画粗细差别不大，没有加意的笔端装饰，可用钢笔或毛笔直接写成，常用于编稿图上。

隶体字的特征是：字体雄厚豪放，苍劲有力，在地图上常用于图名、国名、洲名或其他重要行政区域的名称注记。

2）汉语拼音字母

汉语拼音字母是世界上大多数国家采用的拉丁字母，所以汉语拼音字母拼写地名具有

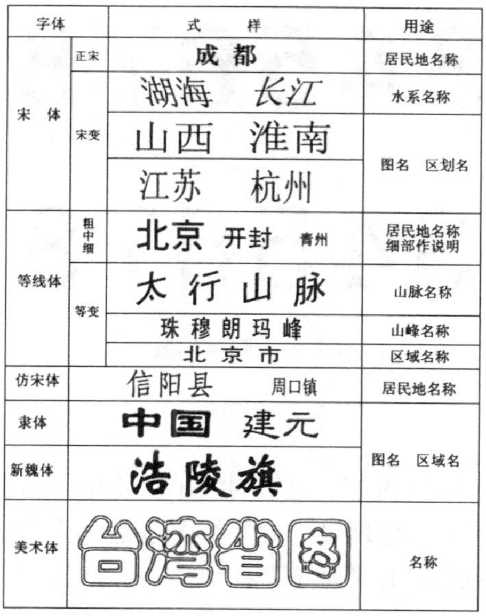

字体		式样	用途
宋体	正宋	成都	居民地名称
	宋变	湖海 长江	水系名称
		山西 淮南	图名 区划名
		江苏 杭州	
等线体	粗中细	北京 开封 青州	居民地名称 细部作说明
	等变	太 行 山 脉	山脉名称
		珠 穆 朗 玛 峰	山峰名称
		北 京 市	区域名称
仿宋体		信阳县 周口镇	居民地名称
隶体		中国 建元	图名 区域名
新魏体		浩陵旗	
美术体		台湾省图	名称

图 3.23　汉字字体

国际意义。汉语拼音字母有大写与小写两种。分印刷体和等线体，每体又分直立和倾斜两种。如图 3.24 所示。

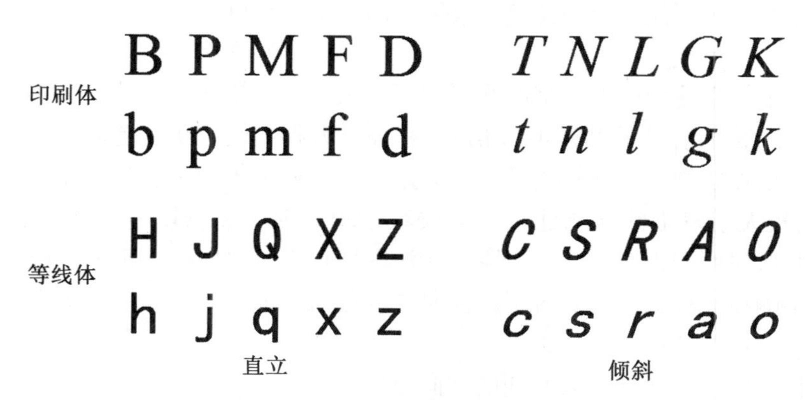

图 3.24　汉语拼音字母

3）阿拉伯数字

地图上常用的阿拉伯数字有等线体和印刷体两种，如图 3.25 所示。

等线体数字分正等线体、中等线体和长等线体三种。正等线体数字，在地图上常用于高程和数量等注记；中等线体数字，一般只用于图廓间或图外一些数字说明注记，如经纬度注记等；长等线体数字，常用于重要山峰注记以及图幅编号等。

印刷体数字分为直立和右倾两种。

1234567890

1234567890

图 3.25 阿拉伯数字

2. 字大

字大又称字号、字级，指地图上注记字的大小。注记字的大小在一定程度上反映被注地理事物的重要性和数量等级。地理事物的等级关系是人为确定的，表达了人对地理事物之间关系的认识。地理事物之间的隶属关系在地图上表达注记层次上级别地位不同，等级高的地理事物，其相应名称的地位越高，作用越大，因而赋予其注记大而明显；反之，则小而不明显。同时，注记的大小要根据地图用途和使用方式确定。

3. 字色

字色是指地图上注记字的颜色。地图注记的颜色只有色相的变化，用于区别地理事物的类别。地图注记颜色的选用要与注记所表示的地理事物类别相联系。例如，一般地图上居民地注记用黑色，河流注记用蓝色，政区表面注记用红色等。

4. 字隔

字隔是指地图上注记中字与字的间隔距离。最小的字隔可小至零（不常用），最大的字隔可为字大的若干倍（最大为4~5倍），字隔过大则不便于联结起来阅读。

地图上注记点状物（如居民地等），都使用小字隔注记；注记线状物（如河流、道路等），则采用较大字隔沿线状物注出，当线状物很长时，需分段重复注记；注记面状物时，常根据其所注面积大小而变更字隔，所注图形较大时，应分区重复注记。

注记的字隔在某种程度上隐含了所注对象的分布特征（点、线、面分布）。

5. 字向

字向是指地图上注记字字头所朝的方向。

地图注记排列的基本方法如下：

（1）各种地图注记一般为正向，即字头指向北方或朝向北图廓。

（2）地图注记的字向与注记文字中心线垂直或平行，例如街道名、河流名、等高线等线状物注记字头随所注地理事物方向变化。

6. 字列

字列是指地图上注记字的排列方式。一般分为水平、垂直、雁行和屈曲四种字列，如图 3.26 所示。

1）水平字列

注记文字中心的连线与南北图廓线或纬线平行，由左向右排列，多用于居民地或图形

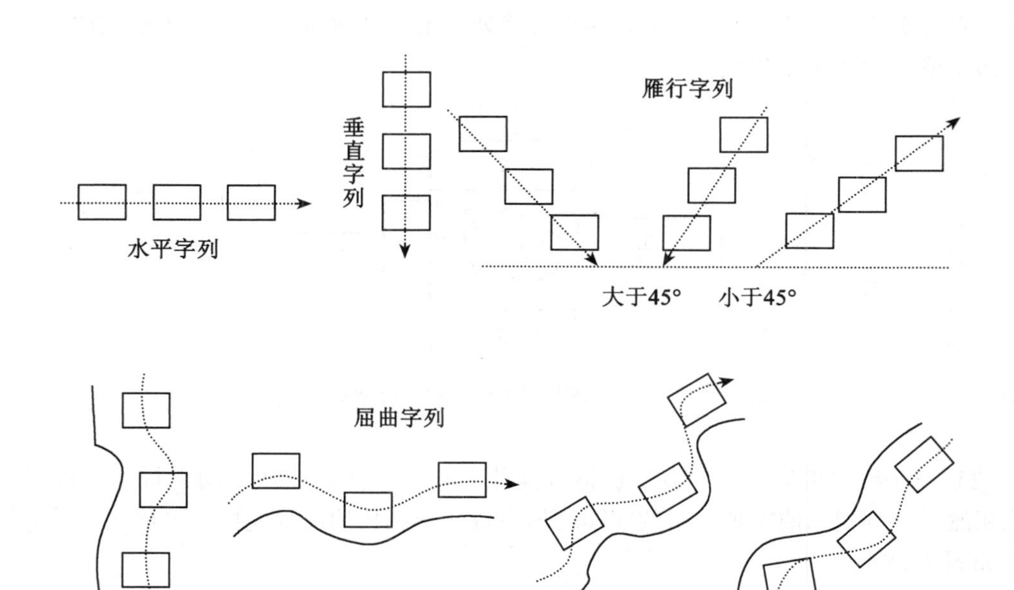

图 3.26 字列

呈水平分布的地理事物的注记。

2）垂直字列

注记文字中心的连线与南北图廓线垂直，由上向下排列，用于图形呈垂直分布的地理事物的注记。

3）雁行字列

注记文字中心的连线呈一条与南北图廓线或纬线斜交的直线，当交角小于 45°时，文字由左向右排列；当交角大于 45°时，文字从上向下排列，常用于山脉、山岭注记。

4）屈曲字列

注记文字中心的连线垂直或平行于线状地理事物，呈曲线或折线，沿被说明地理事物的弯曲形状排列，字向可直立、可斜立，文字排列方向随地理事物形状与南北图廓线或纬线的关系而异，可自左向右、可由上而下地排列，多用于线状地理事物的注记，如河流、山脉等注记。

7. 字位

字位是指地图上注记字相对于被注地理事物所安放的位置。

1）字位选择的基本原则

（1）注记应注于地图上的空白处，不应使注记压盖地图上的重要内容。

（2）字位选择适应用图者的习惯。

（3）以明确显示被注对象为原则，距离被说明的地理事物不能太远（一般应小于 1/2 字大）。

2）字位配置的方法

（1）对于点状事物，应以点状符号为中心，习惯用水平字列选注于符号的右方，或上方、左方等适当位置，不得已时才用垂直字列注出，名称注记之间要留有一定间隔，避免混淆不清，如图3.27所示。

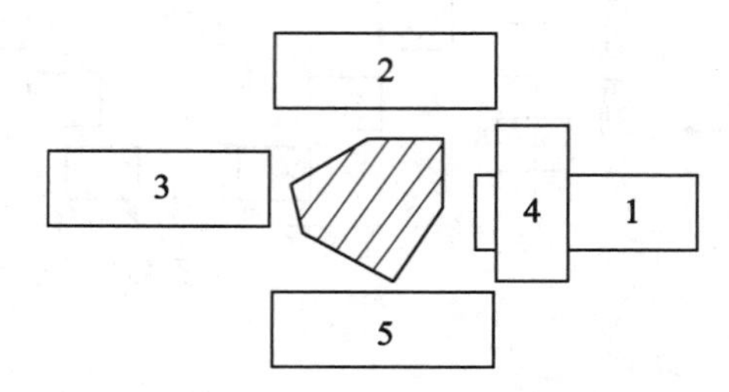

图3.27　点状地理事物注记字位的选择

（2）对于线状事物，注记沿线状符号延伸方向从左向右或从上向下排列，排列方法可采用雁行字列或屈曲字列，字的间隔均匀一致，特别长的线状地物，名称注记可重复出现，如图3.28所示。

图3.28　线状地理事物注记字位的选择

（3）对于面状事物，注记一般放在面状符号之内，沿面状符号最大延伸方向配置，字的间隔均匀一致，排列方法可采用雁行字列或屈曲字列，如图3.29所示。

图3.29　面状地理事物注记字位的选择

【本章小结】

本章主要介绍了地图符号、地图色彩、地图注记。应掌握：

（1）地图符号的概念、地图符号的分类、地图符号的构成要素。

（2）地图色彩中色彩的三属性、色彩的感受、色彩的象征和色彩的选择。

（3）地图注记的意义与作用、地图注记的种类和地图注记的要素。

◎ 思考题

1. 如何理解地图符号的概念和特征？
2. 地图符号如何进行分类？
3. 地图符号是由哪些要素构成的？
4. 什么是色彩三要素？
5. 色彩对用图者有哪些感受？
6. 色彩有哪些象征意义？
7. 叙述地图注记的意义和作用。
8. 地图注记如何进行分类？
9. 地图注记由哪些要素构成的？

第4章　地图概括

【教学目标】

地图概括是地图构成的重要法则之一，在地图制图中占有重要地位，是地图制图的核心问题，也是地图评价的一项重要指标。通过本章的学习，了解地图概括的概念，明确地图概括的目的，知道哪些因素会影响地图概括，掌握进行地图概括的基本方法。

4.1　概　　述

地球表面上的事物和现象种类繁多、形态各异，有的有明显的外形，有的则没有外形。而地图最重要、最基本的特征是以缩小的形式来表达地面各种自然和社会现象的数量和质量的时空分布规律及动态变化。这个特征表明，不管地图比例尺多么大，地图不可能把地面全部信息毫无遗漏地全部搬到地图上去，只能选取表示其中的一部分，而且随着地图比例尺的由大到小，地图图面上所能容纳的事物也越来越少，于是必然要选择主要的、本质的加以表示，而舍弃次要的、非本质的，使图面上主次分明，重点突出，区域的地理特征更加明确，增强地图的可读性。

地图概括，是对地图内容按照一定的规律和法则进行选取和概括，用以反映制图对象的基本特征和典型特点及其内在联系的过程。地图概括又称制图综合。地图概括是地图制图的重要环节，它在地图制图中占有重要地位，是地图制图的一个核心问题。只要制作地图，无论是普通地图还是专题地图，都必须进行地图概括，因此地图概括的水平和质量对地图恰当地反映空间信息的特征、分布规律以及相互联系具有重要意义。地图概括也是保证地图质量，进行地图评价的一项重要指标。

4.2　地图概括的基本方法

地图概括的基本方法为内容的选取、数量和质量的概括、形状的化简和制图对象压盖的移位。

4.2.1　地图内容的选取

1. 选取的概念

地图内容的选取，又称地图内容的取舍，是地图概括最重要和最基本的方法。选取就是从大量的、复杂多样的制图对象中选取一部分，而舍去另一部分。选取具有很强的目的性，是根据地图的主题、用途、内容和比例尺等要求，按制图大纲规定的数量或质量指标，选取大的、重要的、有代表性的对象表示在地图上，而舍去小的、次要的或与地图主题无关的内容。

选取主要表现在两个方面：一是选取制图对象中主要的类别，例如编制地势图时主要选取水系、地形，舍去土质植被，而居民地、交通线、境界等适当表示；二是选取主要类别中的主要事物，例如地势图上的水系，要选取干流及重要的支流，以表示水系的类型及特征，政区图上的居民地要选取行政中心及人口数量多且有行政意义的。舍去也主要表现在两个方面：一是舍去制图对象中次要的类别，例如编制政区图上舍去地貌要素、测量控制点、通信线和独立地物等；二是舍去已选取的类别中次要事物，如舍去水系中短小支流或季节性河流，舍去居民地中的小自然村等。应当指出，所谓主要与次要都是相对的，它随地图的主题、用途和比例尺的不同而异。例如，在地势图中，水系与地形是主要内容，应详细表示；居民地和交通线是次要内容，可适当表示，或不表示交通线。而在政区图上，居民地和交通线是主要内容，应详细表示；水系是次要内容，可适当表示；地形要素可不表示。

2. 选取的顺序

地图内容合理的选取顺序是保证地图内容正确选取的条件，一般是按制图对象的主次关系、数量或质量指标的高低顺序进行的。

1）从整体到局部

在编制地图时，对地图内容的选取首先要从整体着眼，然后从局部入手。例如对河流的选取，首先要从制图区域整体出发进行水系类型划分和河网密度分区，制定出不同密度区的选取标准，然后按分区从局部入手，由主流到支流选取表示出一条条河流，最后再从全局察看所选的河流，各个部分的河流数量能否反映出各区的河网密度状况，水系类型的表达是否正确。这样通过“整体—局部—整体”的循环，河流数量的选取满足选取指标，平面结构满足类型要求，既可以满足河流的基本骨架特征，又可使水系类型与河网密度得到正确反映。

2）从主要到次要

在编制地图时，根据地图的主题和用途，地图上所表示的内容有主要和次要之分，选取则应从主要到次要进行。例如编制交通运输图，连接大城市运输量大的交通干线的运输情况是主要的，应首先选取表示，而运输量小的支线则是次要的，应在选取主要的以后，适当选取表示或不表示；编制地形图时居民地、方位物和街道干线是主要的，应表示，而街道支线、小街区则为次要的，可适当表示。

3）从高级到低级

在编制地图时，对制图对象的选取，应先从高级选取，以免遗漏，然后适当选取低级的对象。例如编制政区图，对居民地的选取，应该按行政等级次序选取，先选首都，其次是省会，再是地市，然后是县府驻地，最后是乡镇驻地及自然村；编制交通图，道路则按铁路、公路、大车路、小路的顺序进行选取。这样做可以保证较高级的内容能被选上，不被遗漏。

4）从大到小

在编制地图时，对制图对象的选取，要先选大的，后选小的，在保证大的入选后，再适当选取小的。例如，在地图上选取湖泊、水库、林地等地物，应先选取大型的或大范围的，后选取小型的或小范围的。

总之，地图内容的选取要从总体出发，首先选取主要的、高级的、大型的对象，再依次选取次要的、低级的、小型的对象，最后再从整体上进行观察、分析。这样既可以保证地图能表示出制图区域的基本特征和制图对象的主次关系，又能使地图有适当的载负量和丰富的内容，图面清晰易读。

3. 选取的方法

在同类事物中具体确定选取那些主要的、等级高的对象，舍去次要的、等级较低的对象，是一项十分复杂的工作。因为主要和次要、等级高和等级低都是相对的，在实施时必然会带有很大的主观性。为了确保同类地图所表达的内容得到基本统一，使地图具有适当的载负量，需要确定选取的标准，通常用以下几种方法来实现选取的标准：

1）资格法

资格法是以一定的数量或质量标志作为选取的标准（资格）而进行选取的方法，即凡是达到资格标准的对象就选取表示，达不到资格标准的对象就舍去。制图对象的数量标志和质量标志都可以作为确定选取资格的标志。数量标志通常包括长度、面积、高程或高差、人口数、产量或产值等；质量标志通常包括等级、品种、性质、功能等，它们都可以作为选取的资格。例如规定图上河流长1cm、耕地面积6km^2、居民地人口数量500人，为河、耕地、居民地的选取资格，达到此数量的则选取，不足此数的就舍弃，这是以数量指标作为选取的资格；以居民地的行政等级、道路的路面铺装材料、河流的通航性质、森林的树种等作为选取资格，规定乡、镇政府驻地以上的选取，以下的舍去；黑色路面的选取，土路舍去；通航的河流选取，不通航的舍去；还可以质量指标作为选取资格，如松树选取，其他舍去。资格法选取，标准明确，简单易行，在编制地图的生产中得到了广泛的应用。但是此种方法有一定的不足：第一，资格法只以一个指标作为衡量选取的条件，不能全面衡量制图对象的重要程度，不能保证具有重要意义的小事物被选取，例如，一条同样大小的河流处在西北和江南不同的地理环境中，其重要程度会相差甚远；第二，按同一资格进行选取，难以控制各地区图面载负量的差别，无法预计选取后的地图容量，当然很难控制各地区间的对比关系。

为了弥补资格法的不足，通常在不同的区域确定不同的选取标准或对选取标准规定一个范围（临界标准）。例如，对具有不同河网密度和河系类型的地区规定不同的选取标准，甲地区河长为6mm，乙地区河长为10mm，用以保持不同地区河网密度的正确对比。再如，同等密度河系类型不同地区，其长短河流的分布也会不同，这就需要给出一个临界标准，甲地区为4~8mm，乙地区为8~12mm，用来照顾各地区内部的局部特点，等等。但是上述资格法的第二个不足则很难克服，因此需要用定额法作为补充或配合使用。

2）定额法

定额法是规定图上单位面积内应选取事物的总数或密度而进行选取的方法，即按照选取顺序进行选取，以不超出总量指标为限的一种选取方法。例如，规定平原区域高程点数量选取指标为10个/100cm^2。定额法选取既可保证图上具有相当丰富的信息，又不影响地图的易读性。因为选取的定额是由地图载负量确定的，所以在规定选取定额时，要考虑制图对象的意义、区域面积、分布特点、符号大小和注记字体规格等因素的影响；同时还要考虑制图对象本身特征及其与周围的联系。例如，规定居民地选取数量时，要考虑居民地分布的特点，要以居民地分布密度或人口密度分布状况为基础，对密度大的地区，单位面积内选取的数量就要多一些；对密度小的地区，则选取的数量就要少一些，这样才能合理。定额法明显的不足是难以保证选取的数量同所需要的质量指标取得协调，即无法保证在不同地区保留相同的质量资格。例如，编制省区行政区划图，要求选取乡镇级以上的居民地，但是在各个地区乡镇的范围大小不同、数量多少不等，若按定额选取，将会出现有的地区乡镇级居民地选完后，还要选取一些自然村才能达到定额指标，而某些地区乡镇级居民地却超过定额指标，无法全部选取，这样就形成各地区质量标准的不统一。为了弥补这个不足，使用定额法时也通常规定一个临界指标，即最高指标与最低指标，以调整不同区域间选取的差别。例如，$100km^2$内选取80~100个居民地，在这个活动范围内调整，使不同区域可采用相同的质量标准，也可以保持分布密度不同的相邻区域在选取后保持密度的逐渐过渡。

按定额法选取，解决选取多少制图对象的问题；按资格法选取，解决选取哪些制图对象的问题，两种方法都有各自的局限性，只运用其中一种方法进行选取，很难获取完美的选取结果，因此，在实际工作中常使二者结合起来应用，取长补短。

确定地图内容选取指标的目的要求有：① 保证地图具有与其比例尺相应的清晰性；② 满足地图用途要求的详细性；③ 反映制图对象的分布特征和密度性。

3）根式定律法

根式定律法又叫开方根定律，是由德国地图学家托普费尔（F. Topfer）在多年制图实践经验的基础上提出的一种地图内容的选取方法。他认为，资料地图上的负载量转到新编地图上时，其数量变化与这两图的比例尺分母的平方根有关，这个关系可用下列公式表示：

$$N_B = N_A\sqrt{\frac{M_A}{M_B}} \tag{4.1}$$

式中：N_A——资料地图上有关要素的数量；

N_B——新编地图上要选取的有关要素的数量；

M_A——资料地图比例尺分母；

M_B——新编地图比例尺分母。

式（4.1）是方根模型的基础公式，意义在于，只要有资料地图的比例尺，并确定了新编地图的比例尺，则根据资料地图上某类物体的数量，就可以计算出新编地图上应该选取该物体的数量。

例如，由一张1：5万地形图编绘成一张1：10万的地形图，在相应范围内，资料图上有62个居民点，则新编地图上居民点的个数为

$$N_B = 62\sqrt{\frac{50000}{100000}} = 62 \times 0.71 = 44$$

方根模型的基础公式在应用中有一定的局限性，因为新编地图选取对象的多少除了与比例尺有关外，还要受到其他因素的影响。比如，对象的重要程度不同，在制图区域中选取的对象数量也不同。为了更好地反映同一要素的质量等级不同，选取数量也不同，可在式（4.1）的右边乘上事物的重要等级系数K，即

$$N_B = N_A K\sqrt{\frac{M_A}{M_B}} \tag{4.2}$$

这样就构成了一个任何要素都较为合适的选取率，便于表示不同特征。K值的大小随着选取要素的重要程度而变化。

重要等级系数K的确定有以下三种情况：

（1）对于重要事物，$K=\sqrt{M_B/M_A}$，此时$K>1$。

（2）对于一般事物，$K=1$。

（3）对于次要事物，$K=\sqrt{M_A/M_B}$，$K<1$。

如果要解决因地图比例尺缩小而给符号尺寸带来的变化，则需要在式（4.2）的右边再乘以一个符号尺寸改正数C（又称面积系数）：

$$N_B = N_A K C \sqrt{\frac{M_A}{M_B}} \tag{4.3}$$

尺寸改正数C的确定有以下两种情况：

（1）当新编地图上符号尺寸的变化符合开方根规律时，即符号的大小仅随着比例尺的缩小按方根规律变化，没有任何人为改变，此时$C=1$。

（2）当新编地图上符号尺寸的变化不符合开方根规律时，即在新编地图上需要重新设计符号尺寸，此时，对于线状地物符号，则有

$$C = \frac{W_A}{W_B}\sqrt{\frac{M_A}{M_B}}$$

式中，W_A——资料地图上线状符号的宽度；

W_B——新编地图上线状符号的宽度。

对于面状地物符号，则有

$$C = \frac{P_A}{P_B}\left(\frac{M_A}{M_B}\right)$$

式中，P_A——资料地图上面状符号的面积；

P_B——新编地图上面状符号的面积。

方根模型的扩展公式比其基础公式扩大了适应范围，按照方根模型确定的选取指标，基本上符合地图对载负量的要求，如图4.1所示。

根式定律法适用于同一种符号的同一类地图。它只能确定选取的限额，而具体选取哪些要素，则还要由制图人员根据事物的意义和重要程度来确定，因此，在实际工作中，需要与资格法配合使用，才能在图上进行具体的选取。

4. 选取的基本规律

（1）地图内容越多，制图要素密度就越大，其选取的标准定得就越低，被舍去目标的绝对数量就越多。

（2）要保持制图对象的分布特点，既尊重指标又灵活掌握。

（3）制图要素密度系数损失的绝对值和相对量都应从高密度区向低密度区逐渐减少。

（4）在保持各密度区之间具有最小的辨认系数的前提下，保持各地区间的密度对比关系。

4.2.2 图形形状的化简

制图对象的形状在地图上是用平面图形来表示的，它包括内部结构和外部轮廓两个方

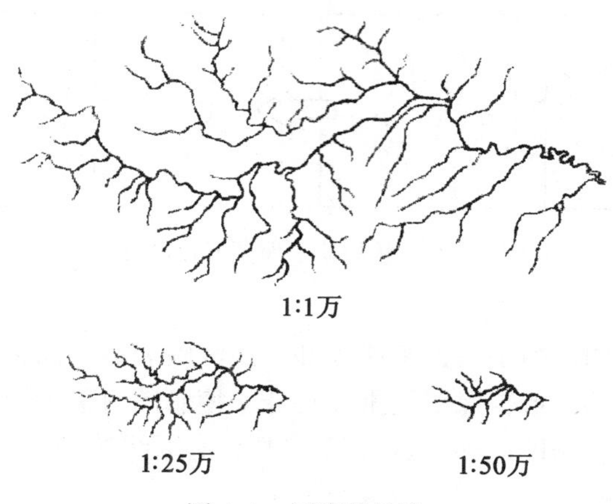

图 4.1 河流的选取

面。随着地图比例尺的缩小，图形将变得模糊不清，为此，要对表示制图对象形状的平面图形的内部结构和外部轮廓进行简化，而保留制图对象本身所固有的、典型的特征，使表示制图对象的平面图形简洁、清晰，增强地图的易读性。

化简通常是根据读图的视觉条件和反映制图对象平面图形特征的需要，规定碎部图形的最小尺寸和化简的比例（即化简前后碎部图形的数量比例），按照明确的目的，用科学的方法和步骤表达其外部轮廓和内部结构的基本特征和典型特点。

制图对象的平面图形按其表现形式可分为线状和面状两类。前者如河流、道路、岸线等，后者如居民地、湖泊、森林等。随着地图比例尺的缩小，它们的平面图形都要按照一定的规律被化简。

制图对象的形状是通过删除、夸大、合并、分割等方法实施化简，以保留其本身所固有的基本特征和典型特点。一般情况下，化简程度取决于地图比例尺，地图比例尺越小，化简的程度就越大。

线状物体平面图形化简的过程为曲线—平滑曲线—直线—点，如图 4.2 所示；面状物体平面图形化简的过程为封闭曲线图形—圆弧状封闭图形—卵形或圆形—点，如图 4.3 所示。点是化简平面图形的极限。

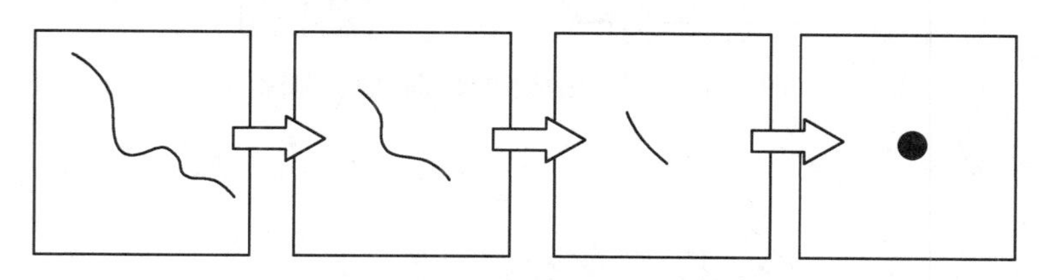

图 4.2 线状物体平面图形化简过程

1. 化简的方法

1）删除

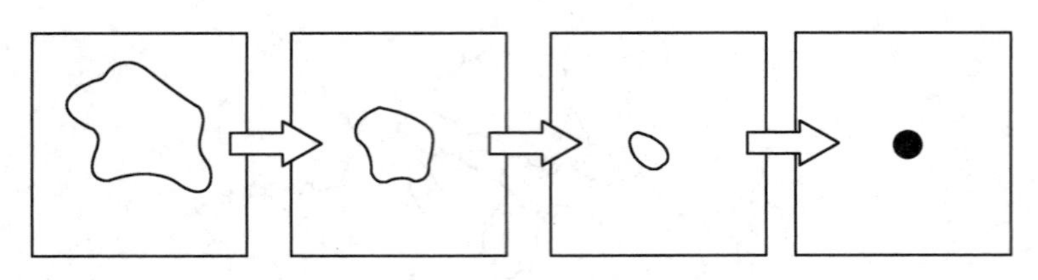

图 4.3　面状物体平面图形化简过程

删除是指在地图比例尺缩小后，某些碎部无法清晰表示，而舍去的制图对象中不重要的、小于规定尺寸的碎部图形，保留其重要特征，使制图对象平面图形的构成更具有明晰的特性。如河流、道路、居民地外部轮廓线、类型范围线等的小弯曲，如图 4.4～图 4.7 所示。

图 4.4　河流的小弯曲被删除

图 4.5　等高线的小弯曲被删除

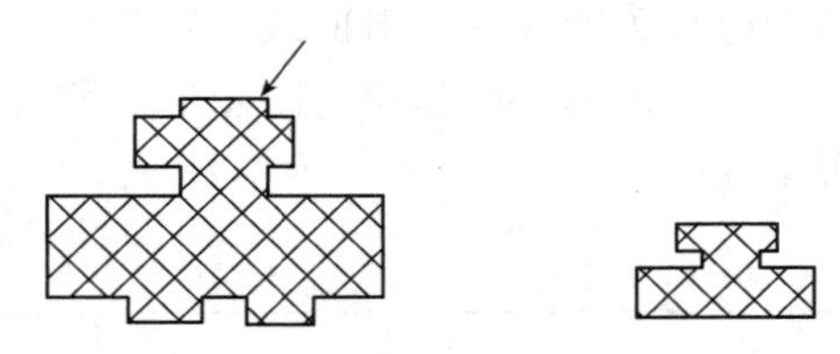

图 4.6　居民地的细碎外部轮廓被删除

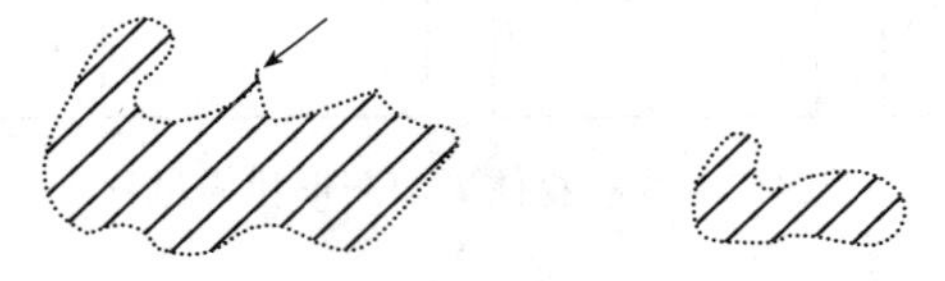

图 4.7　森林范围线的小弯曲被删除

2）夸大

夸大是指在删除的同时，为了显示和强调制图对象平面图形的形状特征，需要夸大一些本来按比例应当删除的碎部。例如，一条弯曲的河流，若机械地按指标进行删除，小弯曲可能全得舍去，河流将变成平直的河段，失去了原有的特征，这时就必须在删去大量小弯曲的同时，适当夸大其中一部分，如图 4.8 所示。但是这种夸大不是纯主观和纯艺术的，要科学合理。

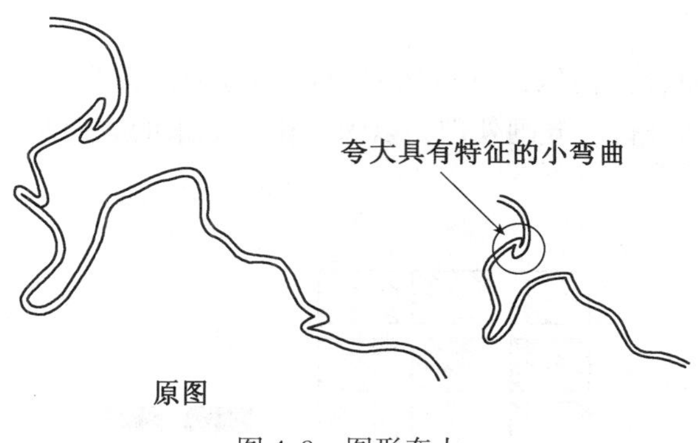

图 4.8　图形夸大

3）合并

合并是指当地图比例尺缩小后，制图对象的平面图形或其间隔随之缩小到难以区分时，可将邻近的性质相同要素或者性质相近要素的图形合成一个对象的过程，以表示制图对象平面图形的总体特征。合并有两方面的意义：① 同类性质要素的合并，称为同质合并。同质合并只是图形结构发生了变化，质量特征与原图形要素相同，因此合并后的图形符号与原图形符号相同，没有变化。例如几块林地图形间隔很小，可合并成一片林地（图 4.9），再如城镇居民地的平面图形，可舍去次要街巷，合并街区，以反映该居民地的主要特征等。② 相近性质要素的合并，称为异质合并。异质合并使原有要素的性质发生了变化，产生了新的类别，因此要进行新的类别定义和符号。例如，相邻的几种耕地合并到一起，成为耕地（图 4.10），再如乔木林和灌木林合并成林地等。

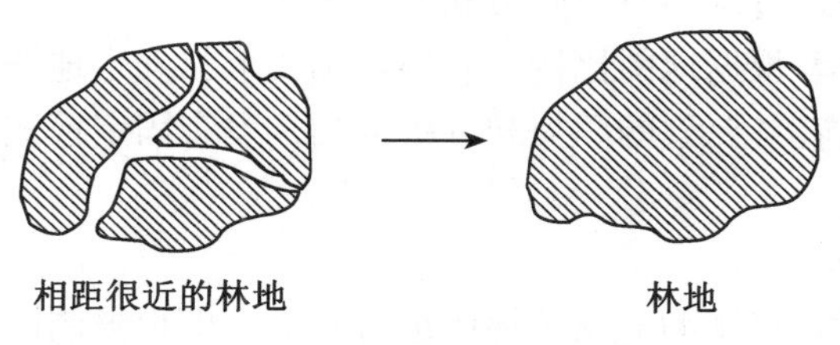

图 4.9　同类性质要素的合并

4）分割

如果只采用合并的方法，有时可能要歪曲图形的方向和总体特征，因此，在合并的同时，常辅以分割的方法，以求正确反映平面图形的方向和总体特征。例如排列整齐的街区

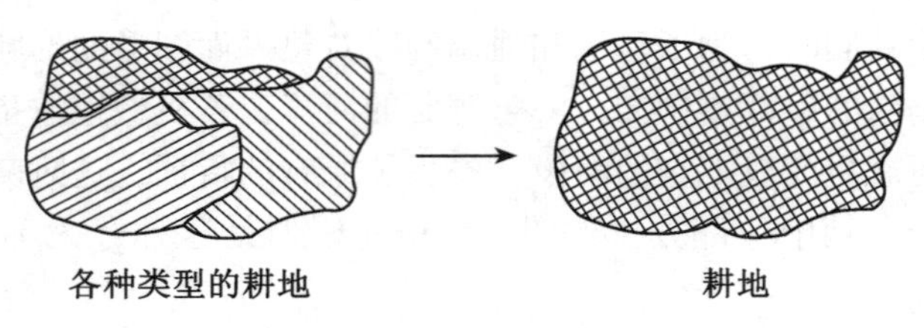

图 4. 10　相近性质要素的合并

图形由于删除了街道而合并街区，则造成对街区的方向、排列方式或大小对比方面的歪曲。因此在合并时，又进行了分割处理，以保持街区原来的方向及不同方向上街区的数量对比，如图 4. 11 所示。

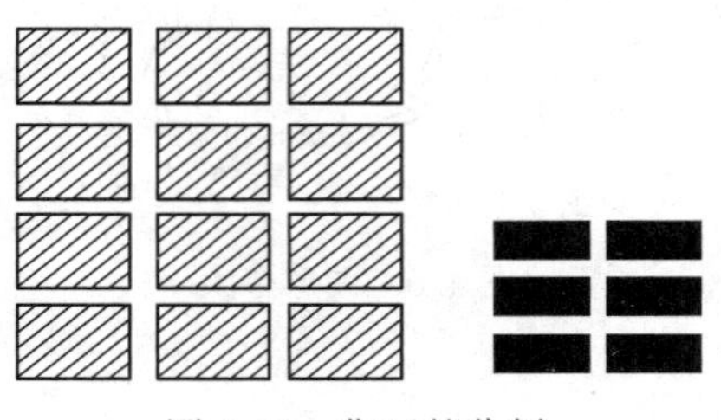

图 4. 11　街区的分割

2. 化简的基本规律

(1) 保持各线段要素上的曲折系数和单位长度上的弯曲个数的对比。

(2) 保持弯曲图形要素的类型特征。

(3) 保持制图对象的结构对比。

(4) 保持面状要素的面积平衡。

4. 2. 3　制图对象的概括

制图对象的概括是指减少制图对象在质量和数量方面的差别，包括质量特征的概括和数量特征的概括，它是通过制图对象归类和分级来实现的。

制图对象的概括是要根据地图比例尺、用途和要求，确定地图内容各要素的归类和分级原则。然而，地图内容各要素的归类和分级原则，没有固定模式，随机性强，只能根据地图的具体内容来确定。

1. 质量特征的概括

质量特征概括，就是将制图对象按性质进行归类，即根据制图对象性质的相同或相近把它们集合成类，并赋予相同平面图形的过程。经过质量特征的概括，减少了制图对象的质量差别，用概括的、较少的大类代替了详细的小类，用总体的概念代替局部的概念。例如，将针叶林、阔叶林和混交林归类为森林；将铁路桥、公路桥、人行桥归类为桥梁；将水浇地、旱地、菜地归类为耕地；将甘蔗、棉花、油菜的作物区归类为经济作物区；将喀斯特山地、喀斯特丘陵、喀斯特台地等归类为喀斯特地貌；将棉纺织工业、麻纺织工业、丝纺织工业等归类为纺织工业，等等，如图 4.12 所示。制图对象的归类不是随意进行的，必须符合有关学科的分类准则与应用要求，而且只能在性质相同或者相近的类别中进行，例如不能将森林和草地归为一类，因为森林是木本植物，而草地是草本植物，但可以将它们归为更概括的类别——植被。

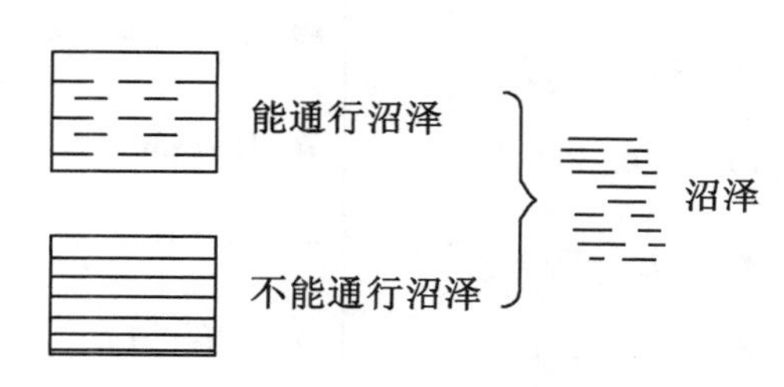

图 4.12 质量归类概括

2. 数量特征的概括

数量特征的概括是指将制图对象按数量进行分级，即根据制图对象的数量，按一定的界限进行分级表示的过程。经过数量特征的概括，减少了制图对象的数量差别，增大了数量指标内部变化的间距，对于数量指标低于规定等级的事物不予表示。随着地图比例尺的缩小，制图对象的数量分级必须减少。

在对制图对象进行数量特征概括时，分级数和分级界限是核心问题。

分级数对数量概括有很大影响，分级越多，可以准确地保持制图对象的数量分布特征，但对数量的概括程度就越小，易分散地图读者的注意力，不便记忆；反之，分级越少，对数量的概括程度就越大，可增强地图的易读性，但会掩盖在同一级别中制图对象的数量差异，降低制图对象的数量比较。因此，分级数一般为 5~7 级比较适宜，最少一般不低于 3 级，最多一般不超过 9 级。例如，1∶100 万地图上按人口数量将居民地划分为 7 级，1 万人以下、1 万~5 万人、5 万~10 万人、10 万~30 万人、30 万~50 万人、50 万~100 万人、100 万人以上（图 4.13）；1∶400 万地图上居民地按人口数量则可分为 6 级，1 万人以下、1 万~5 万人、5 万~10 万人、10 万~30 万人、30 万~100 万人、100 万人以上（图 4.13）。

在分级数确定以后，就要进行分级界限的确定。在保持数量分布特征的前提下，各分级界限应尽可能地规则变化，例如“51~100”、“101~150”、“151~200”……这样便于理解和记忆；为了使每一个数据都能准确地被划分在相应的等级内，分级界限应采用“左闭右开”或者“左开右闭”的形式，例如“<100”、“100~200”、“200~300”……“≥700”，或者“≤100”、“100~200”、“200~300”、“>600”，数据应采用标准的计量单位，分级界限应适当凑整，尽量避免小数。各分级界限数值除了最高位和最低位以外，尽量设为 0 或者 5，这样有利于地图读者记忆（图 4.14）。为了反映制图对象的数量分布特征，分级界限应与数量变化相适应，允许出现分级界限不连续的现象，例如“<100”、“100~200”、“500~700”、“700~800”、“≥800”。

在进行数量特征概括时，分级和分级界限的确定，不但要考虑地图比例尺和地图的用途，还要特别考虑制图对象数量分布的规律与特点，而且要确保分级界限有意义。例如，

图 4.13　数量分级概括

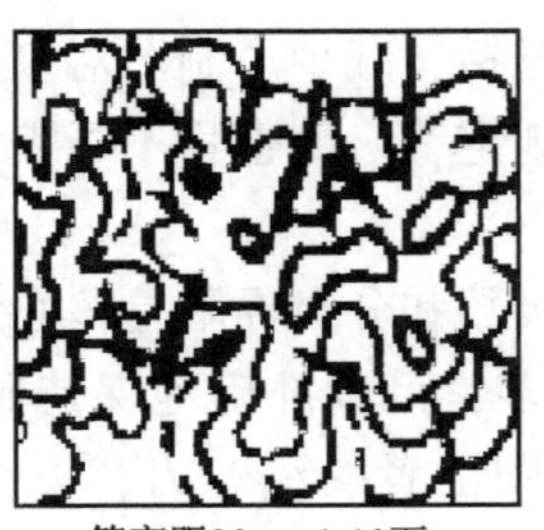

图 4.14　等高距的扩大

某制图区域居民地人口数量的统计资料表明，0.6 万～4.2 万人口之间的居民地数占居民地总数的比例很小，而该地区中人口数量在 6 万～18 万之间的居民地数占总居民地数的 80%以上，考虑人口数量等级划分的连续性和分级界值应为整数的特点，取 5 万和 20 万作为分级界值，就可以反映出该地区人口分布的特征。我国规定居民地人口数在 100 万以上者为“大城市”，故 100 万就应该作为分级的一个界值；同样，我国是根据最冷月的温度 16℃、0℃、−8℃、−28℃为划分亚热带、暖温带、温带和寒温带的指标之一，因此在气温图上扩大等温线间距值时，就必须保留这几条带有特征意义的等温线。

4.2.4　制图要素的移位

由于地图比例尺的缩小，缩小了制图各要素之间的距离，以符号表示的各个制图要素之间出现了相互压盖的现象，模糊了相互之间的关系，有的甚至无法正确表示，使地图读者难以辨读。为了解决由于制图要素符号相互压盖而造成的关系不清的问题，这就需要采取相应的图解的方法加以正确处理，基本的方法就是“移位”，即在保持其中最重要地理要素精度的前提下，移动其他某一个或某几个制图要素符号的位置，以保证相互关系的正确。

制图要素的移位，是将某些制图要素在地图上由原来的位置移动到附近适当的位置，以使各制图要素都能得到清晰表示的一种地图概括的方法。移位是在尽量保持自然地理要素和重要的地物要素位置正确的前提下，移动人文地理要素和其他次要地物要素的位置，并保持地图内容中所有要素相互关系的正确性。

1. 移位的方式

要进行移位的制图要素，必须是经过选取之后被保留下来的制图要素。

1）双方移位

随着地图比例尺的缩小，制图要素出现了相互压盖，考虑多方因素压盖的制图要素必须都移位时，则采用相对移位的方法，移动双方的位置，使制图要素符号间保持必要的间隔。

2）单方移位

随着地图比例尺的缩小，制图要素出现了相互压盖，保持其中一个制图要素位置不动，而移动其他制图要素的位置。

2. 移位的原则

1）重要性原则

在移位时，首先要考虑各制图要素的重要程度，选择移位的制图要素。如果制图要素两者同等重要，则采用双方移位法；如果制图要素两者重要性不同，则保持重要的要素位置不动，移动次要要素的位置。例如，同类要素压盖时，保持高级要素位置不变，移位低级要素的位置（图 4.15）；不同类要素压盖时，保持主要要素位置不变，移位次要要素位置（图 4.16 在 1∶2.5 万~1∶100 万比例尺地图上，为了保持公里不移位，就要使公里两边 75~250 米范围内的地物向两边大幅度移位）；独立地物与其他要素压盖时，保持独立地物位置不变，移动其他要素位置。

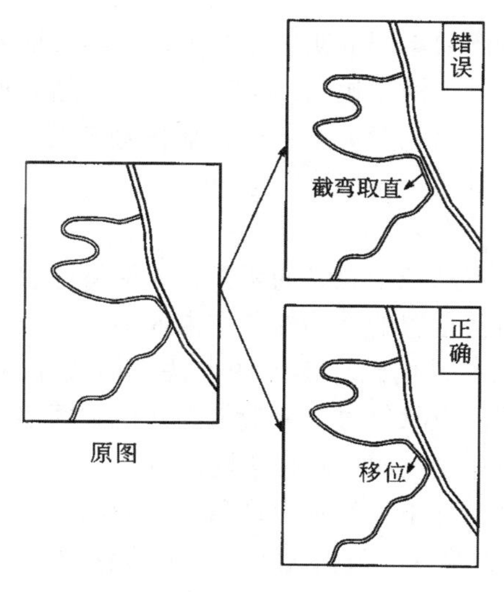

图 4.15　道路的移位

2）稳定性原则

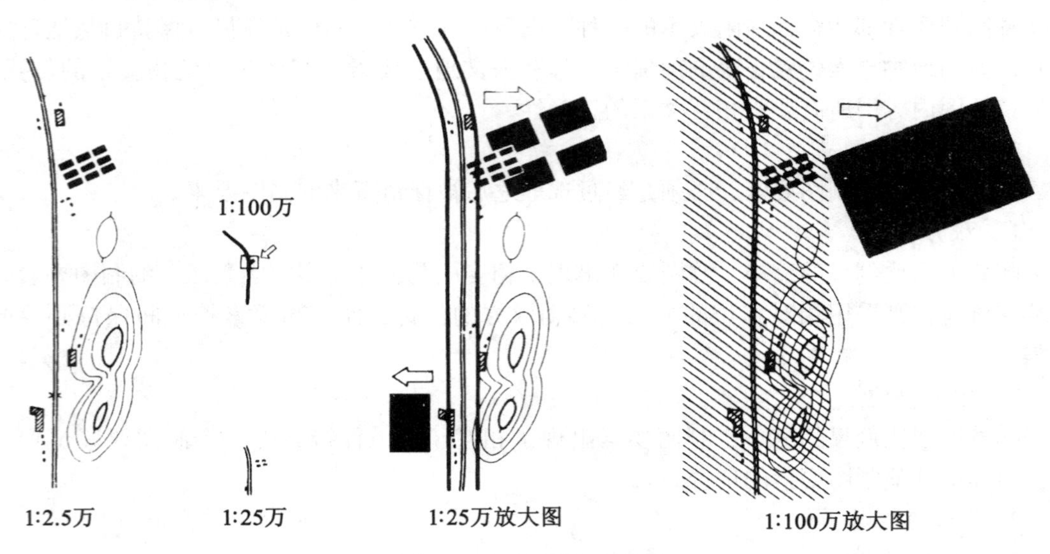

图4.16 不同要素的移位

在移位时，要衡量各制图要素的稳定性，保持稳定的制图要素位置不动。自然要素稳定性较高，而人工要素稳定性相对较差，当随着地图比例尺的缩小，出现相互压盖时，一般要移动人工要素，保持自然要素位置不动。例如，当河流、铁路、公路等线状地物距离很近，比例尺缩小后出现了相互压盖或紧挨到一块，无法用规定的符号描绘时，则保持河流位置不动，移动铁路和公路；若仅为铁路与公路压盖或紧挨在一起，则保持铁路位置不动，移动公路。

3）相对性原则

在移位时，要考虑各制图要素间的实地相互关系，经过地图概括之后，不能破坏原有的位置关系。例如，位于海岸、河岸边的，又有铁路、公路通过的居民地，在进行地图概括时，海岸、河岸、铁路、公路相对关系不变，居民地符号与海岸、河岸相切，与铁路、公路相割。

4）特殊性原则

在移位时，对于一些有特殊控制意义的要素，要保持位置精度。如河流、境界线、重要居民地、道路应尽量保持其位置的准确性。在街区中有方位意义的独立地物或河流，为保持它们位置的精度，就只能采用破坏街区的办法镶嵌或相割，完整地绘出制图要素符号。另外，只具有相对位置的点状符号，一般依附其他制图要素图形而存在，如路标、水位点等，其依附目标位置发生变化时，点位也随之变化。

对于国境线无论在什么情况下，均不允许移位，而周围制图要素的相对关系要与国境线相适应；省（市）、县级界线在一般情况下也不允许移位，但有时为了处理与其他重要制图要素的关系，在不产生归属问题时，可作适当移位。

4.3 影响地图概括的主要因素

地图概括的程度受到各种因素的影响，主要包括客观因素和主观因素两部分。客观因素主要有地图比例尺、地图用途、制图区域的地理特征、地图符号的图形尺寸及制图资料的质量等。而主观因素主要是制图者的经验和综合素质，制图者个体对客观事物认识过程的差异，必将影响地图概括。

4.3.1 地图的用途

任何一幅地图都是为了满足某种需要而编制的，不同用途的地图所表示的内容及其详细程度不同。因此，地图的用途，在编制地图进行地图概括时，直接决定着地图内容的选取、概括的详略程度和表示的方法，对地图概括的倾向起决定性的影响。地图的用途作用于地图概括的全过程，是地图概括首先要考虑的主导因素。

例如 1∶50 万比例尺地形图，是国家基本地图之一，可供国家经济建设、国防建设和科学研究部门参考之用；1∶50 万比例尺政区图，可供省市县政府机关进行行政管理和规划之用，由于两者用途不同，地图内容的选取和详略程度则有很大的差异。前者在地图上相对均衡地表示了制图区域的自然地理和社会经济方面的基本内容，而不着重表示某一方面内容，并严格按照国家规定的精度要求表示制图要素的地理位置，尽量详细地表示各制图要素的形态特征和数量、质量特征，要反映制图要素的基本分布规律；居民地、交通网和境界线等社会经济要素是后者地图的主要内容，在图上要主要表示，并且要突出表示境界线和乡镇以上各级行政中心，地貌一般不表示，而对地形、水系、土质、植被等自然要素则可作较大的概括。

再如，同比例尺的一般参考用地图和教学用地图，因用途不同，要求也不同，在地图概括时就要对前者参考用地图的内容进行较详的质量特征归类和数量特征分级，线划、符号和注记均需设计得精细，着色要浅淡，并赋予较大的地图载负量（图 4.18）；对于后者教学用挂图，就必须结合教材内容与教学要求，选取地图内容，主要表示重要的制图要素，为了便于教学，需要用较大的字、较粗的线划、较深的颜色来表示，且载负量不可过大（图 4.17）。即便同为教学用图，供小学和中学，甚至不同年级用的地图，其地图概括的程度也是不同的。

4.3.2 地图的比例尺

随着比例尺的缩小，同一个制图区域在图上的面积也随之缩小，如实地 $1km^2$ 制图区域的面积在 1∶1 万地图上为 $100cm^2$、在 1∶10 万地图上为 $1cm^2$、在 1∶100 万地图上就只有 $1mm^2$，随着面积的减小，在图上所能表示的事物数量也相应减少。由此可见，地图比例尺限定了制图区域的幅面，也就限制了图上能表示制图要素的总量，因而也决定了制图要素选取的指标，并加大了地图概括的程度。地图的比例尺对地图概括的影响非常明显，所以，地图比例尺是决定地图内容数量特征、制约地图内容质量特征最根本、最主要的因素。

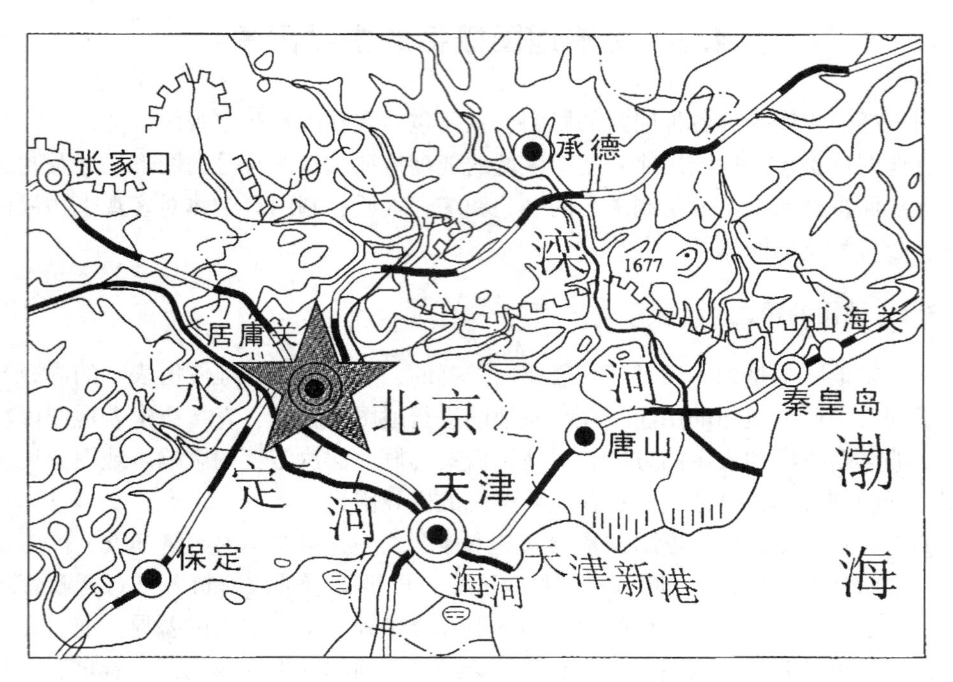

图 4.17　1：400 万中学教学挂图

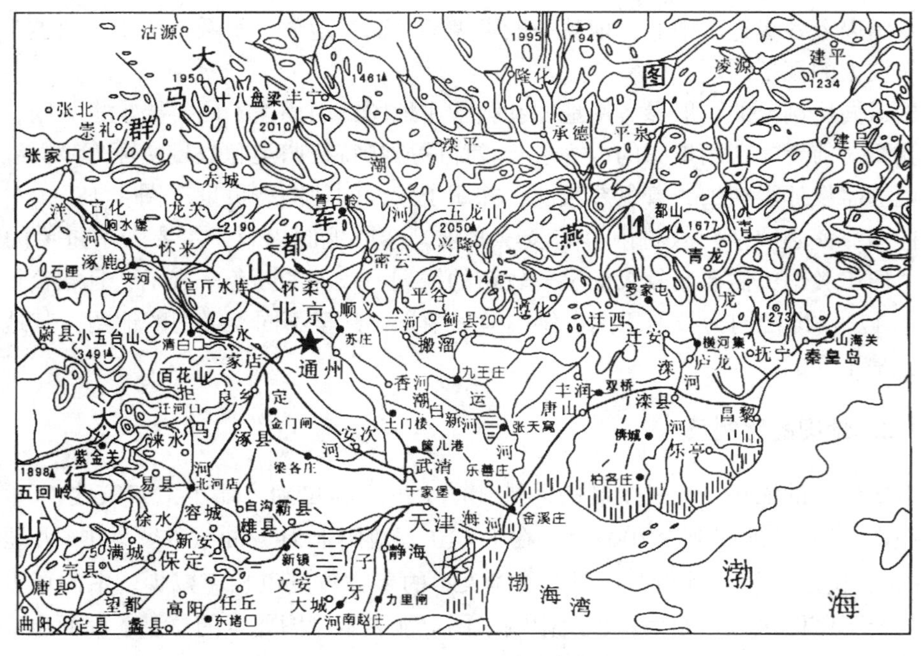

图 4.18　1：400 万科学参考图

1. 影响地图概括的程度

地图比例尺决定了制图区域的图幅面积，限定了图上所表示制图要素的数量，制约着地图内容的选取，影响着地图概括的程度。

地图比例尺的变化必然引起图上单位面积所代表的实地制图区域范围大小的变化，当地图幅面积一定时，不同比例尺地图所包括的实地范围不同，大比例尺地图所包括的地面面积小，小比例尺地图包括的地面面积大，即随着比例尺的缩小，图上单位面积所要表示制图区域的范围就不断扩大，因而所包容的实际制图对象就越来越多，但是，图上单位面积能容纳的符号与注记数量是一定的，所以，随着地图比例尺的缩小，能表示在地图上的内容就越来越少。例如，图上 $1cm^2$ 的单位面积可以表示 n 个制图要素，在 1∶10 万的地图上是实地 $1\ km^2$ 的制图区域范围，假设有 p 个制图对象，经过选取，将保留 n 个制图要素，被舍掉的有 $p-n$ 个；而在 1∶100 万地图上，则是 $100km^2$ 制图区域范围，会有 kp 个制图对象，但图上也只能保留 n 个制图要素，被舍掉的要有 $kp-n$ 个，所以，随着地图比例尺的缩小，被舍掉制图对象的数量大大增加，在图上能表示制图对象的数量与实地存在的数量比则大大减少了，只能选取表示主要的要素。总之，地图比例尺越小，选取的程度则越大，所能表示的地物就越少，即地图概括的程度就越大。

2. 影响图形碎部特征的表达

随着地图比例尺的不断缩小，使表示同一个制图对象的图形的一些碎部特征逐渐变得模糊，无法辨清，制图对象的内部结构也无法细分，以至于难以表达，因而就必须对其形状进行化简，删除或夸大表示某些碎部；若地图比例尺再缩小，甚至连整个制图对象的图形都无法表示了，只能改用非比例符号表示其地理位置。经过化简的图形必将有损原制图对象的几何精度，使之失去原来的长度、面积和形状，因此，经过化简的图形只能突出反映制图区域的地理特征及制图对象的相互关系。

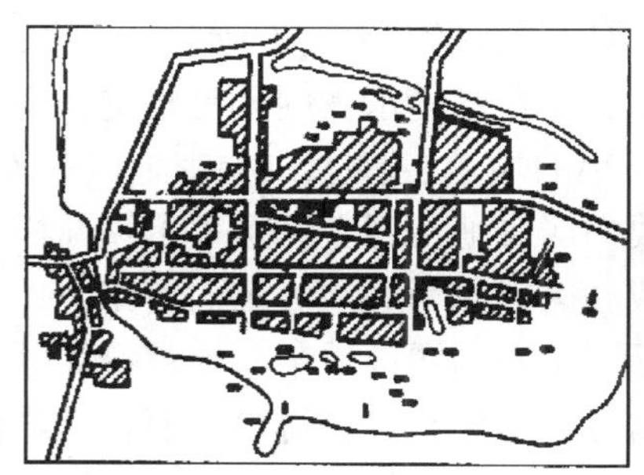
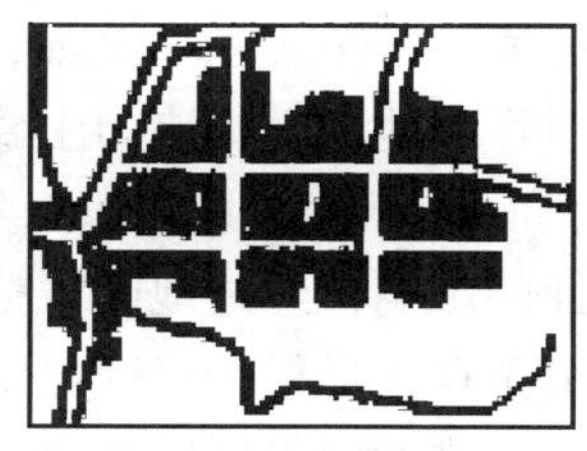
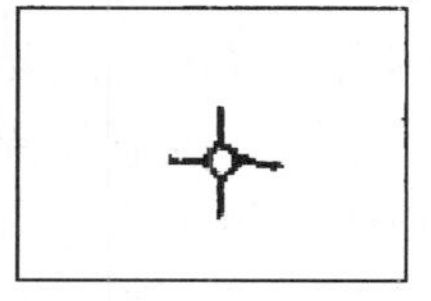

图 4.19　不同比例尺居民地的表示

例如，某城市居民地，在大比例尺地图上，建筑物及其类型、主次街道、外部轮廓等都可以用平面图形表示，随着比例尺的缩小，逐渐合并了街区、化简了外部轮廓，以至于用圈形符号表示，地图概括的重点由内部而转到其外部的总体轮廓及其与周围其他要素的联系上（图 4.19）。

随着比例尺的缩小和幅面包容实地制图区域范围的扩大，对制图对象的观察已由小范围里注重细节转变为大范围强调整体特征和规律。

3. 影响制图对象的重要性

在不同的实地范围内，对同一事物重要程度的评价并不相同。有些事物在小范围内是重要的，但在大范围内可能就是次要的了，甚至失去表示的意义。也就是说，同一事物在大小不同比例尺地图上的相对重要性是不同的。例如土路，在小范围内，由于道路稀少，它是主要的交通线，在大比例尺地图上要表示出来；而在小比例尺地图上，因为包括的地面范围大了，公路和铁路是主要的交通路线，土路变成了次要的，则不予表示。又如河流，在大比例尺地图上，包括的实地面积小，只能表达河流的某一段，为了全面反映河流的基本情况，河流的宽度、深度、河底性质、流速、流向、渡口、徒涉场等都很重要，就必须都要表示出来；但在小比例尺地图上，由于包括的范围大，图上能表示出整个河系的分布，则河系的形态、结构特点、密度差异及水系与其他要素之间的关系，成为应当表示的重要内容，而河流上述的详细情况是次要的，既不可能也没必要表示了。再如乡镇驻地，在一个县区范围内就很重要，是县区政治、经济、文化、交通的中心，在县区地图上需要突出表示，但是在省市范围内，就退居次要地位了，在全国范围内，就更不重要了，因此乡镇在大比例尺地图上就要全部表示，而在小比例尺地图上可选择表示或者不表示。

4.3.3　制图区域的地理特征

制图区域的地理特征是指该制图区域的自然和社会经济条件。任何一幅地图都表述一个确定的制图区域，制图区域的地理特征是客观存在的，不同的制图区域具有不同的地理特征。例如我国江南水网地区，河流、沟渠密集，纵横交错，居民地比较分散，主要沿水系分布；西北干旱地区多沙漠、戈壁滩，居民地则循水源分布，通常沿水源丰富的洪积扇边缘，河流、沟渠、湖泊沿岸，井、泉周围分布。

地图概括的根本目的在于客观地反映出制图区域地理环境的基本特征。地理特征的差异决定着是否将某些制图对象表示在地图。在进行地图概括时，要选取那些能反映制图区域地理特征的事物，舍去那些不能代表制图区域地理特征的事物。例如，井、泉和小湖泊，在我国西北干旱地区十分重要，必须详细表示；而在江南水乡则无足轻重，舍去了也无损该地区的河网情况，故通常不予表示。又如，小的城镇，在人口稠密地区是次要的，图上一般不表示，而在人口稀少地区，则成为主要的居民地，图上必须表示；同样，小路在人口稠密地区极为次要，而在人烟稀少的山区或林区却成为必须表示的道路。

由于制图区域地理特征的影响，经过地图概括，不同制图区域某些地理特征的差异有缩小的趋势。如居民地，由于在人烟稀少地区保留得相对多，舍弃得少；而在人口稠密地区舍弃得多，保留的相对少，这就使得居民地密度这一数量特征的差异缩小了。

4.3.4　地图的载负量

地图的载负量也称地图的容量，是指地图承载内容的多少，即地图图廓内所包含的符号与注记的数量，也是进行地图概括的数量标准。地图载负量大，所能表示的地图内容就多，地图概括的程度就小；地图载负量小，所能表示的地图内容就少，地图概括的程度就大。地图载负量分面积载负量和数值载负量。

1. 地图的面积载负量

地图的面积载负量是指地图上单位面积内线划、符号和注记面积的总和，它是衡量地图内容的基础。为了计算方便，通常以图上单位面积 1cm^2 或 1dm^2 内所有符号和注记所占多少 mm^2 或多少 cm^2 的面积来表示面积载负量，即“mm^2/cm^2”或“cm^2/dm^2”。因此，面积载负量又分为符号面积载负量和注记面积载负量。

1）符号面积载负量

符号面积载负量是指符号覆盖地图图面部分的面积，它不仅包括直接由颜色覆盖的图面面积，而且还包括空白部分不能利用的符号所占的图面面积。

（1）黑度负载，是指直接被颜色覆盖的图面面积。

例如圈形符号，黑度负载就是圈宽（线粗）的圆环面积，即

$$f_1 = \pi(r_2^2 - r_1^2)$$

式中：f_1——黑度负载（圆环面积）；

r_2——环外圆的半径；

r_1——环内圆的半径。

（2）有效负载，是指符号实际所占的图面面积，即符号外缘所占的图面面积。

例如：圈形符号，有效负载就是环外圆所限定的面积，即

$$f_2 = \pi \cdot r_2^2$$

式中：f_2——有效负载（环外圆限定面积）；

r_2——环外圆的半径。

（3）符号着色所需要的面积，包括有效负载和空白位置（离符号 0.2mm）。

例如：圈形符号，符号着色所需要的面积就是环外圆半径再加 0.2mm 为半径的圆面积，即

$$f_3 = \pi(r_2 + 0.2)^2$$

式中：f_3——符号着色所需要的面积；

r_2——环外圆的半径。

在地图概括时，通常以地图上全部符号的有效负载或者着色所需要的面积之和作为符号的面积载负量。

2）注记面积载负量

注记面积载负量是指注记覆盖地图图面部分的面积，它是以注记的字大、字数和字隔来计算的。其中字大是基础。

2. 地图的数值载负量

地图的数值载负量是指地图上单位面积 1cm^2 或 1dm^2 内地图符号的个数或长度，即“个/cm^2”或“个/dm^2”，它是地图内容数量与密度对比标准。例如，居民地的数值载负量是图上 1cm^2 或 1dm^2 范围内居民地的个数；河流、道路等线状地物的载负量是图上 1cm^2 或 1dm^2 范围内线状地物的长度，也称密度系数。

为了便于计算，地图的数值载负量是以“点”作为评定标准的，“点”的单位如下：

（1）1 个点 = 图上 1 个用独立符号表示的点状对象；

（2）1 个点 = 图上 1 cm 长的线状对象；

（3）1 个点 = 图上 1 cm^2 大的面状对象。

对于点状对象，“点”的数量就是对象的数量；对于线状对象和面状对象，如果它们小于 1cm 或者 1cm^2，同样也是一个“点”；如果大于“点”的单位，则根据对象的大小

确定为 2 个、3 个或者更多的"点"。

3. 地图的面积载负量和数值载负量的关系

面积载负量和数值载负量可以相互换算，公式为

$$S = Q \cdot P$$

式中：S——面积载负量；

Q——数值载负量；

P——单个符号或注记的平均面积。

例如：$Q=150$ 个/dm^2，$P=16mm^2$/个，则

$$S = QP = 150\text{ 个}/dm^2 \times 16mm^2/\text{个} = 2400mm^2/dm^2$$

地图的面积载负量和数值载负量通常用于说明地图内容的疏密程度，并作为选取指标的单位。

4.3.5　地图的符号

地图内容是用各种符号表示在图上的，地图符号的形状、大小，颜色和结构直接影响着地图的载负量，从而制约着地图概括的程度。

1. 地图符号的最小尺寸

地图符号尺寸的大小对地图概括的影响非常明显。符号小，图上单位面积内可容纳的制图对象就多，地图内容就详细，图面载负量就大，地图概括程度就小；相反，符号大，图上单位面积内可容纳的制图对象就少，地图概括的程度就大，地图内容一定简略。对于曲折制图对象的轮廓线，用细线描绘能保留较多的细小弯曲，而且图面清晰易读，若用粗线描绘，则细小弯曲将无法表示，所以线划的粗细直接影响制图对象碎部的表达程度。

地图符号由点、线划、几何图形、轮廓图形和弯曲等基本图形组成。除特殊用途之外，一般地图都使用细小的符号，以便表示更多的地图内容。但是，地图符号也不是越小就越好，符号的大小如果使用不当，会给读者读图带来很大困难，降低地图的表达效果。因此，地图符号的最小尺寸应有一定的限度，这主要取决于人的视力和绘图与印刷技术。

1）点的最小尺寸

单独作为符号的点，最小直径为 0.5~0.6mm；作为符号组合部分的点，最小直径为 0.2mm；表示沙地的点还可以更小一些。

2）线划的最小尺寸

正常情况下，人的视力能分辨 0.02~0.03mm 粗的单线，最好的绘图技术能绘出 0.02~0.03mm 粗的线划，刻图法可以刻出 0.03~0.04mm 粗的线划，较高的制印技术能印出 0.08~0.1mm 粗的线划。因此，考虑人的分辨能力、制印技术和实际效果，一般规定图上单线最细为 0.08~0.1mm 粗，两条实线之间的间隔为 0.1~0.15mm。

3）几何图形的最小尺寸

几何图形的最小尺寸取决于人的视力，并且与图形的结构和复杂程度有关。一般情况下，要保持轮廓图形的清晰性，实心图形的最小边长为 0.3~0.4mm；复杂图形轮廓的突出部分，能分辨清楚其形状的最小尺寸为 0.3mm（图 4.20）；空心图形的最小尺寸与空隙大小和轮廓线的粗细有关，空心图形内部边长若为 0.3mm，此时的矩形感觉上为一个圆或椭圆，因此，空心图形的边长不得小于 0.4~0.5mm（图 4.21）；圆的直径不小于 0.3~

0.4mm；相邻实心图形的最小间隔，通常为0.2mm（图4.22）。

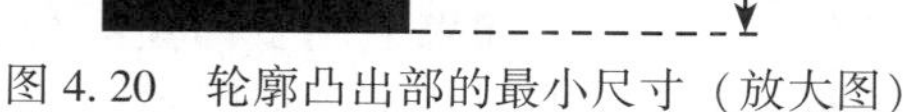

图4.20 轮廓凸出部的最小尺寸（放大图）

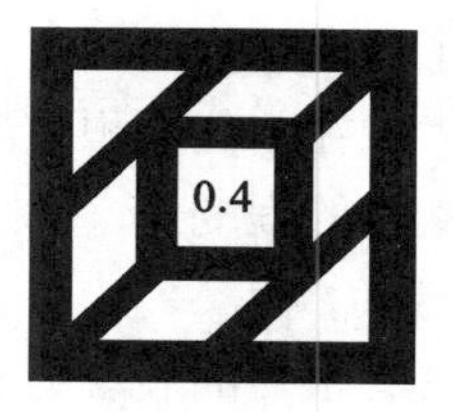

图4.21 空心图形的最小尺寸（放大图）

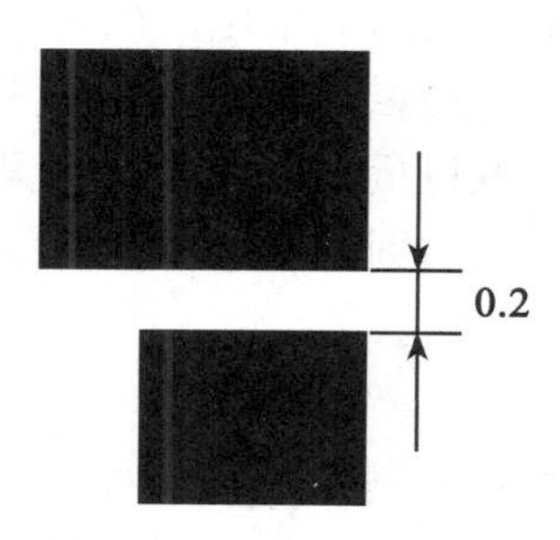

图4.22 两图形间隔的最小尺寸（放大图）

4）轮廓图形的最小尺寸

轮廓图形的最小尺寸要受到轮廓线的形式、内部颜色和背景等很多因素影响。如果用实线表示的轮廓符号，轮廓线明显，若内部涂以深色，最小面积可为0.5~0.7mm^2，如湖泊、岛屿等；若内部涂以浅色，则最小面积为1mm^2；如果背景色浅淡，甚至可以用小到0.5mm^{2}的点子来表示，如海洋中的小岛。如果用点距为0.8mm的点线表示的轮廓符号，最小轮廓面积为2.5~3.2mm^2，若时令湖、沼泽、森林等。

5）弯曲图形的最小尺寸

弯曲图形是指地图上线状地物的弯曲，如河流、海岸线等。弯曲图形的线划弯曲宽度最小为0.6~0.7mm，弯曲高度最小为0.4mm，才能清晰辨认（图4.23）。

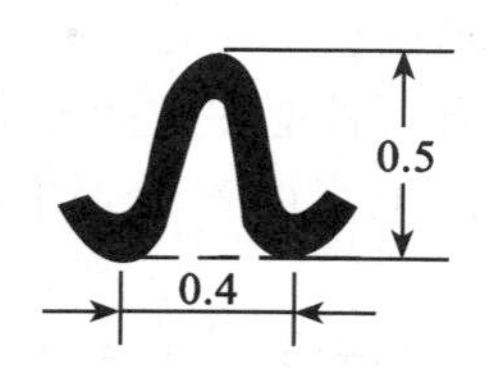

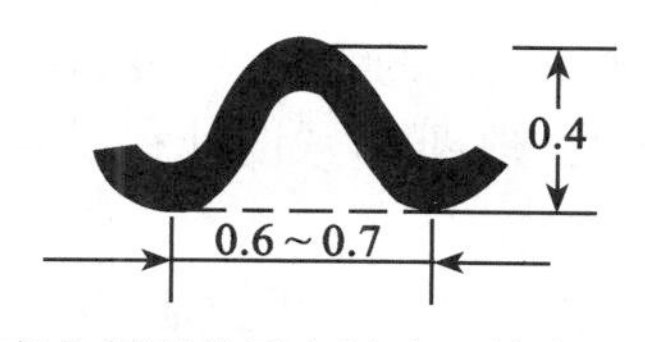

图4.23 弯曲图形的最小尺寸（放大图）

地图符号的最小尺寸决定着地图的载负量，直接影响地图的清晰程度，是确定地图概括指标的重要参考数据。

2. 地图符号的形状

地图符号的形状有多种，有的形状占据的图面空间较少，有的则要占用较大的图面空间。例如矩形或者方形符号，互相可以贴得很近，在图上单位面积里可以配置较多的符号，地图的载负量可加大，地图的内容就丰富，地图概括的程度就小；而菱形符号，就无法互相贴近，只能是角点接近，占用的图面空间就较大，在单位面积里可以配置的符号相对较少，加大了地图概括的程度。同样，象形符号和文字符号，虽然形象、直观，但占用的图面空间较大，在单位面积里配置的符号相对较少，所表示的地图内容也就减少，明显地加大了地图概括的程度。

3. 地图符号的颜色

因为色彩具有很强的表现力和很明显的区别力，在地图上如果运用多种颜色表示地图要素，则各种符号的图形可以互相交错和重叠，构成多层平面。与单色地图相比，彩色地图可以增加地图内容的种类和级别，使图上单位面积的容量成倍增加，因而加大了地图的载负量，减小了地图概括的程度，并加强了地图的易读性。由此可见，单色地图，载负量小，地图概括程度大；彩色地图，载负量大，地图概括程度小，地图内容丰富，比单色地图容纳更多的信息量，而且仍然可以达到清晰、易读的效果。

4.3.6　制图资料

制图资料是进行地图概括的基础，制图资料的种类、内容的详略、特点、精度高低、质量好坏、可靠程度、现势性等方面，直接影响着地图概括的质量。制图资料内容若很详细，并有较多的细部，就给地图概括提供了可靠的基础和综合的余地，制图时就要作较多的舍弃，地图概括的程度就大，相反，要舍弃的东西少了，则地图概括的程度就小。资料的完备也有利于地图概括方法的选择，如缺少人口资料，就不能将人口数量作为选取居民点的重要条件。制图资料若精度高、可靠性大、现势性强，则无需舍弃，地图概括的程度就小，相反，大部分因精度低、不可靠或者没有现势意义而被舍去，则地图概括的程度就大。

4.3.7　制图者

地图概括是由地图的制图者来完成的，整个地图概括的过程就是制图者将科学理论用于实践的一个主观过程，制图者对客观事物的认识程度、知识水平、分析能力、创造能力、编图技能等都在地图概括中得到体现。制图者对客观制图对象的认识程度，决定着制图对象被取舍的可能性；制图者对制图资料和制图区域分析研究的深度，决定是否能挖掘出更多符合地图主题、满足地图用途的信息；制图者的经验，决定着各种地图概括方法如何选用、关系处理的是否科学，地图符号设计得是否合理，表示的地图内容是否丰富，等等。

制图者在地图概括中起着决定性的作用，地图概括随制图者的经验和素质而转移，制图者决定着地图概括的质量。因此，提高制图者的综合素质，是提高地图质量的重要保证。

总之，影响地图概括的因素有许多，各因素之间并不孤立，而是互相关联，在地图概括时不能只考虑单一因素，而要进行全面的分析研究。例如，地图的用途，决定地图所应表示和着重表示哪些方面的内容；地图比例尺，决定地图内容表示的详细程度；制图区域的地理特征，要能显示出该地区的特点等。所以，制图者应当把地图概括视为一个系统工程，站在一个更高的层次上，对影响地图概括的诸多因素不仅要进行深入的纵向分析研究，而且还要对其横向的关联进行全面综合考虑，使地图概括达到预期的效果。

【本章小结】

本章介绍了地图概括的基本内容：

（1）地图概括的基本方法，主要包括：地图内容选取的顺序与方法，图形化简的方法与规律，质量特征概括和数量特征的概括，要素移位的方式与原则。

（2）影响地图概括的因素，主要有：地图的用途与地图比例尺，制图区域的地理特征，地图载负量与地图符号的最小尺寸，制图资料与制图者。

◎ 思考题

1. 何谓地图概括？为什么要进行地图概括？
2. 叙述地图概括的基本方法。
3. 何为地图内容的选取？
4. 叙述进行地图内容选取时应遵循的顺序。
5. 在地图上进行选取，主要用哪几种方法？
6. 资格法和定额法选取的不足有哪些？如何弥补？
7. 什么是方根模型法？
8. 叙述选取的基本规律。
9. 叙述图形简化的方法。
10. 如何进行制图对象质量特征和数量特征的概括？
11. 叙述移位的原则。
12. 叙述影响地图概括的主要因素。

第 5 章　地图的表示

【教学目标】

学习本章，要掌握地图的表示方法。了解普通地图的类型及内容，掌握自然地理要素和社会经济要素的表示方法；了解专题地图的基本特征、类型及内容，掌握表示专题要素的 11 种方法。

5.1　普通地图的表示

普通地图是以相对平衡的详细程度，综合、全面地反映一定制图区域内的自然要素和社会经济要素的地图。普通地图上主要表示水系、地貌、土质、植被、居民地、交通网、境界线等内容。普通地图不仅可以为经济、国防、科学研究、行政管理、文化教育等提供资料和工具，同时还可以为编制专题地图提供地理基础。

5.1.1　普通地图的类型及内容

普通地图按其表示内容的详细程度和比例尺，可以分为地理图和地形图两类。

地理图又称一览图（小比例尺普通地图），它的地图概括程度比较高，是以反映地理要素基本分布规律为主的一种普通地图。地理图没有统一的地图投影和分幅编号系统，没有统一的符号系统，制图区域根据实际需要决定，幅面大小没有统一要求。小比例尺普通地图是由大比例尺地图编绘而成的，多用于研究制图区域的自然地理和社会经济的一般情况，也可作编制专题地图的底图。

地形图（大中比例尺，通常指比例尺大于 1∶100 万普通地图）应详细而精确地表示各地理要素，尤其突出表示具有经济、文化意义的地理要素。地形图是有统一的大地控制基础、统一的地图投影和统一的分幅编号、统一的图式符号，严格按照测量规范、编图规范，经过实地测绘或根据遥感数据及相关数据编绘而成的一种普通地图。由于地形图的几何精度高，内容详细，可以在图上提取比较详细的地理信息，也可以作为军事指挥、国家各项建设的基础资料和制作其他地图的基本依据。

普通地图的内容包括数学要素、地理要素（自然地理要素和社会经济要素）和图外辅助要素三大类。

5.1.2　自然地理要素的表示

普通地图的自然地理要素包括水系、地貌、土质、植被等。

1. 水系的表示

水系包括海洋和陆地水系，也称水文要素。

1）海洋要素的表示

普通地图上表示的海洋要素主要是海岸、海底地貌，以及洋流、航线等。

（1）海岸的结构。海水不停地升降，海水和陆地相互作用的具有一定宽度的海边狭长地带称为海岸。海岸由沿岸地带、潮浸地带和沿海地带组成，如图 5.1 所示。

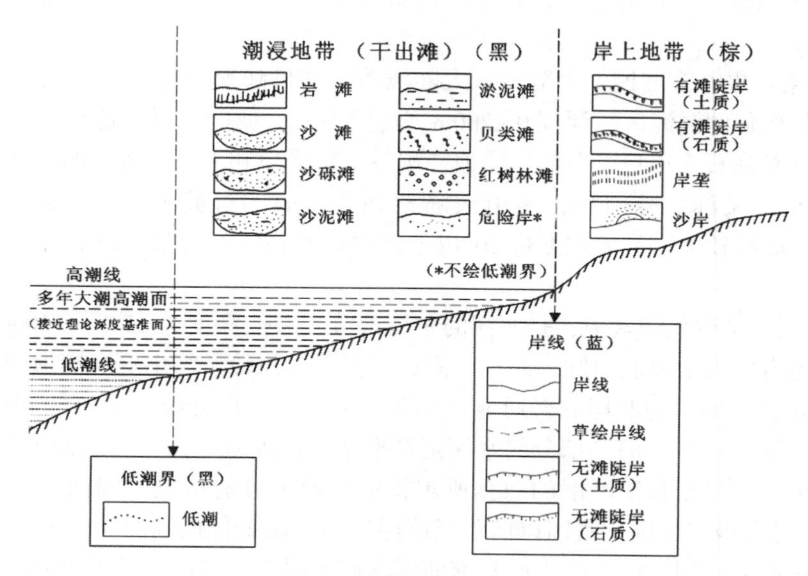

图 5.1 海岸的结构及表示

① 沿岸地带：亦称后滨。它是高潮线以上狭窄的陆上地带，是高潮波浪作用过的陆地部分，可依据海岸阶坡（包括海蚀崖、海蚀穴）或海岸堆积区等标志来识别。根据地势的陡缓和潮汐的情况，这个地带的宽度相差很大。

② 潮浸地带：是高潮线与低潮线之间的地带，高潮时淹没在水下，低潮时出露水面，地形图上称为干出滩。

沿岸地带和潮浸地带的分界线即为海岸线，它是多年大潮的高潮位所形成的海陆分界线。

③ 沿海地带：又称前滨。它是低潮线以下直至波浪作用的下限的一个狭长的海底地带。

（2）海岸的表示

① 岸线的表示：在普通地图上，海岸线通常都是以蓝色实线来表示。低潮线一般用点线概略地绘出（图 5.1），其位置与干出滩的边缘大抵重合。

② 潮浸地带的表示：潮浸地带上各类干出滩是普通地图上的表示重点，它对说明海岸性质、通航情况和登陆条件等很有意义。普通地图上在相应潮浸地带的范围内填绘各种符号，表示其分布范围和性质。

③ 沿岸地带的表示：海岸线以上的沿岸地带，主要通过等高线或地貌符号表示（图 5.1），如果是无滩陡岸，就和海岸线一并表示（图 5.1）。

④ 沿海地带的表示：沿海地带重点表示该区域范围内的岛礁和海底地貌。

小比例尺地图上，为强调陆地的轮廓与水部区分更加清楚，常常将海岸线加粗表示，但有时又允许用变线划的方法适当改变岸线符号的粗度，以便强调岸线的细部（沙嘴、小岛，潟湖等）的特征，而对于潮浸地带上的干出滩表示得较为概略，例如只区分表示岩岸，沙岸、泥岸等几类。

（3）海底地貌。海底地貌十分复杂，根据地貌的基本轮廓可分为大陆架、大陆坡和大洋底三部分。

① 大陆架：也称大陆棚、大陆台、大陆浅滩，是自陆地边缘的低潮线向海洋延伸到坡度发生明显变化的浅海区。深度0~200m，宽度不一，坡度平缓，地势起伏复杂，有一系列沙洲、浅滩礁石、小丘、垄岗、洼地、溺谷、扇形地和平行于海岸的阶状陡坎等。

② 大陆坡：又称大陆斜坡，是由大陆架到大洋底的过渡地带，一般深度在200~2500m之间，坡度较大，最大坡度达20°以上，常被海底峡谷切割得较破碎，是海洋过渡地带。

③ 大洋底：又称大洋盆地，是海洋的主体部分，一般深度为2500~−6000m，地形起伏较小，但也有巨大的海底山脉、海沟、海原、海盆、海岭、海山等海底地貌。

（4）深度基准面。在我国的普通地图和海图上，陆地部分统一采用“1985年国家高程基准”自下而上计算，海洋部分的水深则是根据“深度基准面”自上而下计算的。

深度基准面是根据长期验潮的数据所求得的理论上可能最低的潮面，也称“理论深度基准面”。它在很多地区比我国以前曾经使用过的“略最低低潮面”还要低0.2~0.3m。

地图上标明的水深，就是由深度基准面到海底的深度。海面上的干出滩和干出礁的高度是从深度基准面向上计算的。

（5）海底地貌的表示。海底地貌可以用水深注记、等深线、分层设色和晕渲等方法来表示。

① 水深注记：是水深点深度注记的简称，许多资料上还称“水深”。它类似于陆地上的高程点。例如，水深点不标点位，而是用注记整数位的几何中心来代替；可靠的、新测的水深点用斜体字注出，不可靠的、旧资料的水深点用正体字注出，不足整米的小数位用较小的字注于整数后面偏下的位置，中间不用小数点，如图5.2所示。其中19_7表示水深19.7m。

② 等深线：是从深度基准面起算的等深点的连线。等深线的形式有两种：一种是类似于境界的点线符号，另一种是通常所见的细实线符号，如图5.3所示。

③ 分层设色：是与等深线表示法联系在一起的。分层设色是在等深线的基础上每相邻两根等深线（或几根等深线）之间填加色彩或晕线来表示海底地貌的起伏，即用不同深浅的蓝色来区分各深度层，且随水深的加大，蓝色逐渐加深（图5.4）。

（6）洋流和航线的表示。用蓝色和红色的箭形符号分别表示寒流和暖流（图5.4）；用点状铁锚符号表示港口；用蓝色虚线表示航线，并注蓝色数字表示里程（图5.5）。

2）陆地水系的表示

陆地水系是指一定流域范围内，由地表大大小小的水体构成的脉络相同的系统，是地理环境中重要的组成要素，简称水系。

在编图时，水系是重要的地性线之一，常被看做是地形的“骨架”，对其他地理要素有一定的制约作用。

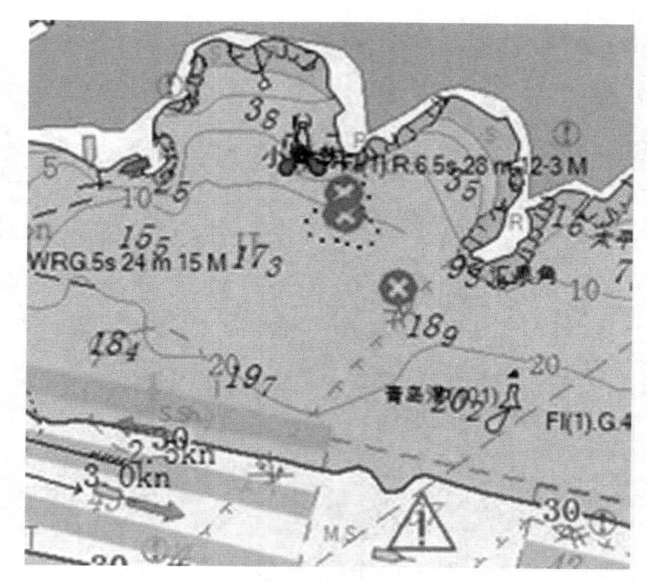

图 5.2　水深注记

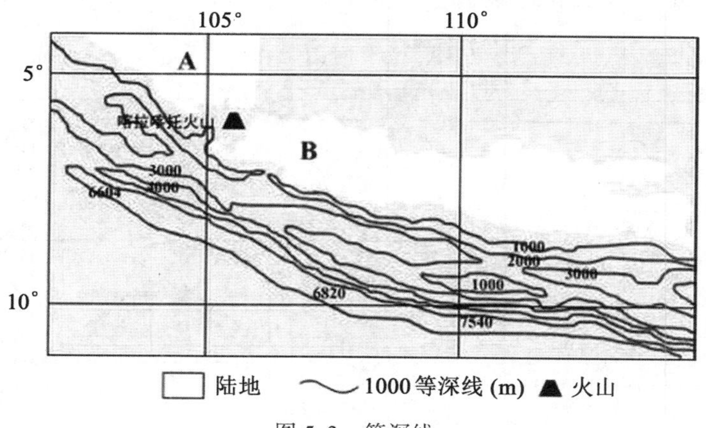

图 5.3　等深线

陆地水系包括河流、运河及沟渠，湖泊、水库及池塘，井、泉及贮水池和水系的附属物等。

（1）河流、运河及沟渠的表示。河流、运河及沟渠在地图上都是用线状符号配合注记来表示的。

① 河流的表示。地图上通常要表示河流的大小（长度及宽度），形状和水流状况。当河流较宽或地图比例尺较大时，用蓝色水涯线符号正确地描绘河流的两条岸线，其水部多用与岸线相同的色彩、网点或网线表示（图 5.6）。河流的岸线是指常水位（一年中大部分时间的平稳水位）所形成的岸线（也称水涯线），如果雨季时高水位与常水位相差很大，在大比例尺地图上还要求同时用棕色虚线表示高水位岸线。

时令河是季节性有水的河流，用蓝色虚线表示，消失河段用蓝色点线表示（图

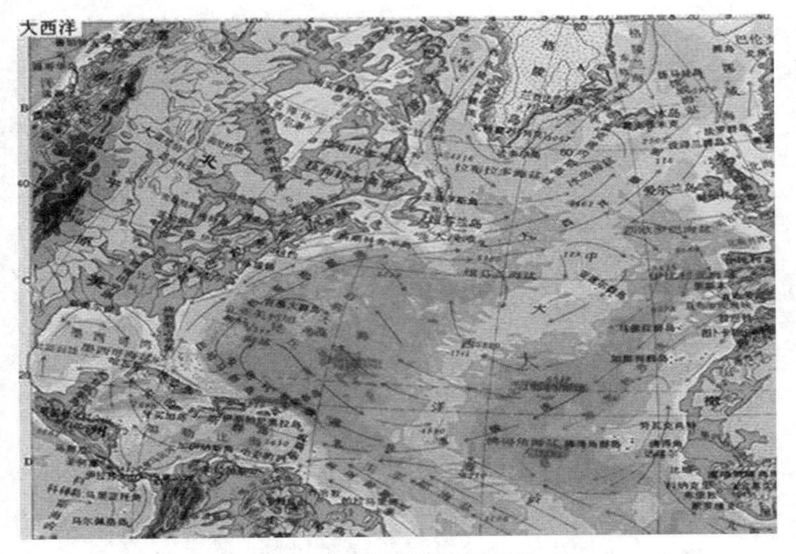

图5.4　分层设色及洋流

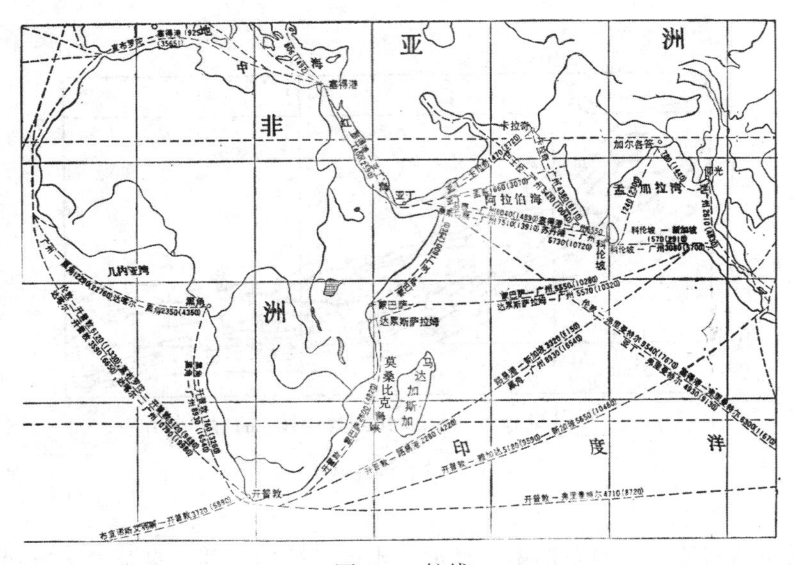

图5.5　航线

5.24)，干河床，属于一种地貌形态，用棕色虚线符号表示。

由于普通地图比例尺的关系，地图上大多数河流只能用单线来表示。用单线表示河流时，符号由细自然地过渡到粗，可以反映出河流的流向，同时还能反映河流的形状，区分主支流，但其宽度无法直接反映出来（图5.7）。

② 运河及沟渠的表示。运河及沟渠在地图上都是用平行双线（水部浅蓝）或等粗的实线表示（图5.8），并根据地图比例尺和实地宽度分级使用不同粗细的线状符号。

（2）湖泊、水库及池塘。它们都属于面状分布的水系要素。湖泊和池塘在地图上都

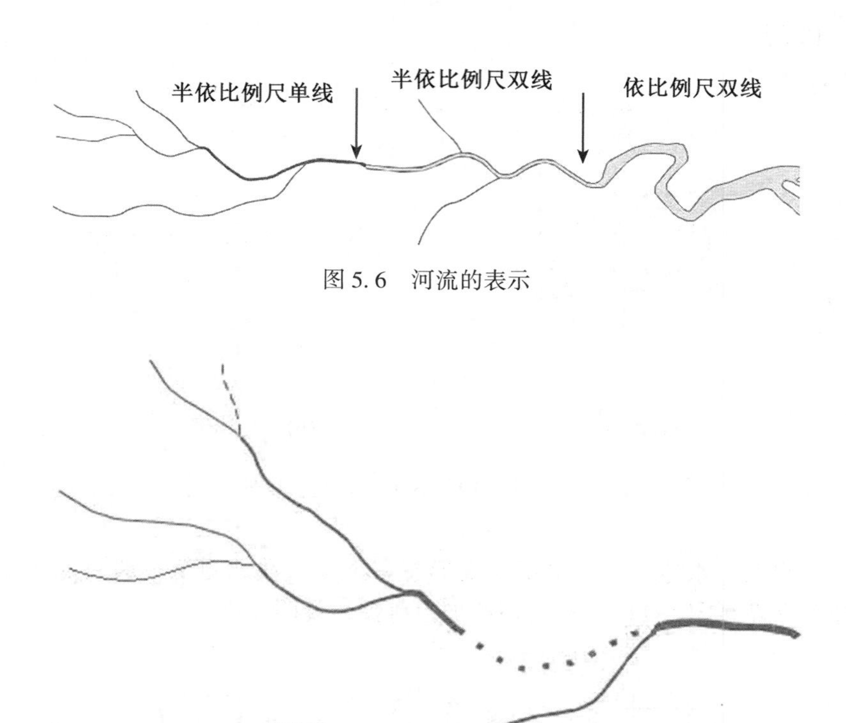

图 5.6　河流的表示

图 5.7　河流的表示

图 5.8　运河及沟渠的表示

用蓝色水涯线配合浅蓝色水部来区分陆地和水域，季节性有水的时令湖的岸线不固定，常用蓝色虚线配合浅蓝色水部来表示（图 5.9）。湖水的性质往往是借助水部的颜色来区分的，例如用浅蓝色和浅紫色分别表示淡水和咸水。

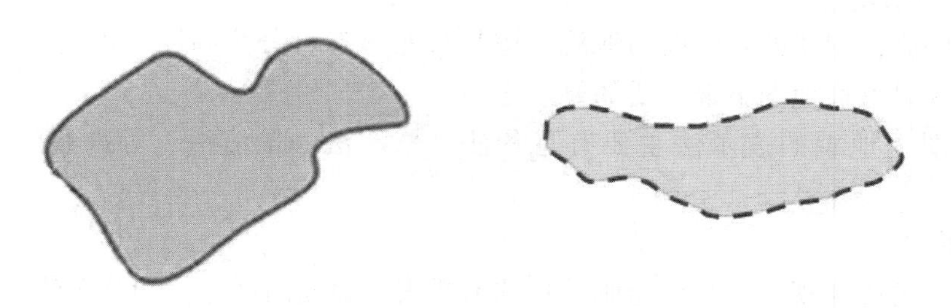

图 5.9　湖泊、池塘的表示

水库在地图上，通常是根据其库容量大小用依比例面状符号或不依比例的点状符号表示，如图5.10所示。

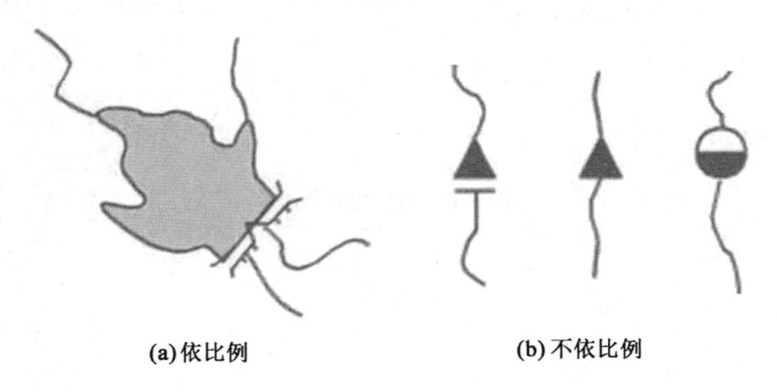

图5.10　水库的表示

(3) 井、泉及贮水池。这些水系要素形态都很小，在地图上一般只能用蓝色点状符号表示其分布位置（图5.11），有的还需加上有关的说明注记。

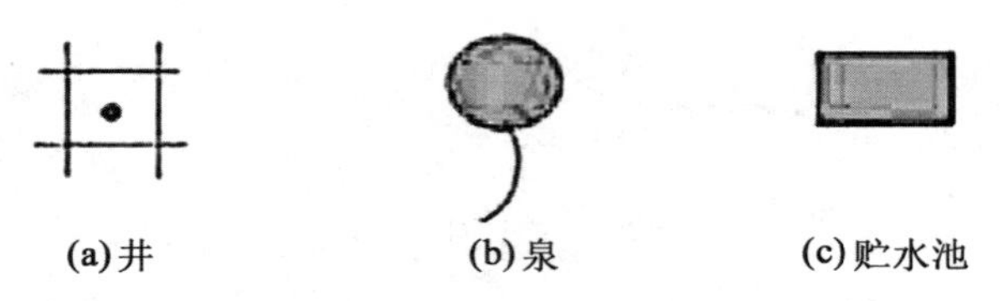

图5.11　井、泉及贮水池的表示

(4) 水系的附属物。

水系的附属物包括两类，一类是自然形成的，如瀑布、石滩等；另一类是附属建筑物，如渡口、徒涉场、跳墩、水闸、滚水坝、拦水坝、加固岸、码头、轮船停泊场、防波堤、制水坝等。

这些要素一般只在大比例尺地形图上，有的能用半依比例尺或不依比例尺的符号表示，在较小比例尺地图上多数则不表示。

2. 地貌的表示

地球表面高低起伏的状态即为地貌，按其自然形态可分为高原、山地、丘陵、平原、盆地等。地貌是普通地图上最主要的要素之一。

普通地图上地貌的表示法主要有写景法，晕滃法、晕渲法、等高线法、分层设色法等。

1) 写景法

写景法，也称透视法，是以绘画写景的形式表示地面高低起伏和分布位置的地貌表示方法。写景法有一定的立体效果，一目了然，易会易懂，便于复制，但画法具有随意性，缺乏一定的数学基础。现代地貌写景法，根据等高线素描的地貌写景图，根据等高线作密集而平行的地形剖面，然后按一定的方法叠加，获得由剖面线构成的写景图骨架，经艺术加工后制成地貌写景图（图 5.12），计算机应用于制图，为绘制立体写景图创造了有利的条件。

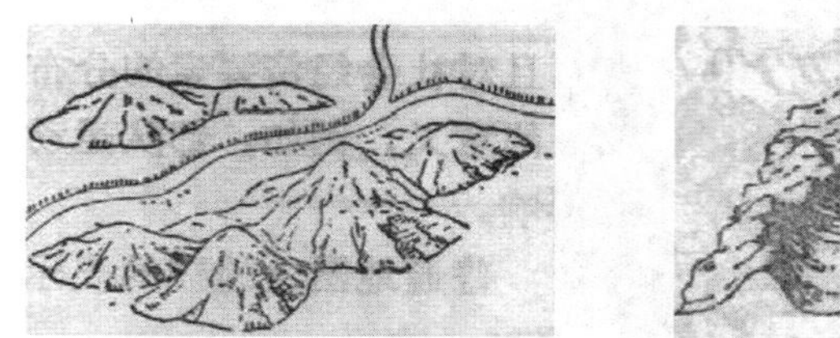

图 5.12　写景法表示地貌

2）晕滃法

晕滃法是沿地面斜坡方向布置晕线（粗细、长短不同的短线）的形式表示地面高低起伏和分布范围的地貌方法。晕滃法的设计原理：光线垂直照射时，地面与其水平面的倾角越大，则所受到的光线就越少。因此，沿着地面斜坡方向布置一系列间隔相等但粗细不同的或者粗细相等而间隔不同的短线，晕滃线的粗细与所在斜坡的坡度成正比，坡度越陡，线越粗；或者使得晕滃线的间隔与其所在斜坡的坡度成正比，坡度越陡，线的间隔越密。用这种方法描绘的晕线，不仅可以显示地貌起伏的分布范围，而且可以表现不同的地面坡度（图 5.13）。

晕滃法表示地貌优于写景法，能较好地反映山地范围。但依据晕线不能准确确定地面的高程，测量坡度，绘制工作量大，要求技术水平高，密集的晕线还掩盖地图其他内容，以及立体感不强等缺点。

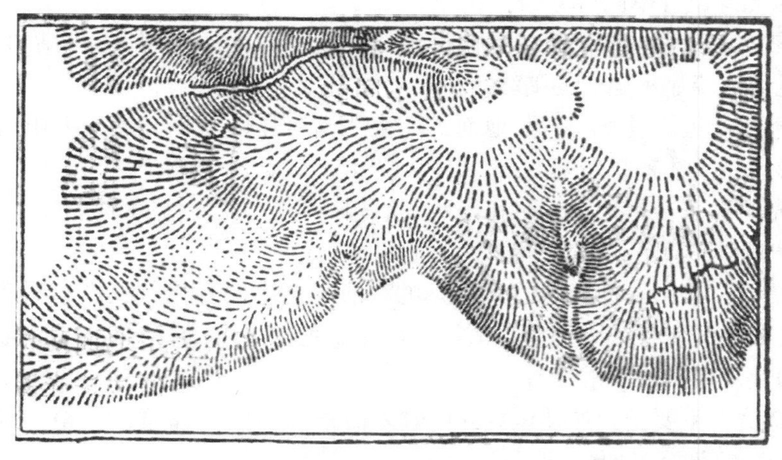

图 5.13　晕滃法表示地貌

3）晕渲法

晕渲法是根据假定光源对地面照射所产生的明暗程度，用浓淡的墨色或彩色沿斜坡渲绘其阴影，造成明暗对比，显示地貌的分布，起伏和形态特征，可获得图上地貌的起伏立体感的方法，也称阴影法或光影法（图 5.14）。

图 5.14　晕渲法表示地貌

晕渲法平分为以下几种表现形式：

（1）按照光源位置不同可分为：

① 直照晕渲：又称坡度晕渲，是假设光线垂直照射地面，地表的明暗随坡度不同而改变，用墨色的浓淡显示地形的陡缓。

② 斜照晕渲：是假设光线斜照地面，产生明暗对比的变化。地图上用这种明暗对比来表示地貌形态，立体效果较好。

③ 综合光照晕渲：是采用直照和斜照晕渲相结合的方法来显示地貌。

（2）按着色（或印色）方法和数量不同可分为：

① 单色晕渲：是用一种颜色（色相）的浓淡（亮度）变化反映光影明暗的一种晕渲法。因为墨绘效果较好，故多用墨色渲绘，而印刷色则多用棕灰、棕、青灰、绿灰、紫灰等。单色晕渲是应用最广泛的一种。

② 双色晕渲：主要指为加强地貌立体效果而采用明色（如黄色）渲染迎光面，用暗色（如青灰色）渲染背光面的晕渲。

③ 自然色晕渲：根据色谱规律与晕渲法光照规律相结合，用各种色相及它们的不同亮度表现地貌起伏的晕渲法。例如，开发的平原以绿色色调为主，高原、荒地以棕黄色调为主，山区则有棕、青、灰等色的变化，再加上明暗的区别，构成色彩丰富的画面。

用晕渲法表示地貌，生动直观、立体感强，但不能量测地面坡度，不能明显表示地面高程的分布。

4）等高线法

等高线是地面上高程相等点的连线在水平面上的投影。用等高线来表现地面起伏形态的方法，称为等高线法，又称水平曲线法（图 5.15）。

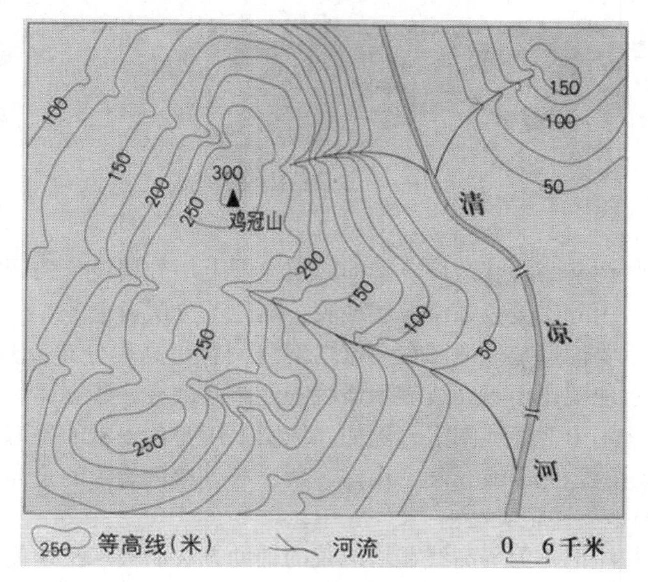

图 5.15 等高线法表示地貌

等高线具有以下基本特点：

（1）位于同一条等高线上的各点高程相等。

（2）等高线是封闭连续的曲线。

（3）等高线图形与实地保持几何相似关系。

（4）在等高距相同的情况下，等高线愈密，坡度愈陡，等高线愈稀，坡度愈缓。

等高线可以反映地面高程、山体、谷地、坡形、坡度、山脉走向等地貌基本形态及其变化，能为用图者提供可靠的地形基础。由等高线可量算地面点的高程、地表面积、地面坡度、山体的体积和陆地的面积等。但用等高线表示地貌缺乏视觉上的立体效果，且两等高线间的微地形无法表示，需用地貌符号和地貌注记予以配合和补充。

5）分层设色法

根据地面高度划分的高程层（带），逐“层”设置不同的颜色，用以表示地面高低起伏和分布范围的方法，称为地貌分层设色法，如图 5.16 所示。其相应的图例称为地貌色层表，它表明各个色层的地貌高程范围。用图者可以从色层的变化了解地面高低起伏的变化，并判定大的地貌类型的分布。

分层设色地图一般有以下两种形式：

（1）全图分层设色：在全图区内，从深海到高山，从主区到邻区，均用分层设色法表示地貌，不使图面存有“空白”。大多数分层设色图采用这种形式。这样，图面完整、地貌起伏清楚。

（2）局部分层设色：只在图上某些地区采用分层设色，其余地方不用。其目的是用

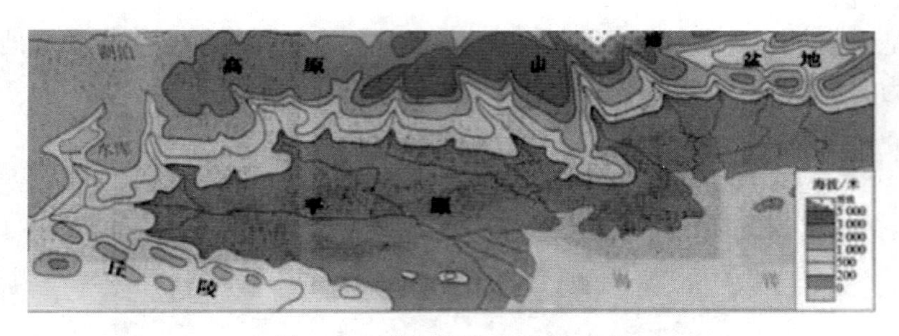

图 5.16　分层设色法表示地貌

分层设色法突出和强调某些特殊区域。例如，航空图上用分层设色强调陆地，海洋不分层设色；海底地貌图上用分层设色强调海底地貌，陆地不分层设色等。

分层设色法的主要优点是使地图在一览之下立刻获得高程分布及其相互对比的印象，其次是分层设色表示地貌比用等高线表示地貌的地图略微有一些立体感。因此，分层设色法表示地貌被广泛运用于普通地图上。例如，地图上用蓝色表示的是海洋，用绿色表示的是平原，用黄色表示的是低山或丘陵，用棕、紫、灰、白色表示的是高山、极高山等。

6）地貌符号与地貌注记

地貌符号和地貌注记作为等高线显示地貌的辅助方法而被广泛地使用于普通地图上。

（1）地貌符号。地表是一个连续而完整的表面。等高线法是一种不连续的分级法，用等高线表示地貌时仍有许多微小地貌无法表示或受地图比例尺的限制，需用地貌符号予以补充表示。这些微小地貌形态可归纳为独立微地貌、激变地貌和区域微地貌等（图 5.17）。

① 独立微地貌：指微小且独立分布的地貌形态，包括坑穴、土堆、溶斗、独立峰、隘口、火山口、山洞等。

② 激变地貌：指较小范围内产生急剧变化的地貌形态，包括冲沟、陡崖、冰陡崖、陡石山、崩崖、滑坡等。

③ 区域微地貌：指实地上高度甚小但成片分布的地貌形态，如小草丘、残丘地等；或仅表明地面性质和状况的地貌形态，如沙地、石块地、龟裂地等。

（2）地貌注记。可分为高程注记、说明注记和名称注记。

① 高程注记：包括高程点注记和等高线高程注记。高程点注记是用来表示等高线不能显示的山头、凹地等，以加强等高线的量读性能。等高线高程注记则是为了迅速判明等高线的高程。

② 说明注记：用以说明要素的比高、宽度、性质等，按图式规定与符号配合使用。

③ 名称注记：包括山峰、山脉注记等。山峰名称多与高程注记配合注出。山脉名称沿山脊中心线注出，过长的山脉应重复注出其名称。在不表示地貌的图上，可借用名称注记大致表明山脉的伸展、山体的位置等。

3. 土质、植被的表示

土质是泛指地表覆盖层的表面性质，植被则是指地表植物覆盖的简称。

土质、植被在普通地图上作用不大，随着地图比例尺的缩小，其作用也越来越小，因

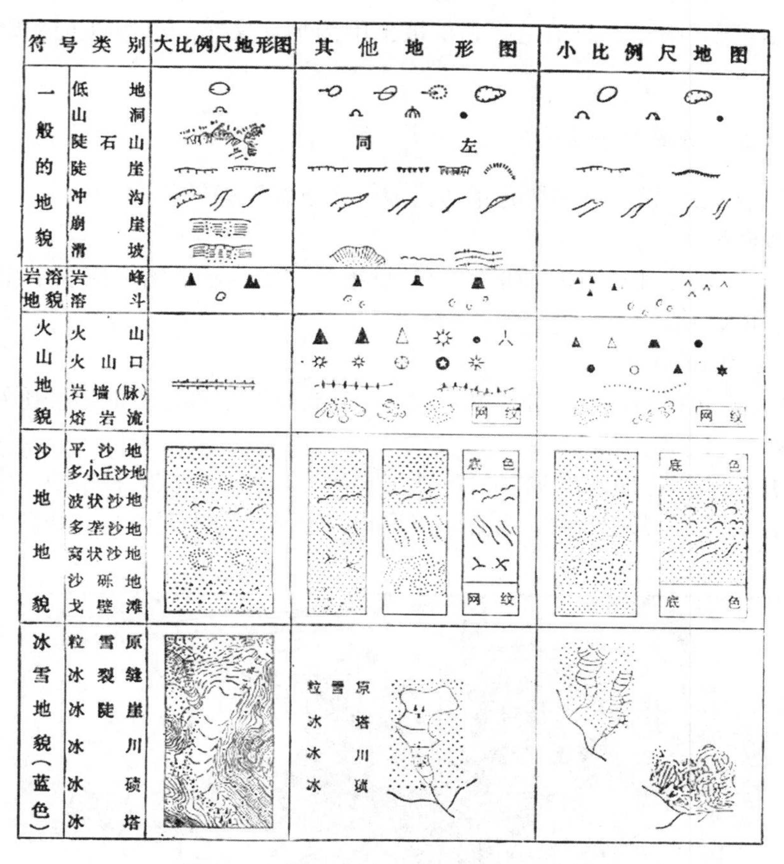

图 5.17 普通地图上常用地貌符号示例

此，在普通地图上表示也逐渐简化，只能用规定的符号表示大面积的沙漠、沼泽、森林等。

土质和植被均是一种面状分布的覆盖地理要素。普通地图上常用地类界、说明符号、底色和说明注记相配合来表示（图 5.18）。

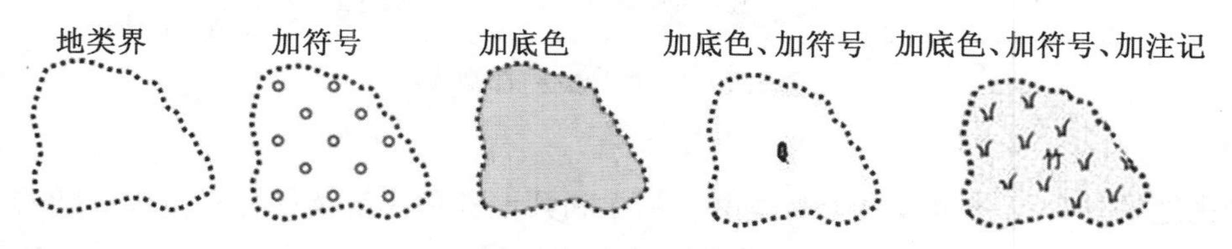

图 5.18 土质植被的表示

（1）地类界，指不同类别的地面覆盖地理要素的界线，图上用点线符号绘出其分布范围。

（2）说明符号，指在土质、植被分布范围内用符号说明其种类和性质。

（3）底色，指在土质、植被的分布范围内套印色彩（网点、网线或平色）。

（4）说明注记，指在大面积土质和植被范围内加注文字和数字注记，以说明其质量和数量特征。

5.1.3　社会经济要素的表示

普通地图上社会经济要素主要包括居民地、交通网和境界等。

1. 居民地的表示

居民地是人类居住和进行各种活动的中心场所。在普通地图上应表示出居民地的形状、行政等级和人口数等。

1）居民地形状的表示

居民地的形状包括内部结构和外部轮廓，在普通地图上都尽可能地按比例尺描绘出居民地的真实形状。

居民地的内部结构，主要依靠街道网图形、街区形状、水域、种植地、绿化地、空旷地等配合显示。其中，街道网图形是显示居民地内部结构的主要内容，如图 5.19 所示。

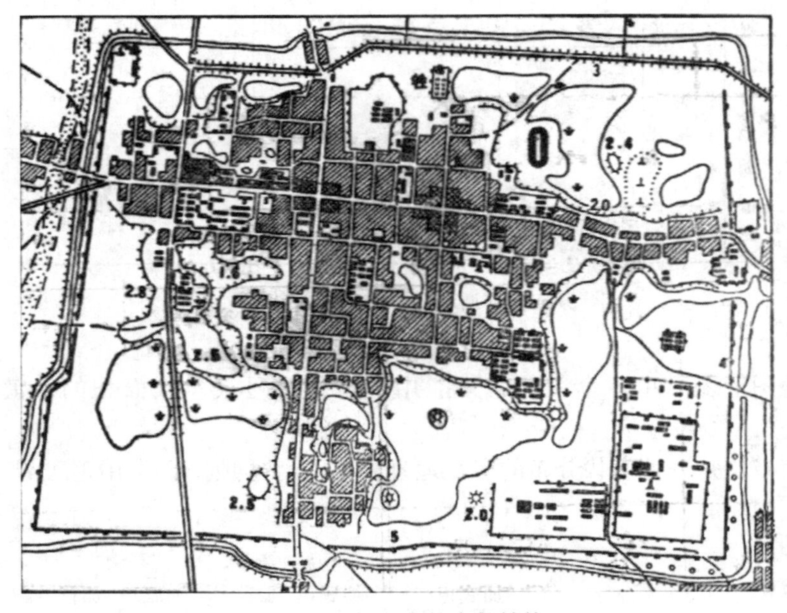

图 5.19　居民地的内部结构

居民地的外部形状也取决于街道网、街区和其他各种建筑物的分布范围。随着地图比例尺的缩小，有些较大的居民地（特别是城市式居民地）往往还可用很概括的外围轮廓来表示其形状，而许多中小居民地就只能用圈形符号来表示了，如图 5.20 所示。

2）居民地行政等级的表示

居民地的行政等级是国家规定的“法定”标志，表示居民地驻有相应的一级行政机构。

我国居民地的行政等级分为：

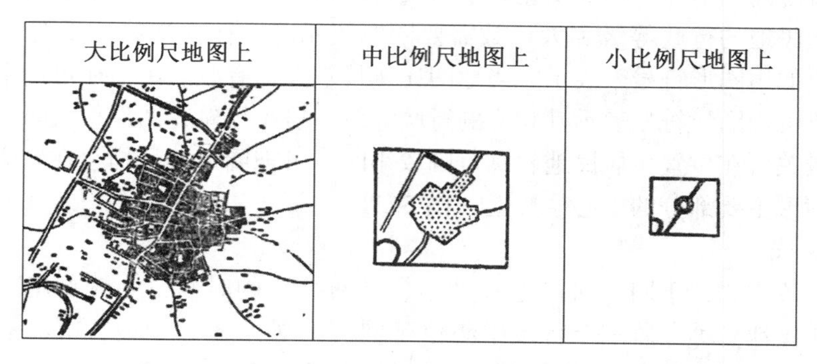

图 5.20 居民地外部形状的表示

①首都；
②省、自治区、直辖市人民政府所在地；
③地区、自治州、省辖市、盟人民政府所在地；
④县（市）、自治县、旗、自治旗、市辖区、特区、林区人民政府所在地；
⑤区、乡、镇人民政府所在地；
⑥社区、村民委员会所在地。

我国编制地图时，对于外国领土范围，通常只区分出首都和一级行政中心。

地图上表示居民地行政等级的方法有地名注记的字体和字大；居民地圈形符号的图形和尺寸的变化；地名注记下方加绘“辅助线”等。

（1）字体和字大。

用注记的字体区分居民地的行政等级，从高级到低级，采用粗等线—中等线—细等线。

用注记字的大小及亮度变化区分居民地的行政等级，等级高的居民地注记的字大、颜色深，等级低的居民地注记的字小、颜色浅（图 5.21）。

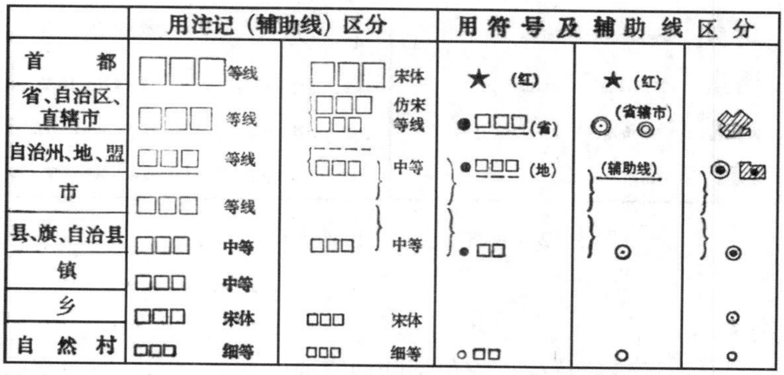

	用注记（辅助线）区分		用符号及辅助线区分		
首　都	□□□ 等线	□□□ 宋体	★（红）	★（红）	
省、自治区、直辖市	□□□ 等线	□□□ □□□ 仿宋等线	●□□□（省）	◎（省辖市）◎	
自治州、地、盟	□□□ 等线	□□□ 中等	●□□□（地）	（辅助线）	◉
市	□□□ 等线				
县、旗、自治县	□□□ 中等	□□□ 中等	●□□	⊙	◉
镇	□□□ 中等				
乡	□□□ 宋体	□□□ 宋体			⊙
自　然　村	□□□ 细等	□□□ 细等	○□□	○	○

图 5.21 地图上表示居民地行政等级的方法

（2）圈形符号。

用圈形符号的图形和大小的变化表示居民地的行政等级，适用于不需要表示人口数的地图上。当居民地的行政等级和人口数需要同时表示时，往往把第一重要的用注记来区分，第二重要的用圈形符号来表示。当地图比例尺较大，有些居民地还可用平面轮廓图形来表示时，仍可用圈形符号表示其相应的行政等级。居民地轮廓图形很大时，可将圈形符号绘于行政机关所在位置，居民地轮廓范围较小时，可把圈形符号描绘在轮廓图形的中心位置或轮廓图形主要部分的中心位置上（图5.21）。

（3）辅助线。

当两个行政中心位于同一居民地（如地、县两级）的时候，一般是用不同字体注出两个等级的居民地名称。若三个行政中心位于同一个居民地（如地、市、县三级同在一个地方的时候），除了采用注记字体及字大区分外，还要采用加辅助线的方法，即在地图上除注出“市”和“县”两个等级居民地的名称注记外，还需在“市”及注记的下面加辅助线，表示它同时还是地区政府所在地（图5.21）。

辅助线有两种形式：利用粗、细、实、虚的变化区分行政等级；在地名下加绘同级境界符号。

3）居民地人口数的表示

地图上表示居民地的人口数（绝对值或间隔分级指标），能够反映居民地的规模大小及经济发展状况。

居民地的人口数量通常是通过注记字体、字大或圈形符号的变化来表示的。在小比例尺地图上，绝大多数居民地都用圈形符号来表示，这时人口分级多以圈形符号图形和大小变化来表示，并同时配合字大来区分（图5.22）。

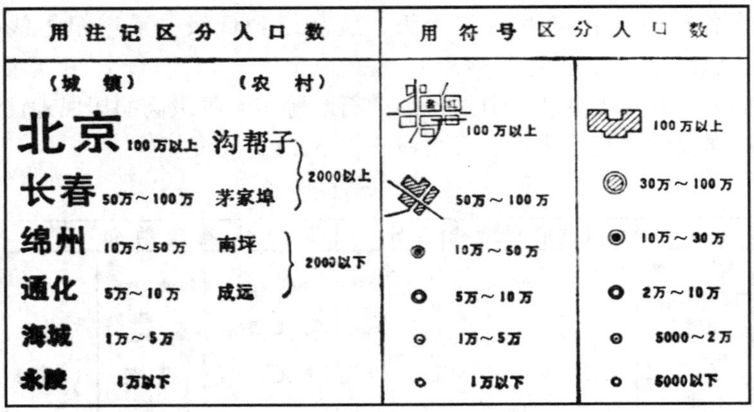

用注记区分人口数				用符号区分人口数	
（城镇）		（农村）			
北京	100万以上	沟帮子	2000以上	100万以上	100万以上
长春	50万～100万	茅家埠	2000以上	50万～100万	30万～100万
绵州	10万～50万	南坪	2000以下	10万～50万	10万～30万
通化	5万～10万	成远	2000以下	5万～10万	2万～10万
海城	1万～5万			1万～5万	5000～2万
永陵	1万以下			1万以下	5000以下

图5.22　地图上表示居民地人口数的方法

2. 交通网的表示

交通网是各种交通运输的总称。它包括陆地交通、水路交通、空中交通和管线运输等几类。在地图上应正确表示交通网的类型和等级、位置和形状，通行程度和运输能力以及与其他要素的关系等。

1）陆地交通的表示

普通地图上应表示铁路、公路和其他道路三类。

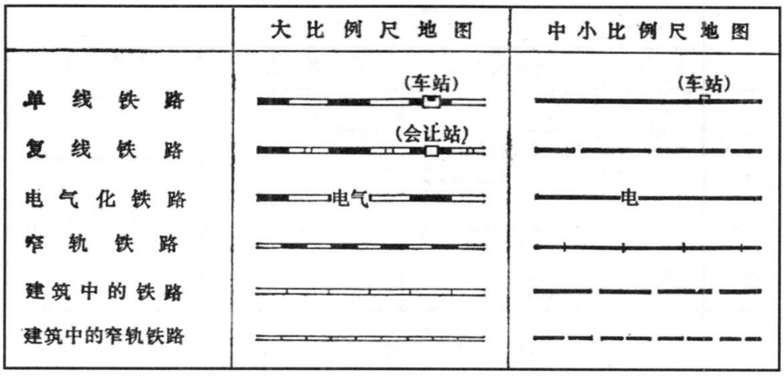

	大比例尺地图	中小比例尺地图
单线铁路	(车站)	(车站)
复线铁路	(会让站)	
电气化铁路	电气	电
窄轨铁路		
建筑中的铁路		
建筑中的窄轨铁路		

图 5. 23　地图上表示铁路的符号

(1) 铁路的表示。

在大比例尺普通地图上，应区分单线和复线铁路；普通铁路和窄轨铁路；普通牵引铁路和电气化铁路；现用铁路和建筑中铁路等。而在小比例尺地图上，铁路则只区分为主要（干线）铁路和次要（支线）铁路两类。

大比例尺普通地图上，铁路皆用黑白相间的“花线”符号来表示；中小比例尺普通地图上，铁路多采用黑色实线来表示（图 5. 23）。

(2) 公路的表示。

在普通地图上，公路用双线符号表示，再配合符号宽窄、线号的粗细、色彩的变化和说明注记等反映公路的其他各项技术指标（图 5. 24）。

	大比例尺地图	中比例尺地图	小比例尺地图
高速公路			主要公路 金红色
普通公路	砾6(8) (套棕色)	砾6(8)	
简易公路			次要公路 金红色
建筑中的公路	(套棕色)		
建筑中的简易公路			

图 5. 24　公路的表示

在大比例尺地形图上，还需详细表示涵洞、路堤、路堑、隧道等多种道路的附属设施。

在小比例尺普通地图上，公路等级相应减少，符号也随之简化，一般多以实线描绘。

(3) 其他道路的表示。

其他道路是指公路以下的低级道路。

其他道路在普通地图上根据其主次分别用实线、虚线、点线并配合线号的粗细来表示(图 5.25)。

	大比例尺地图	中比例尺地图	小比例尺地图
大车路	————————	————————	大路 ————
乡村路	—— —— —— ——	—— —— —— ——	
小路	- - - - - - - - -	- - - - - - - -	小路 - - - - - - -
时令路 无定路	.... （7～9）		

图 5.25　其他道路的表示

在小比例尺普通地图上，公路以下的其他道路，通常表示得更为概略，例如，只分为大路和小路。

2）水路交通的表示。

水路交通主要区分为内河航线和海洋航线两种。

(1) 内河航线的表示。

普通地图上常用短线（有的带箭头）表示河流通航的起讫点等（图 5.26)。在小比例尺普通地图上，有时还标明定期和不定期通航河段，以区分河流航线的性质。

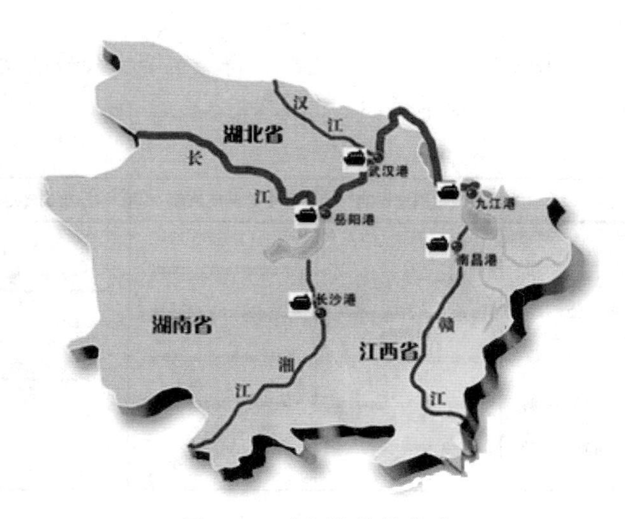

图 5.26　内河航线的表示

(2) 海洋航线的表示。

一般在小比例尺图上才表示海洋航线。海洋航线常由港口和航线两种标志组成。

港口只用符号表示其所在地，有时还根据货物的吞吐量区分其等级。

航线多用蓝色虚线表示（图 5.27)，常区分为近海航线和远洋航线。近海航线沿大陆边缘用弧线绘出，远洋航线常按两港口间的大圆航线方向绘出，但注意绕过岛礁的危险区。相邻图幅的同一航线方向要一致，要注出航线起讫点的名称和距离。当几条航线相距很近时，可合并绘出，但需加注不同起讫点的名称。

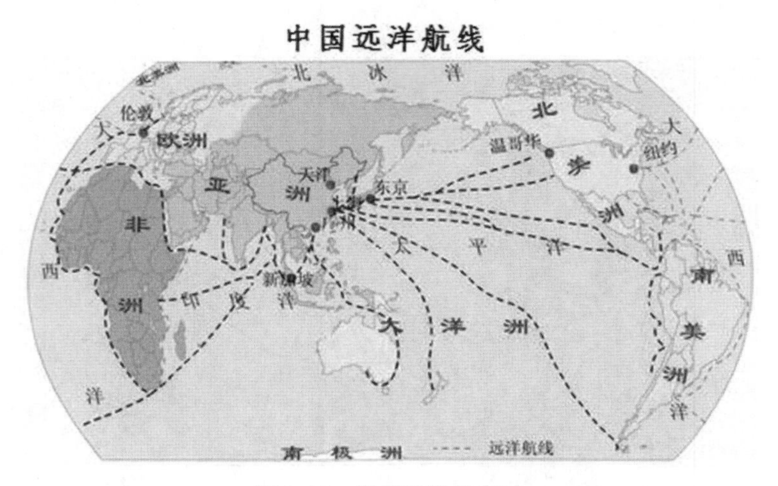

图 5.27　海洋航线的表示

3）空中交通的表示

在普通地图上，空中交通是由图上表示的航空站体现出来的，一般不表示航空线。

4）管线运输的表示

管线运输主要包括运输管道和高压输电线两种。它是交通运输的另一种形式。

（1）管道运输的表示

管道运输有地面和地下两种。普通地图只表示地面上的运输管道。一般用线状符号加说明注记来表示（图 5.28）。

（2）高压输电线的表示。

大比例尺普通地图上高压输电线是作为专门的电力运输标志，用线状符号加电压等说明注记来表示的。另外，作为交通网内容的通信线，亦是用线状符号来表示的，并同时表示出有方位意义的线杆。

中小比例尺普通地图上，一般不表示高压输电线。

3. 境界的表示

普通地图上，境界区分为政区境界和其他境界。

政区境界包括国界（已定、未定），省、自治区、中央直辖市界，自治州、盟、省辖市界，县、自治县、旗界等。

其他境界包括地区界、停火线界、禁区界等。

普通地图上，境界是用不同结构、不同粗细与不同颜色的点线符号来表示的（图 5.29）。

主要境界线还可以加色带强调表示。色带的颜色和宽度根据地图内容、用途、幅面和区域大小来决定。色带有绘于区域外部、区域内部和跨境界三种符号形式（图 5.30）。在海部范围色带亦配合境界符号绘出。

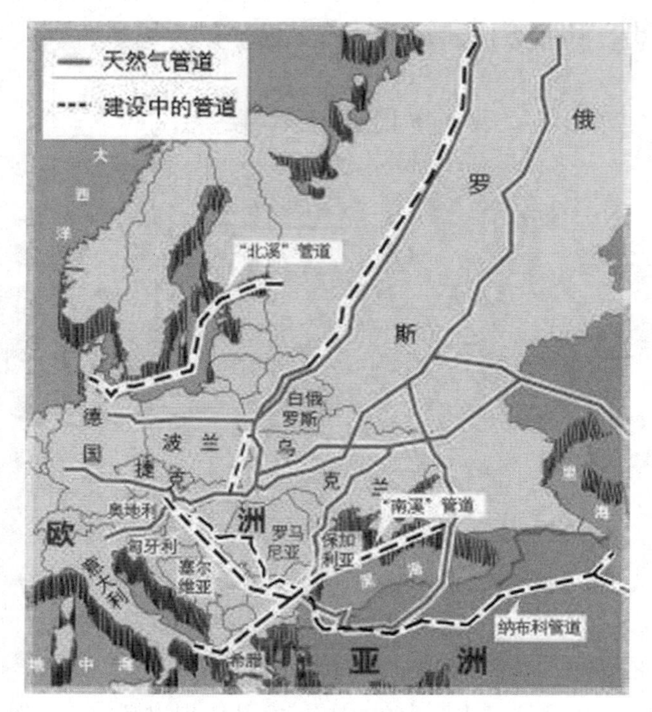

图 5.28　地面管道运输的表示

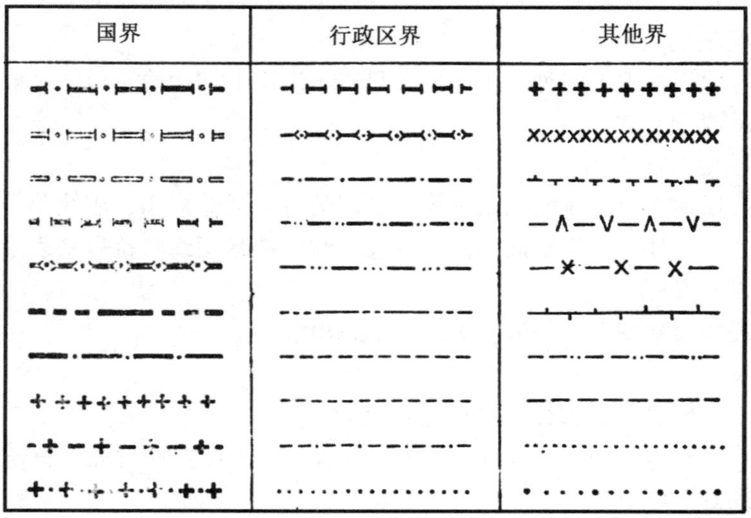

国界	行政区界	其他界

图 5.29　境界符号

在图上应十分重视境界描绘的正确，以免引起各种领属的纠纷。尤其是国界线的描绘，更应慎重、精确，要按有关规定并经过有关部门的审批，才能出版发行。

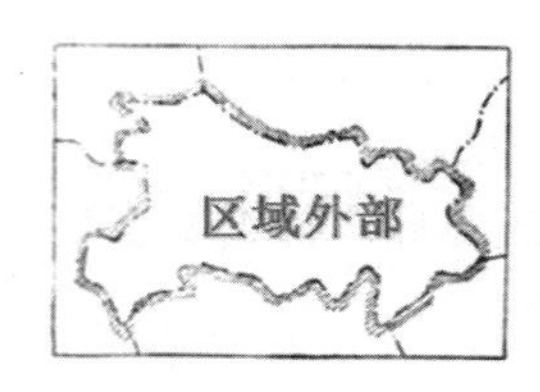

图 5.30 色带的表示方法

5.2 专题地图的表示

专题地图是在地理底图上，采用专门的符号系统和独特的表示方法，突出地表示一种或几种自然或社会经济要素，而使地图内容专题化的地图。专题地图的制图领域宽广，凡具有空间属性的信息数据都可用专题地图来表示。专题地图内容、形式多种多样，广泛用于科研研究、国民经济建设和国防建设等领域，并可以满足各种专门用途的要求。

5.2.1 专题地图的基本特征

专题地图除具有地图的一般特性和作用外，与普通地图相比，还具有其特征。

1. 地图内容主题化

普通地图强调表达地理要素的一般特征，而专题地图强调表达主题要素的重要特征，且尽可能完善、详细。

专题地图的图面分层表示，专题内容通过制图者设计的符号的图形、颜色、尺寸等的变化，突出地表示在第一层平面上，而地理基础底图要素则以较浅淡的颜色作为一种背景退居在第二层平面。

2. 主题要素广泛化

专题地图突出表达了普通地图中的一种或几种要素，有些专题地图所表示的主题内容是普通地图中所没有的要素，某些要素是地面上看不到的或存在于空间而无法直接量测的，或者是不可重现的历史事件。因而，专题地图的内容十分广泛，主题多样，图种众多，凡能用地图形式表达的地理要素，都可以作为专题地图的内容。

3. 地图功能多元化

专题地图不仅能像普通地图那样表示地理要素的状态、空间分布规律及其相互关系，而且还能反映地理要素的发展变化和动态规律，有助于对地理要素进行预测、预报，动态地图（人口变化），预测地图（天气预报）等。

4. 表达形式多样化

专题地图制图内容的广泛，除了个别的专题地图外，大体上没有规定的符号系统，地图符号可由制图者自己设计创新，表示形式多种多样、丰富多彩。

5. 表示内容前瞻化

专题地图与各学科的联系十分密切，取材广泛，编图资料很多都来自于有关学科的研究成果、论文报告、统计数据、文献记载、勘测资料、遥感图像等，能反映学科前沿信息及成果。

5.2.2　专题地图的类型

专题地图发展迅速，涉及范围广泛，内容丰富，形式多样，种类繁多，可以按照不同的分类标志区分类型。

1. 按地图内容的专门性质区分类型

按地图内容的专门性质可分为自然地图、社会经济地图、环境地图和其他专题地图。每一类地图依所表示的内容不同，又分为若干图种。

1）自然地图

以自然要素为主题内容，表示某种自然要素的特征，地理分布及其相互关系的专题地图地图，具体又可分为下列几种类型：

（1）地质图，是表示地壳表层的地质组成和构造特征的地图。按表示内容不同，可分为地层图、岩石分布图、构造地质图、矿产图、水文地质图等。

（2）地球物理图，是表示各种地球物理现象的地图，常见的有地震图、重力图、地磁图等。

（3）地势图，是主要表示地势起伏、水系的分布和结构特征的地图。

（4）地貌图，是反映各种地貌的外部形态特征、成因、年代、发育过程和程度以及相互关系的地图。

（5）气象-气候图，是反映大气层中各种物理现象的分布、结构、成分、密度、发展及其相互关系，并揭示它的性质的地图，其内容包括各种气象、气候要素，如太阳辐射、地面辐射、气温、降水、云量、日照、积雪等。

（6）水文图，是反映水文要素的特征及与其他自然地理现象关系的地图。按地域可分为陆地水文图（如降水量图、等径流线图等）和海洋水文图（海洋水温图、洋流与潮汐图等）。

（7）土壤图，是反映各种土壤分布、形成、利用与改造的地图，如土壤类型图、土壤改良图等。

（8）植被图，是反映各种植被分布特征及生态、用途、变迁的地图。

（9）动物地理图，是反映动物的分布、生态、迁移、动物区系形成和发展的地图，如某种动物的分布、鱼类回游路线、候鸟冬夏迁移等。

（10）综合自然地理图，是显示制图区域内务种地理要素综合发展的规律、相互联系和制约关系的地图，用以对制图区域进行综合分析和研究。

2）社会经济地图

社会经济地图是反映各种社会经济现象或事物的特征、地理分布和相互联系的地图。具体又可分为下列几种类型：

（1）政治行政区划图，是主要反映国家或地区的领域范围、或行政区划的状况等的地图，有世界政区地图、大洲政区地图、国家政区地图和国内各级行政单独的政区地图。

（2）人口地图，是主要反映人口的分布、密度、组成、迁移、人口的自然变动、宗教信仰、民族分布等内容的地图。

（3）城市地图，是反映城市状况和发展规划的地图，主要表示城市的政治、经济、文化，行政管理、交通、建筑、环境保护、医疗、旅游、城郊土地利用和发展规划等内容。

(4) 历史地图，是反映某一历史时期的政治、军事、文化、经济、自然状况等及其联系的地图，如反映历史时期的部落、国家的疆域、政治形势、国内外战争、民族迁徙、自然环境的变化、经济和文化发展等内容的地图。

(5) 文化建设地图，是反映制图区域内文化建设事业的发展情况，科学文教、卫生保健普及工作的进展和人民的文化水平的地图。

(6) 经济地图，是反映制图区域内一定时期的经济现象的地图。它表示出经济活动的特点，生产条件、规模、发展及其联系。按内容可分为经济全图和部门经济图。例如，综合经济图、动力资源与矿产分布图和农牧渔业部门图等。

3) 环境地图

环境地图主要反映环境的污染、自然灾害、自然生物保护与更新、疾病与医疗地理方面的内容。具体又可分为下列几种类型：

(1) 环境污染与环境保护地图，是反映人类生活的环境要素受污染的程度、污染源的分布、环境质量的评价、环境的预测、环境保护与治理规划等内容的地图。

(2) 自然灾害地图，是主要反映造成一定范围内生产和生命财产较大损失的自然灾害的分布、危害程度和防治措施的地图，如地震及破坏程度分布图，洪水淹没范围图、冰雹分布图、病虫害分布图等。

(3) 自然保护与更新地图，是主要反映自然资源分布、评价、合理开发利用，保护、更新、规划和区域综合评价的地图。

(4) 疾病与医疗地图，是反映疾病的发生、传播、预防、治疗与环境及其变化关系的地图。

4) 其他专题地图

主要有航海图、航空图、宇航图、旅游图、教学图等。

(1) 航海图，是用于海洋航行时的定位、定向、保证航行安全的海洋图。着重表示海区与航海有关的要素，包括海岸、干出滩、水深、海底地形、港区建筑物、助航设备和海洋水文等。

(2) 航空图，是供航空使用的各种地图的统称。着重表示与航空有关的地理要素，航空要素（如飞机场、导航台、磁差线、空中特区等），供计划航线、确定飞行的位置、距离、方向、高度和寻找地面目标之用。依用途和导航方法不同，又有许多种类。

(3) 宇航图，是反映宇宙航空（如卫星）轨道设计、航行控制、预测预报及记录等的地图。根据卫星的运行特点及卫星照片的分辨率等因素，要求地图的比例尺小、精度高，符号设计要利于定点、定线、定向。

(4) 旅游地图，是反映与旅游有关的内容（如交通、住宿、饮食条件、文化名胜古迹、风景区、娱乐场所等）的地图。一般配有照片、文字说明、扩大图等。旅游地图直观易读，形式活泼，色彩美观。

(5) 教学地图，是结合教学内容编制的、供学校教学用的地图。教学地图内容简明，重点突出，色调清新，线划与符号醒目，比例尺一般较小。

除上述类型外，专题地图还可按其内容在图上表示的繁简程度和结构形式、用途和比例尺等分类。专题地图和普通地图一样，也有桌上用图与挂图，单张的专题地图、成套的系列专题地图和专题地图集等。

2. 按地图内容的概括程度区分类型

按地图内容的概括程度可分为单一型图、组合型图、综合型图。

1）单一型图

单一型图仅表示某种地理要素的单一指标，即质量特征或数量特征，对地理要素概括少，图面结构简单明了，从图上可获得简单明确资料。如水稻分布图、植被图、土地利用图、等压线图等。

2）组合型图

组合型图又称合成型图，是将主题内容中相互有联系的多种指标进行分析、组合和概括，即对地理要素的质量、数量特征加以合成，以反映总体特征，图上没有具体资料，而是总体的概念。如土地评价图就是分析、组合、概括土壤质量、有机质含量、地表起伏、盐渍化、风蚀程度、地表积水状况、土壤水分状况等指标后编制而成的地图。

3）综合型图

综合型图又称复合型图，是在同一幅地图上表示两种以上地理要素的分布、数量和质量的地图。综合型图又分结构图和综合图。

（1）结构图，是用结构符号表示若干部门构成的某种地理要素的分析图，如工业结构图、农作物结构图等。

（2）综合图，是把多种地理要素分别独立地同时表示在一幅图上，如用质底法表示农业分区、用定点符号法表示工业分布、用线状符号法表示交通运输的综合经济地图。

4）综合性分析型图

综合性分析型图是将某种地理要素中的有关要素分别按规定的底色、符号和晕线进行叠加，组成新的图斑，既可按新图斑说明一个有内在联系，相互制约的综合性问题，又可根据底色、符号和晕线，逐项分析，说明各个单要素的有关问题。如土地要素组合图。

3. 按地图内容传输的信息特征区分类型

按地图内容传输的信息特征可分为类型图、分布图、区划图、统计图和综合图。

1）类型图

类型图以表示性质、类别为主，如植被类型图、土地类型图等。

2）分布图

分布图以表示分布位置为主，如棉花分布图、矿产分布图等。

3）区划图

区划图是表示按综合指标而划分的区域，如自然区划图、农业区划图等。

4）统计图

统计图是按照统计资料表示数量差异的地图，如某种作物平均亩产量图、煤炭贮量图等。

5）综合图

综合图是在同一幅图上采用符号法运用多层平面表示若干种不同地理要素的地图，如综合经济图。

此外，还可按照地图的用途、地图比例尺的标志区分类型。

5.2.3 专题地图的内容

专题地图表示的内容十分广泛而繁多。大致分为地理底图、专题内容两大部分。

1. 地理底图

地理地图包含普通地图的内容，用以指示制图区域专题内容的地理位置及其与地理环境的关系，它是专题地图的地理基础，一般以地形图、普通地图或影像地图作为基本资料，经概括后构成地理底图。

2. 专题内容

专题内容是专题地图表示的主题，地理地图上没有的内容。

专题内容就是空间分布的各种自然和社会经济要素，过去的、将来的、空中的、地下的、静态的、动态的、发展的、有形的、无形的、可见的、不可见的、可量测的、不可量测的，等等，都是专题地图可以表示的内容。

5.2.4 专题要素的表示

在自然界和人类社会中，凡具有空间分布的各种地理要素都可以用专题地图表示。尽管专题内容种类繁多、变化复杂，但从地理要素的空间和时间分布来看，可以归纳为点状分布、线状分布、面状分布和动态移动四大类。

1. 点状分布地理要素的表示

定点符号法表示呈点状分布的地理要素。

将不同形状、大小、颜色和结构的符号配置在地理要素的中心位置上，它既可以表示地理要素的质量差别，又能反映数量差别，利用结构符号和增量符号还可以表示地理要素的内部组成和发展动态，这种表示呈点状分布地理要素的方法，称为定点符号法，简称符号法。如居民地、气象站、机场、工矿企业、学校、名胜古迹等都用定点符号法表示。

（1）符号的形状和颜色表示地理要素的质量特征；

（2）符号的尺寸表示地理要素的数量特征；

（3）符号的结构表示地理要素的内部组成；

（4）符号的扩展表示地理要素的动态变化。

2. 线状分布地理要素的表示

线状符号法表示呈线状分布的地理要素。

用线状符号表示在地面上呈线状或带状分布的地理要素的质量特征和数量特征的方法称为线状符号法。如交通线、河流、境界线、海岸线、地质构造线、运输线等都用线状符号法表示。

1）表示

（1）线状符号的形状和颜色表示地理要素的质量特征。

线状符号有平行双线、单线、实线、虚线、点线，具有对称性和单向性，有由细逐渐变粗的线画等多种形式。用不同的线型表示不同类别的线状地理要素，如平行双线表示高速公路、虚线表示界线、渐变线表示河流等。用不同色相表示线状地理要素质量差别，如河流用蓝色、铁路用黑色、公路用红色等。但有时也用色调的变化来表示等级差异，例如用深蓝色表示主要河流，用浅蓝色表示次要河流等。

（2）线状符号的尺寸表示地理要素的等级差别或数量特征。

线状符号尺寸主要是线宽。通常用线状符号的粗细表示地理要素的等级差异，例如境界线，国界线状符号比省界线状符号粗，省界线状符号又比县界线状符号粗。用线状符号的宽度表示地理要素的数量特征，例如运输线，运量大的线状符号就宽，运量小的线状符号就窄等。

2）定位

确定表示呈线状或带状地理要素分布状态的线状符号在地图上的位置，为线状符号的定位。线状符号在表示地理要素的位置时有以下三种情况：

（1）严格定位，线状符号表示在地理要素的中心线上，即表示地理要素的实际位置上，如铁路、公路、海岸线、河流、境界线等。

（2）一侧定位，线状符号的一侧表示地理要素的实际位置，另一侧向外扩展形成一定宽度的色带，如加色带或晕线的境界线、海岸类型等。

（3）不严格定位，线状符号的起点和终点所连的直线，如空中航线、海上航线，只表示通航地点，而不表示航行路线的位置。

3. 面状分布地理要素的表示

面状分布的地理要素很多，其分布状况也并不一样，有连续分布的，如气温、土壤、地貌等；有不连续分布的，如森林、油田、农作物等。它们所具有的特征也不尽相同，有的是性质上的差别，如不同类型的土壤；有的是数量上的差异，如气温的高低等。因此，表示面状分布的地理要素的方法也不相同。

1）布满整个制图区域的地理要素的表示

连续而布满整个制图区域的地理要素的表示方法有三种：质底法、等值线法和定位图表法。质底法偏重于表示地理要素的质量特征，而等值线法和定位图表法则偏重于表示地理要素的数量特征。

（1）质底法，又称质量底色法、区划法。用不同的底色或花纹区分全制图区域内各种地理要素的质量差别。图面被各类面状符号所布满。

采用质底法表示布满整个制图区域的地理要素时，首先要按地理要素的不同性质将整个制图区域进行分类或分区（分类不能重叠，各类是彼此毗连的），制成图例，再在图上绘出各类现象的分布界线，然后把同类现象或属于同一区域的现象按图例绘成同一颜色或同一花纹。图上每一界限范围内所表示的专题现象只能属于某一类型或某一区划的，而不能同时属于两个类型或区划。

质底法可用于有较精确界线的各种类型图，如行政区划图、地质图、土壤图、植被图等。还有一种以网格形式表示质量差别的，也属于质底法，由于类型分布的范围受网格的限制而呈棱角状，所以只能表示类型分布的概略范围，即精确分区（图 5.31）和概略分区两种。

质底法的优点是鲜明美观，清晰易读，缺点是不易表示各类现象的逐渐发展过程和互相渗透，当分类很多时，图斑复杂，必须仔细对照图例才能读图。所以，当在一幅图中用质底法表示地理要素的多级分类时，一般常用颜色表示一级分类，用晕线表示二级分类，用注记或说明符号区分更低一级的类别。

（2）量底法，用不同的底色或花纹区分全制图区域内各种地理要素的数量特征。一

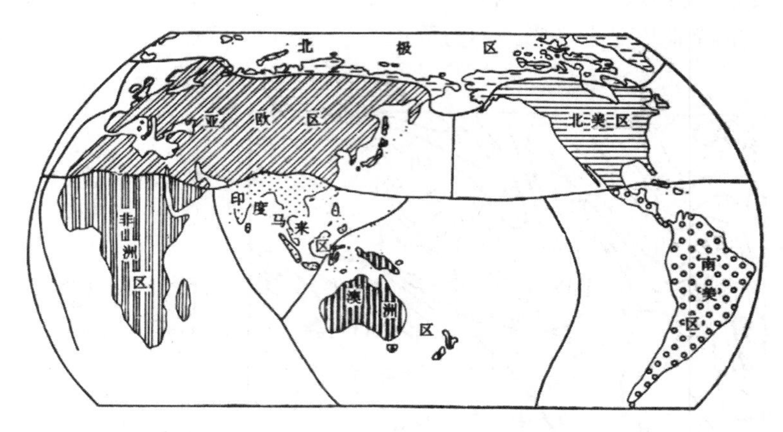

图 5.31 精确分区的质底法

般将呈面状分布的地理要素的数量分为 3~7 个等级，用线划表示各个等级的界线，用不同浓淡色调或晕线疏密表示数量级别，通常用浓色调或密的晕线表示数量大的级别，用浅色调或稀疏晕线表示小的数量，这种方法称为量底法（图 5.32）。它常用于地面坡度图、地表切割深度和切割密度图等。若用网格形式表示数量特征，则也属于量底法。

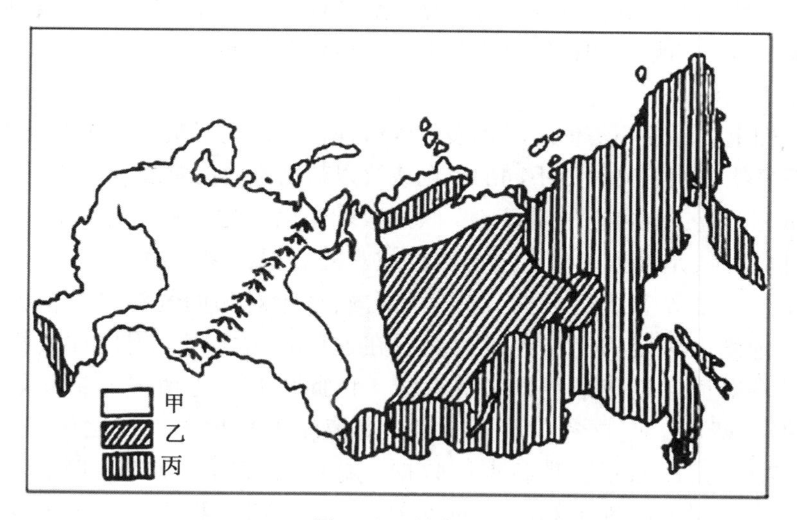

图 5.32 量底法

（3）等值线法，又称等量线法，是用一组等值线来表示连续面状分布地理要素的数量特征渐变的方法。能说明地理要素在地图上任一点的数值和强度。它适用于表示地势、气候等逐渐变化的自然现象，不宜于表示复杂而不均匀、不连续变化的社会经济现象。

等值线是地理要素数值相等的各点的连线，每一条线划都是数值相同的各点联成的平滑曲线，所以称为等值线（等值线因其所表示的事物不同，而有不同的具体名称，如表示气温的称为等温线，表示降水量的称为等降水量线等；表示陆地地形和海底地形的称为等高线和等深线）。等值线的符号一般是细实线加数字注记。运用一组等值线来表示地理要素的分布、数量特征及变化趋势，称为等值线法（图5.33）。

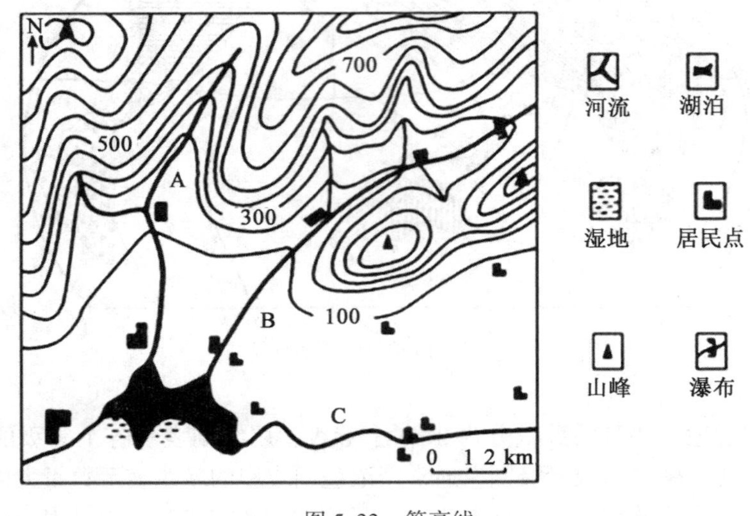

图5.33　等高线

在一幅等值线图上，等值线的数值间隔一般应是常数，这样就可以根据等值线的疏密判断制图对象的变化趋势，如在等温线图上，等温线密集表示地区温差大，等温线稀疏表示地区温差小。

在等值线图上，除注明等值线所代表的数值外，还常运用颜色加强直观性和反映数量差别。如在等值线之间普染深浅不同的色调或绘以疏密不同的晕线，使色调的深浅或晕线的疏密与数量相对应，则可更加明显地反映出数量变化的规律和区域差异。

地图上的等值线是根据一些点上的测量或观测数据，用内插法求出等值点，将等值点连接而成的。例如等温线是根据一些气象台站多年观测的气温平均值，将这些气象台站的位置在地图上标定并注明温度，然后在这些台站之间，用内插法找出温度相等的各点，由这些等值点连成的线即为等温线。由此可知，等值线的精度取决于数据点的数量和数据的精度，点数多，数据准确，等值线的精度高，反之则精度差。因而，要求数据点应有一定的数量，且各点的数据指标应具有同一基础。例如，等高线必须根据同精度测量和同一高程起算基准的成果，等温线必须根据有较长时期记录的各地同期的观测记录的平均值等。

（4）定位图表法，是将某地点的统计资料，用图表形式绘在地图的相应位置上，以表示该地点某种现象的数量特征及其变化的一种方法，如风向频率和风力的玫瑰图表（图5.34），以及温度和降水的年变化曲线和柱状图表等。定位图表由于其图形较大，不能像定点符号那样定位准确，它在图上的位置尽可能靠近产生该现象的所在地。

从单个定位图表来看，它反映的只是点位上的现象，但是它却是通过这些“点”上的现象来说明整个“面”上的特征。因此，若干个同类型的定位图表较均匀地配置在图上较大区域范围内，可以反映整个区域内面状分布现象的空间变化。

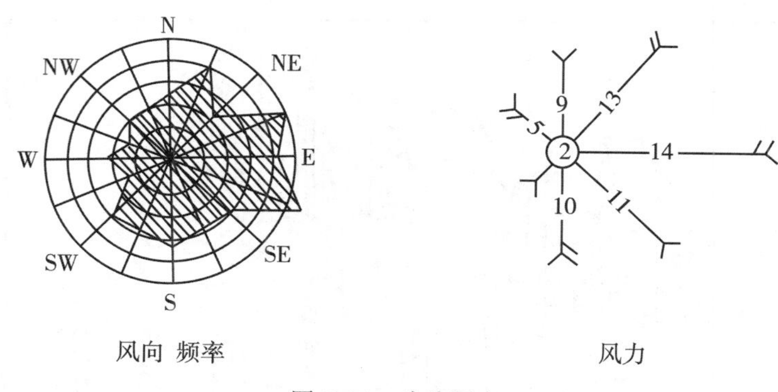

图 5.34 玫瑰图表

常用的图表有柱状图表、曲线图表、玫瑰图表、结构图表、塔形图表、三角形图表等。例如，用柱状图表示某地全年 12 个月降水量的变化；用曲线图表示气温的变化（图 5.35）；某居民地按性别、年龄分类的人口数可绘成塔形图；玫瑰图可以表示某地点特定时间内不同方向的风的频率和风速，玫瑰图中心的数字表示无风的日数或平均风速。

2）间断呈片状分布的地理要素的表示

在地图上对间断呈片状分布的地理要素常用的表示方法是范围法。范围法又称区域法，它是用轮廓线表示制图区内间断而呈片状分布地理要素的区域范围；用色彩、晕线、注记和符号等表示地理要素的质量特征；用数字注记表示地理要素的数量特征。例如，煤田的分布、森林的分布、牲畜分布、农作物的分布等。

范围法表示间断呈片状分布的地理要素的范围有绝对和相对之分。绝对范围是指所表示的现象仅仅分布在标明的地区范围以内，在此范围以外便没有这种现象了，如油田分布；相对范围是指地图上绘出的范围仅仅是所表示地理要素的集中地区，在范围以外还有同类地理要素，不过是太零星无法表示而已，如农作物分布。

表示地理要素分布范围的界限有精确与概略之分。精确的范围要求尽可能准确地表示出地理要素的分布界限，这种界限通常用实线表示。在界线内可着色或填绘晕线或加文字注记。概略的范围则要求大致表示出地理要素的分布界限，这种界限一般用虚线或点线表示，有时甚至可以不绘出轮廓线，而只用说明符号、文字注记或单个符号表示其概略的分布范围（图 5.36 是精确的和概略的范围表示棉花种植分布情况）。采用精确的或概略的分布界线，取决于地图的用途、比例尺、资料的详细程度，特别是地理要素本身的分布特征，例如地理要素本身的分布界线就很难精确划定（如动物分布），则只能采用概略的分布界线。

范围法简单清晰，仅需区分出各自独立的范围，且不一定要有精确的范围界线，易于阅读。范围法在同一范围内既可以表示一种地理要素，又可以同时表示几种地理要素，即重叠范围内，分布着几种地理要素，以显示地理要素的重合性、渐进性和互相渗透性（图 5.37）。

3）离散分布的地理要素的表示

（1）点值法，是指用一定大小，形状相同的点子表示地理要素离散分布的范围、数

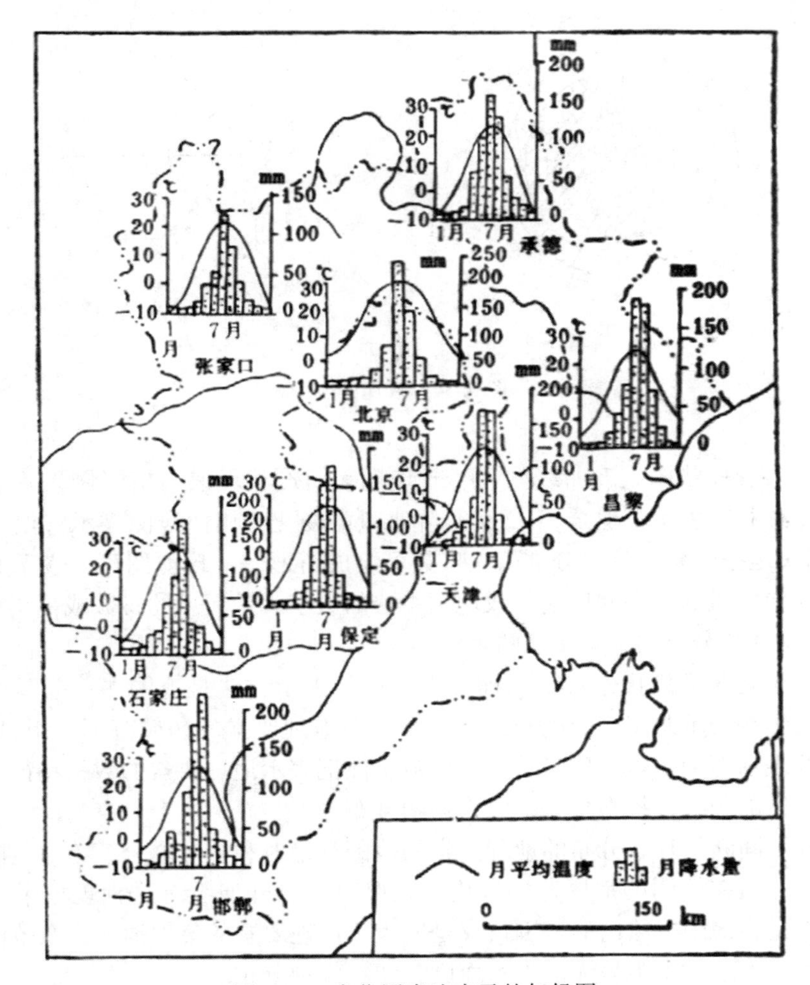

图 5.35　定位图表法表示的气候图

量和密度的方法。点值法适用于表示分布不均匀的地理要素，如人口分布、资源分布、农作物分布、森林分布等，从点子的疏密可以看出现象的集中或分散的程度。

点值法有两种表示方法，一是均匀布点法，即用统计方法在一定区划单位（如省、县、区、乡）内均匀地布点；二是定位布点，即按照地理条件定位布点，比较起来以定位布点法为好，因为可以较精确地反映现象的实地分布情况（图 5.38）。

点值法简单、直观，因此被广泛应用于表示农作物的分布、牲畜分布、耕地分布及人口分布等。在一幅图上可以应用两种不同颜色的点子反映两种地理要素的分布及数量特征，但这两种地理要素必须是分别集中于不同地域，例如在一幅图上表示甘蔗与甜菜的分布；还可以用两种不同颜色的点子表示某种事物的发展变化，例如用橙色点子表示原有的果园，用红色点子表示新增果园，从而可以反映出果园面积扩大的情况。

运用点值法时，如果各地区数量差异很大，难以用一个点值反映地理要素的数量特征，则可以采用不同的点值。应用不同点值时，最好使点的面积大小与其所代表的数值成

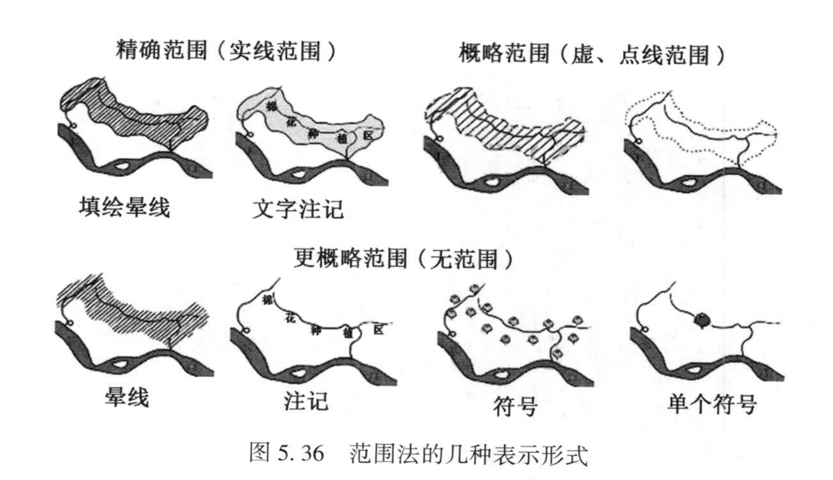

图 5.36 范围法的几种表示形式

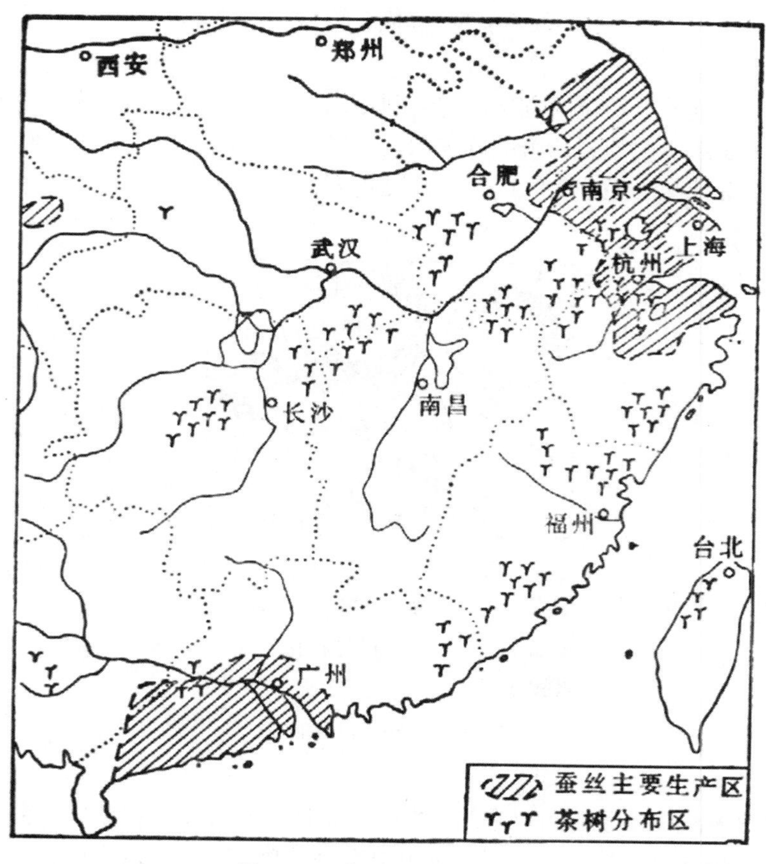

图 5.37 范围法的重叠表示

比率关系。

（2）分区统计图表法，是把整个制图区域分成若干个区划单位（一般以行政区划为单位），根据各区划单位的统计资料制成不同的统计图表绘在相应的区划单位内，以表示

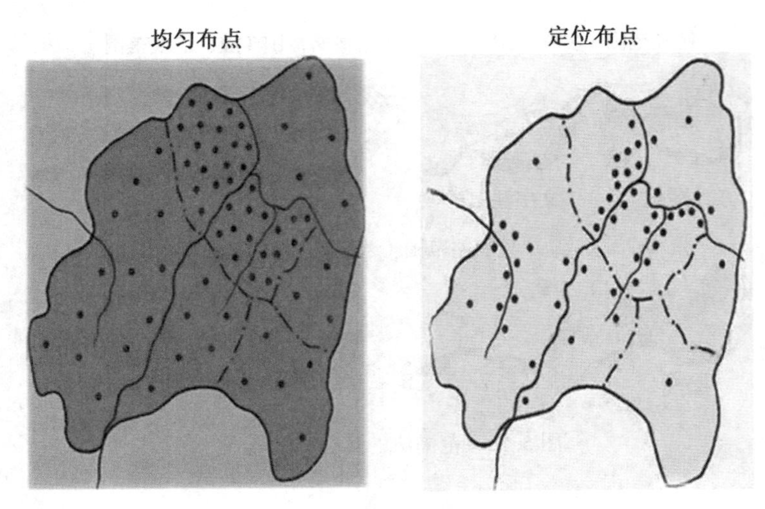

图 5.38　点值法布点方法

地理要素的总和及其动态变化的方法。它可利用图形符号的大小与个数来表示地理要素的数量差异，并可在图形内划分几个部分表示其内部结构（图 5.39）。分区统计图表法可用来编制资源图、统计图、经济收入图、经济结构图等。

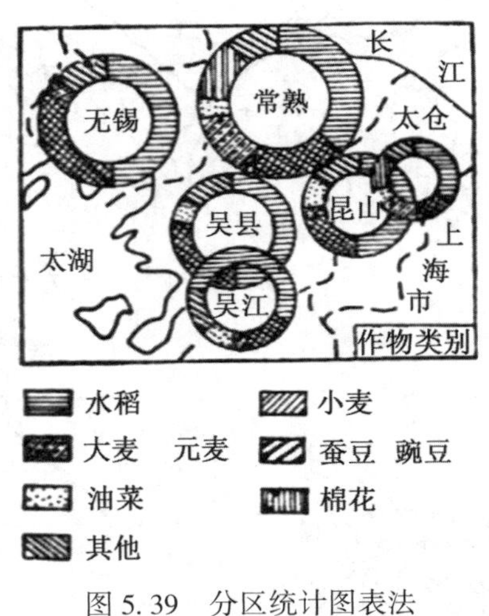

图 5.39　分区统计图表法

分区统计图表法中常用的图形有圆形图、方形图、环形图、柱状图、曲线图、水平条形图、结构图、小方块图、扩展图等。应用图形表示数量时，可以有两种方法：一是在每个区划单位内画上相似的图形，借图形的大小表示数量的多少。为需使几何图形的面积与数量成比率关系，它可以是绝对比率也可以是任意比率，可以是连续的，也可以是分级的。如果要表示事物的内部组成，则可使用结构图。二是在每个区划单位内画若干同样大小的图形，借图形的多少来表示数量差异。

分区统计图表法还可以用由小到大的扩展图形或柱状图、曲线图等表示不同时期内事物的发展变化（图 5.40）。

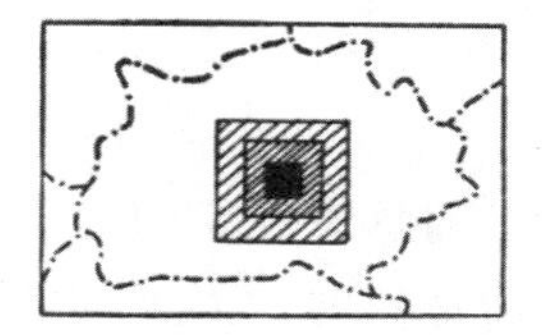

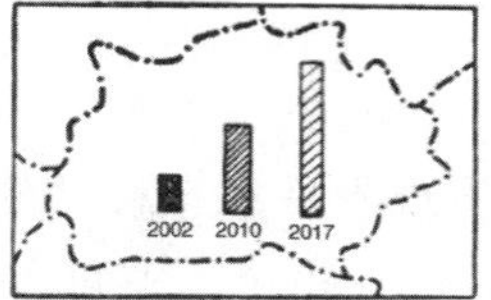

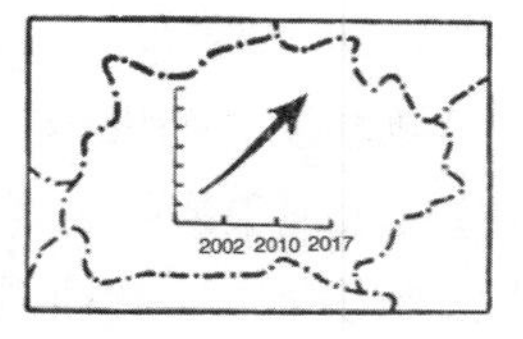

图 5.40　分区统计图表法表示发展动态

分区统计图表法所依据的资料往往是按国家行政区划单位统计出来的，比较可靠，能较明确显示资料的空间分布状况，所以得到广泛的应用，但这种方法不能精确地反映事物的地理分布。

（3）分级比值法，又称分级统计图法，是按照各区划单位（通常也是行政区划单位）的统计资料，根据地理要素的相对指标（密度、强度或发展水平）划分为若干等级，然后依据级别的高低，在地图上按区分别填绘深浅不同的颜色或疏密不同的晕线，以表示各区划单位间数量上的差异的一种表示法。

分级比值图上级别的划分原则取决于编图的目的、现象的分布特点和指标的数量，它可以根据不同的标准绘制成不同的分级比值图。

分级的方法可根据地图用途、事物分布特点和数量指标决定，通常有等差分级、等比分级，逐渐增大分级（如 0~10、10~30、30~60、60~100 等）和任意分级。分级不宜过多，过多，会使图面复杂，颜色深浅差别不明显，就缺乏表现力；而太少，就表现不出各地区间的差别。一般以 5~10 级为宜（图 5.41）。

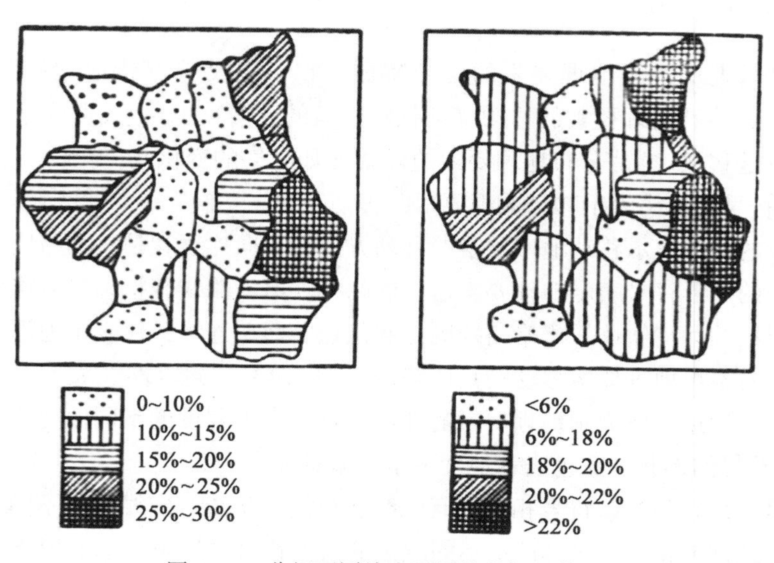

图 5.41　分级不同绘出不同的分级比值图

分级比值法绘制简单，容易阅读，又因所表示的是相对数量指标，利于保密，现势性强，因此应用较广。但这种方法只能反映区划单位内的平均数量，显示不出内部差异。若所采取的区划单位愈小，则每一区划单位内部差异就会相对缩小，所反映的情况也就比较正确。

4. 动态移动地理要素的表示

在空间有些自然现象或社会经济现象是动态移动的，对这些现象的移动路线和方向，一般采用动线法来表示。用不同形状、颜色、宽度的箭形符号（或称动线符号，如图 5.42 所示）在地图上表示移动地理要素的运动方向、路线、质量、数量、结构以及速度与强度等特征的方法称为动线法。

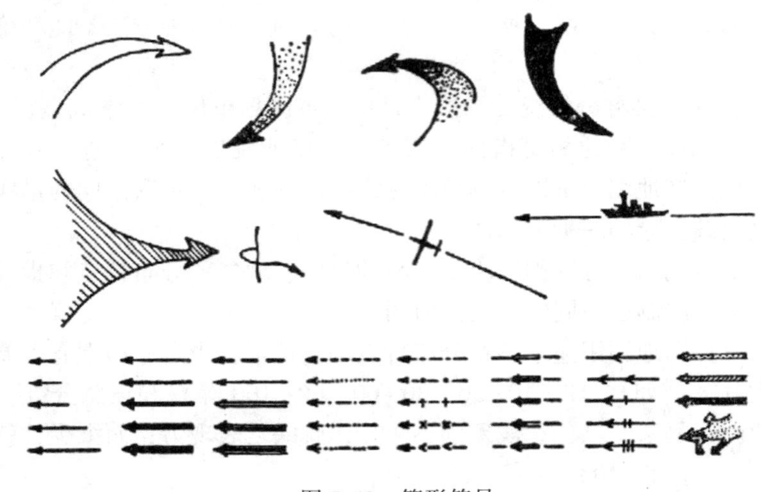

图 5.42　箭形符号

动线法可以表示各种地理要素的运动特征。它可以反映点状地理要素的运动路线（如船舶航行），线状地理要素的移动（如铁路货运的方向），分散成群分布地理要素的移动（如居民的迁移），整片分布地理要素的运动（如大气的变化），等等。

1）箭形符号的箭头表示移动地理要素的移动路线

箭形符号的箭头表示移动地理要素的移动方向，方向连线就是移动路线。移动的地理要素是以单一的箭形符号表示地理要素运动的路线。运动路线有精确与概略之分。精确路线表示地理要素的运动轨迹，概略路线则是起讫点的简单连线，仅表示地理要素运动的起讫点和方向，看不出地理要素移动的具体路线（图 5.43）。运动路线表示的精确性，根据地图的比例尺、用途、所表示地理要素的性质和资料详细程度的不同而变化。

2）箭形符号的形状和颜色表示地理要素的质量差异

动线符号的形状与线状符号相似，有双线、单线、实线、虚线等，不同形状的箭形符号表示不同的地理要素（图 5.44）；不同颜色的箭形符号也用来区别地理要素的不同质量特征，如用红色箭形符号表示暖流，用蓝色箭形符号表示寒流等。

3）箭形符号的宽度表示地理要素的数量特征

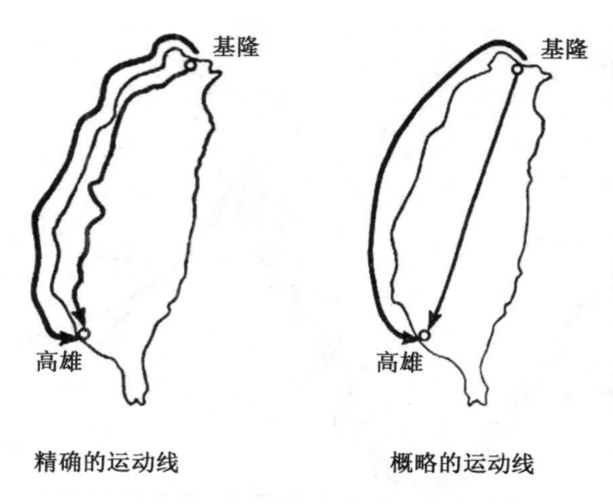

图 5.43 运动路线的表示方法

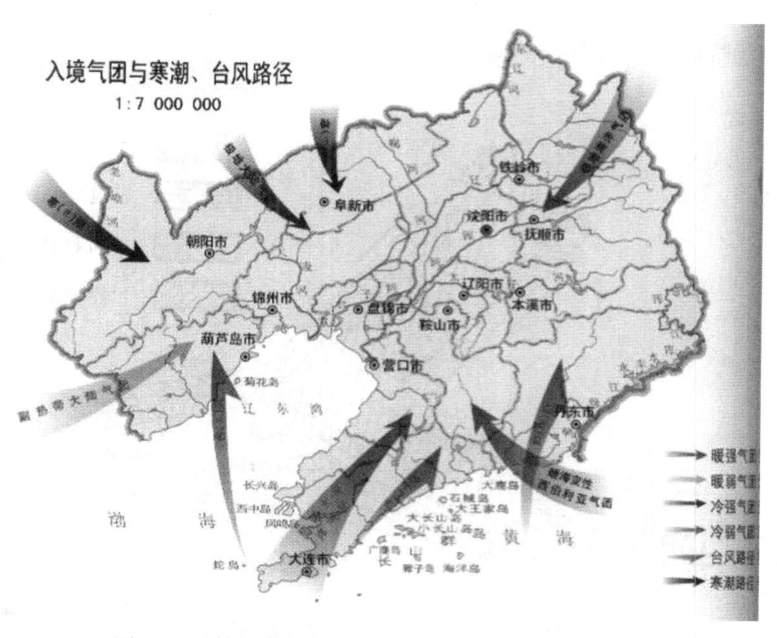

图 5.44 箭形符号的形状和颜色表示不同地理要素

动线符号的不同宽度用来表示地理要素的数量特征（图 5.45）。其宽度与地理要素的数量成一定的比例关系，如果是绝对成比例则表示绝对数量，任意成比例则表示相对数量。

动线法表示移动地理要素的地图中，在“宽带”上可用不同的晕线和颜色来表示现象的复杂结构。例如，在表示货流量大的图上，把往返的货物按相应的颜色或图案划分成与各货物数量成比率的组合带，往返各置于道路的一侧。但要使货流结构和各货物的数量指标能清楚地显示出来，只有带的宽度较大时才有可能（图 5.46）。由于货流带较宽，所

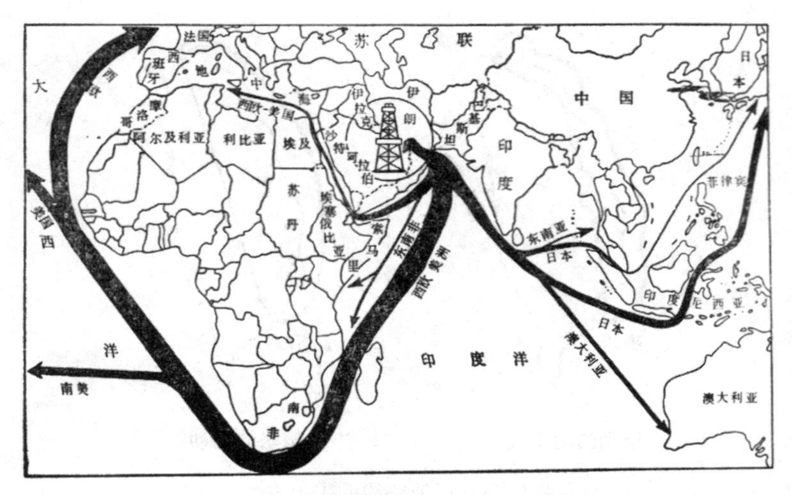

图 5.45　箭形符号的宽度表示数量特征

以这种方法只能概略地表示货物的运输情况。

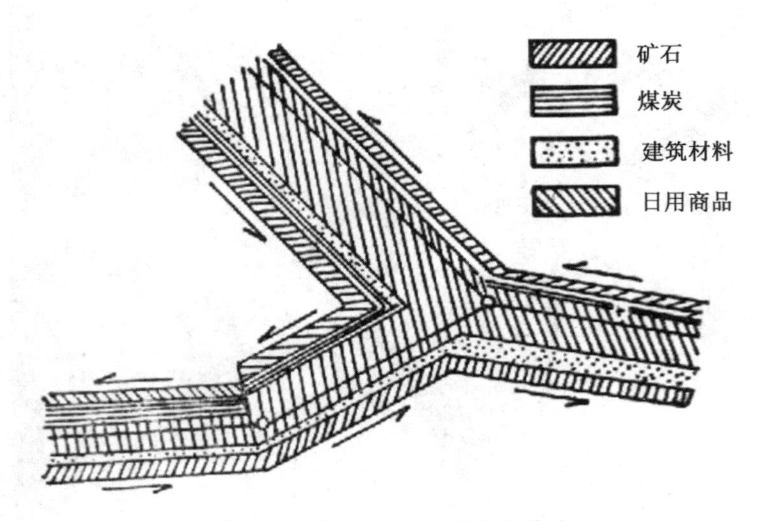

图 5.46　货运的方向、数量和构成

例如在风向图或洋流图中，箭形符号的粗细表示其速度或强度，箭形符号的长短表示其稳定性，以首尾衔接的箭形符号表示其运动的路线，许多箭形符号布满整个制图区域，则表示面上的分布情况，如图 5.47 所示。

动线法的缺点是载负量大，对地图易读性有较大的影响，特别是“宽带”影响更大。

在专题地图上表示专题要素空间分布状态、质量差异、数量差异、发展动态以及它们之间的联系的方法很多。每种方法都可用来表达专题要素的一个或几个方面的特征。同样，每一专题要素多方面特征也可通过几种表示方法表示。在地图制图中，为反映某一专

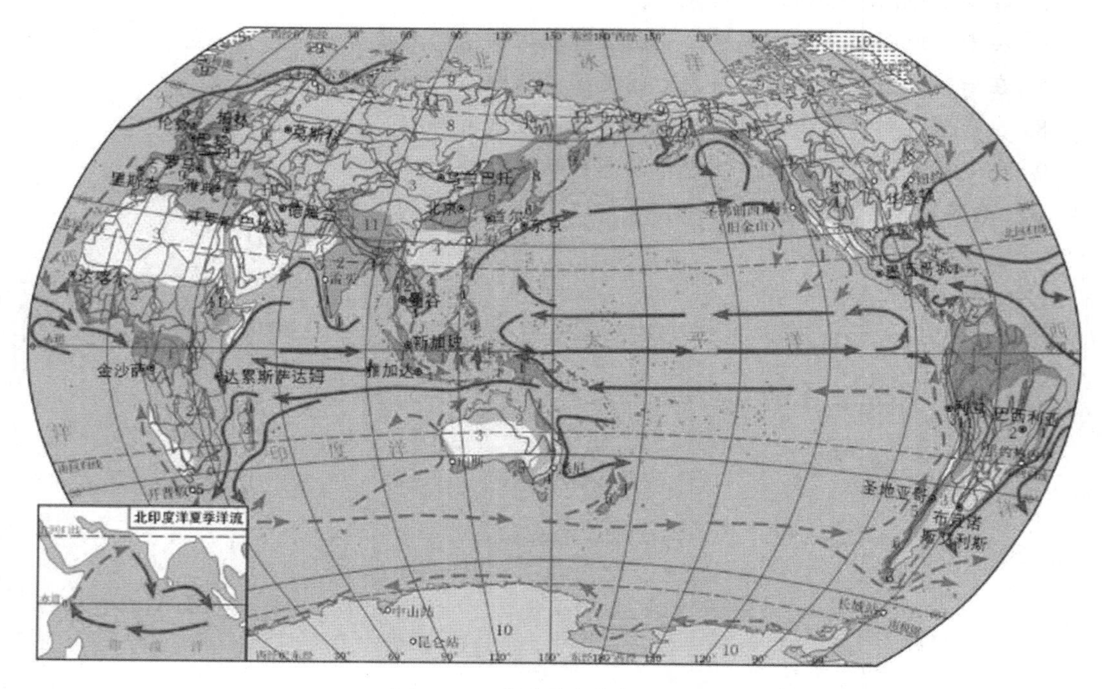

图 5.47　世界洋流分布示意图

题要素的多种特征，往往在一幅地图上同时采用几种表示法。这并不是简单的叠置，而是以一种或两种表示方法为主，做到点、线、面结合，各种表示方法相互不干扰。在选用表示方法时，需根据各种表示方法的功能及可能采用的地图表示手段来决定，也要考虑专题要素本身的性质和分布形式（点状分布、线状分布、面状分布、零星分布、连续分布、断续分布）及专题要素表示的特征（分布范围、质量特征、数量特征、动态变化），同时也要考虑地图比例尺、用途及依据的制图资料等。

【本章小结】

本章主要介绍了普通地图和专题地图的表示方法。

（1）介绍了普通地图的类型及内容以及自然地理要素和社会经济要素的表示。

（2）介绍了专题地图的基本特征、专题地图的类型、专题地图的内容。

（3）重点介绍了专题要素的表示方法。

◎ 思考题

1. 什么是地形图？什么是地理图？各有什么特点？
2. 在普通地图上如何表示自然地理要素？
3. 在普通地图上如何表示社会经济要素？
4. 表示地貌的方法有哪几种？

5. 在普通地图上如何表示居民地？
6. 在专题地图上表示布满整个制图区域地理要素的方法有哪些？
7. 在专题地图上用什么方法表示间断呈片状分布的地理要素？
8. 在专题地图上表示离散分布地理要素的方法有哪些？
9. 在专题地图上用什么方法表示动态移动地理要素？
10. 范围法和质底法有什么区别？

第6章　地图编制

【教学目标】

学习本章，要掌握地图的编制方法与过程，尤其重点掌握计算机地图制图的基本工作流程；了解地图编制常用的方法及其各自特点、适用对象；理解地图设计的过程以及地图设计书和大纲编制的主要内容。

6.1　地图编制方法与过程

6.1.1　地图编制的几种常用方法

地图编制，简单来说，就是编制地图的作业过程，它是地图设计、编绘与清绘、制印的总称。一般包括地图设计和编辑准备、地图编稿和编绘（原图编绘）、地图清绘和整饰（出版准备）以及地图制印四个阶段，地图的编辑和审校工作贯彻地图编制整个过程的始终。

由于制图对象各种各样，加之地图的比例尺、目的及用途也不尽相同，因此各种地图的资料来源、表示方法和制图方法都有很大差别。归纳起来，主要以下几种常用的制图方法：

1. 实地测图和摄影测量制图

实地测图和摄影测量地图是使用地面普通测量仪器或航空摄影与地面立体摄影测量仪器测制地图的方法。用这种方法可以测制大比例尺地形图、水利图、工程平面图、城市平面图等，而所测制的地图内容详细准确，几何精度较高。目前已普遍采用全球定位系统定位与数字测图技术，包括地面全站仪数字测图与航空及卫星数字摄影测量技术测制地籍图与地形图。其中航空与卫星摄影测图必须有40%~60%的影像重叠，同时，地面和航空与卫星摄影测量制图都必须有一定数量的大地与水准控制点，以便根据控制点进行各项纠正处理，最后通过建立光学立体地形模型或数字立体模型，通过立体测量与数字解析测图仪完成大中比例尺地形图测制。

2. 地图资料制图

地图资料制图是一种利用地图资料编制地图的方法，是中小比例尺地图编制的主要方法之一，包括：

（1）利用大中比例尺地图资料缩编同类中小比例尺地图。主要是利用大比例尺地形图编制中比例尺地形图和中小比例尺普通地图；利用大中比例尺专题地图编制中小比例尺专题地图。

（2）利用地形图或其他地图量算出来的数据，编制形态示量地图，如地面坡度图、地貌切割程度图，水系密度图等。

（3）利用单要素分析地图编制综合地图、合成地图，或利用不同时期地图编制动态变化（变迁）地图。

3. 野外调查制图

野外调查制图是通过在野外实地踏勘、考察和调查的基础上，进行观察分析，然后在已有的地形图上填绘专业内容和勾绘轮廓界线的制图方法，也称为野外填图。在野外考察和调查中还需采集一些标本（如岩石、植物、土壤等标本）进行室内定性定量分析，有助于类型的正确划分。在野外填图的基础上，室内再进行地理内延外推，编绘整个地区的专业内容与轮廓界线。这是编制大中比例尺地质、地貌、土壤、植被、土地利用等专题地图的主要方法。

4. 数据资料制图

数据资料制图是一种利用各种观测记录数据（包括固定或半固定台站、不固定测站、航空或遥控观测记录数据）、统计数据（包括人口普查、经济统计资料），经过分析整理计算，编制成各种地图的制图方法。它是编制地磁、地震、气象气候、水文、海洋、环境污染和各种人口、经济统计地图的主要方法。其中气象、水文要素台站积累了较长期的观测数据，而且这类要素一般呈周期性且有一定幅度的变化，因此必须取多年平均值，有时以半定位的观测数据作补充。数据资料制图需根据数据内容的详细程度和地图用途选择反映制图对象数量特征的指标与图型，然后合理选择数量分级与梯度尺，进行计算处理和地图编绘。

5. 文字资料制图

文字资料制图是一种利用文献资料（包括历史资料、考古资料、地方志等）编制地图的方法。如利用历史地震记载（根据地方志等资料整理的地震年表）编制历史地震分布图，利用考古和历史文献资料编制历史地图、各历史时期人口分布图、历史时期动物分布图等。

6. 遥感资料制图

遥感资料制图是利用航空和卫星影像编制地图的方法。一般是利用黑白、多波谱段、多频率雷达、红外等航空或卫星影像，在室内分析判读的基础上，经过实地验证，利用所建立的影像判读（解译）标志编制各种专题地图。目前，还可借助于图像假彩色合成、影像增强和密度分割等光学仪器处理以及光学立体转绘，提高影像分析解译的能力和内容转绘的精度。采取电子计算机与图像处理设备，利用数字影像通过非监督分类、监督分类或其他图像分析模型自动分类，并与地形图或地理底图匹配，已成为编制各种专题地图的主要方法。

7. 计算机制图

计算机制图是一种利用计算机及某些输入输出设备自动编制地图的方法。一般经过资料输入、计算机处理、图形输出三个基本过程。按输入资料的形式可分地图资料、数据资料和影像资料三种。数据资料可直接输入计算机，图形和影像必须先经过图数转换。一般通过荧光屏显示、绘图机、彩色喷墨绘图仪、彩色静电绘图仪等形式输出地图产品。计算机制图能够大大提高制图速度，扩大制图范围，是当今信息时代的主要制图方法。

实测成图是制作大比例尺地形图的主要方法。以实测方法获得的地形图，又是用编制方法进行的地图资料制图中的基本资料。小于 1∶100 万的普通地理图都是采用资料制图的方法成图。实测成图和编绘成图，一般都要经过制印环节，以使其满足多方面的需要。正式出版的各种比例尺的地形图、普通地理图，又是制作各种专题地图的地理底图的基础。而野外调查制图、数据资料制图、文字资料制图，只不过是制作某类专题地图时确定专题内容的方法。

目前以上制图方法常常结合使用，例如野外调查制图与遥感制图相结合，数据资料制图与计算机制图相结合，地图资料制图与计算机制图相结合，遥感制图与计算机制图相结合，等等。由于现代遥感技术与 GIS、GPS 技术的融合，在遥感影像资料获得的同时也可获得其位置信息，因此现代意义下的遥感资料制图，实际上已把提供地理底图和获取专题信息合二为一完成了，遥感制图与计算机制图已成为当今的最主要的制图方法。

上述七种方法成图方法可以概略归纳为两大类：实测成图和编绘成图（图 6.1），其地图信息，包括基础地理信息和专题信息，经数字化后都可储存到地图数据库内，然后在计算机制图和地图编辑出版系统环境下，快速获得满足各种需要的印刷成品地图。

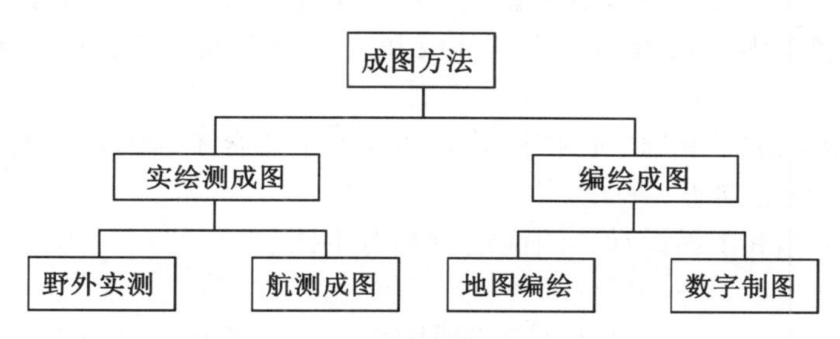

图 6.1　地图编制常用方法示意图

信息时代地图学的主要变化趋势主要表现在以下方面：由区域性、全国性制图向大洲、大洋与全球制图方向发展；由部门制图向综合制图、系统制图与实用制图方向发展；由二维平面地图向三维立体地图、由静态制图向动态制图方向发展；由传统地图制图向全数字化的计算机制图与制版一体化方向发展；由常规地图向数字地图、互联网地图方向发展；由传统地图向图谱与信息图谱方向发展。

6.1.2　地图编制过程

不论哪种制图方法，就地图常规编制的总过程而言，一般都包括地图设计与编辑准备阶段、地图编稿与编绘阶段、地图整饰阶段、地图制印这四个阶段。尽管目前计算机地图制图已较广泛应用，计算机制图过程同常规传统地图编制有很大差别，地图编绘与地图整饰阶段合二为一，地图制版工序也大为简化。尤其采用地图电子出版系统，更使地图设计、编绘与制版一体化。但对常规地图编制过程仍有必要具体了解，因为常规地图的编制过程与方法中的一部分内容仍适用于计算机制图，同时了解传统与常规制图方法技术中存在的问题与制图方法技术的发展过程，对进一步提高计算机制图水平也会有所帮助。因此本节仍较详细地介绍常规的地图编制过程和方法。

1. 地图设计与编辑准备阶段

这一阶段主要完成地图设计和地图正式编绘前的各项准备工作。一般包括根据制图的目的任务和用途，确定地图的选题、内容、指标和地图比例尺与地图投影；搜集、分析编图资料；了解熟悉制图区域或制图对象的特点和分布规律；选择表示方法和拟订图例符号；确定制图综合的原则要求与编绘工艺。对于专题地图，还要提出底图编绘的要求和专题内容分类、分级的原则并确定编稿方式。最后写出地图编制设计文件——编图大纲或地图编制设计书，并制订完成地图编制的具体工作计划。

地图设计一般和编辑准备工作同时或交错进行，具体内容和基本程序如下：

（1）确定地图的用途和对地图的基本要求。确定地图的用途是设计地图的起点，承担任务的编辑从地图的使用方式、使用对象、使用范围入手，就地图的内容、表示方法、出版方式、价格等同委托单位充分交换意见。

（2）分析已有地图资料。在接受任务之后，往往先要收集一些同所编地图性质上相类似的地图加以分析，作为设计新编地图的参考。

（3）搜集整理和研究制图资料。根据内容对其完备性、精确性和现势性作出质量评价，区分基本资料、补充资料或参考资料，并分别确定其运用的方法和使用程度。

（4）分析研究制图区域的地理特点。认识制图区域内各制图对象的地理分布规律和区域差异，为制图内容的科学分类、分级和内容的选取概括，以及规律的体现提供依据。

（5）设计地图的数学基础。包括设计或选择一个适合于新编地图的地图投影，确定地图比例尺和地图的定向等。

（6）地图的分幅和图面设计。图面设计是对主区位置、图名、图廓、图例、附图等的设计。

（7）地图内容及表示方法设计。选择地图内容，以及它们的分类、分级、应表达的指标体系及表示方法，针对上述要求设计图式符号并建立符号库，必须依据地图的类型和内容，设计符号和色标，确定线画粗细和注记字体等级。在设计符号和色彩时，必须注意使所设计的符号和色彩与制图对象建立一定联系，使各符号和色彩含义明确。各符号和色彩既要有系统性，又要有差异性，使读图者获得较好的感受效果。

（8）拟定地图内容的概括指标。规定各要素的选取指标、概括原则和程度。

（9）地图制作工艺设计。成图工艺方案较多，需根据地图类型、人员、设备、资料情况选择不同的工艺流程。

（10）样图试验。以上各项设计是否可行，其结果是否可以达到预期目的，常常要选择典型的区域做样图试验。

2. 地图编稿与编绘阶段

这一阶段主要完成地图的编稿和编绘工作，是制作出版原图和印制地图的主要依据，是编制地图的中心环节。一般包括资料处理，展绘数学基础，进行地图内容的转绘和编绘，具体如下。

（1）要对编图资料进行处理，使之成为便于使用的形式；

（2）计算并展绘新设计地图投影的坐标和图廓点；

（3）地图内容的转绘和编绘，可采用照像、光学仪器、缩放仪或网格等方法转绘，其中以照像法速度快、精度高、应用广泛，编绘原图多采取和出版比例尺等大编绘；

（4）地图内容的概括（制图综合）。任何地图都是制图区域的缩小表象，故必须进行取舍概括。在制图资料的转绘与编绘过程中，编图者根据编图目的和地物在新编地图上的重要程度，突出主要的具有代表性的内容，以展示制图内容的基本特征和典型特点及区域地理规律。当然，在编辑准备阶段的分类分级与图例拟订也包括一定的地图概括，但在地图编绘阶段地图概括贯彻始终。地图编绘是一种创造性的工作，编绘阶段的最终成果是编绘原图。所谓编绘原图，就是按编图大纲或制图规范完成的，在地图内容、制图精度等方面都符合定稿要求的正式地图。对于专题地图，往往在地图正式编绘前由专业人员编出作者原图（作者草图）然后再由制图人员编辑加工，完成正式的编绘原图。

3. 地图清绘和整饰阶段

主要根据地图制印要求和编绘原图，重新清绘或刻绘出版原图和半色调原图，完成印刷前的各项准备工作，包括按照印刷制版要求进行线划与符号清绘（或刻绘）、剪贴注记，完成印刷原图（出版原图）的线画版、注记版。同时制作彩色样图及供分色制版的分色参考图等。

4. 地图制印阶段

这一阶段主要完成地图制版印刷工作，包括出版原图的复照或翻版，分版分涂，制版打样，上机胶印，装帧等。

目前，计算机制图与自动制版一体化系统（计算机地图出版生产系统）已将地图编辑、编绘、整饰与制版集成一个阶段，即计算机设计、编辑与自动分色制版，输出胶片，直接制版上机印刷。

6.1.3 传统实测成图方法

传统实测成图法常分为图根控制测量、地形测量（碎部测量）、绘图成图和制印几个过程，如图 6.2 所示。

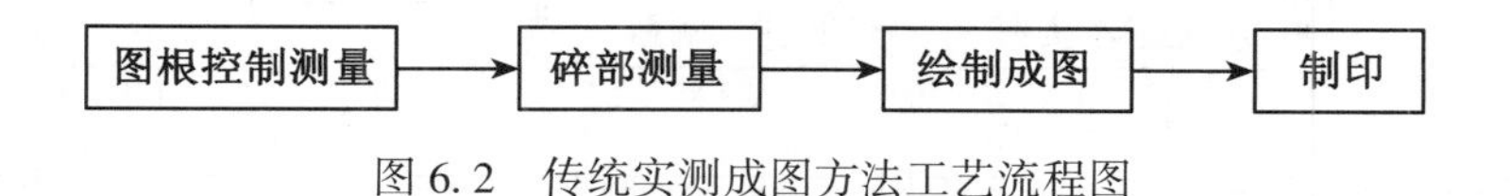

图 6.2 传统实测成图方法工艺流程图

实测地图的方法主要有地面实测地图和高空实测地图。

地面实测地图过去一直以平板仪、经纬仪等为主要仪器。现在基本已采用全站仪、RTK，将野外点位的各种数据在实测的同时一起输入仪器内，由计算机储存、计算，使成图工作量大为减轻，精度大大提高。

高空实测地图主要手段是航摄成图，航空摄影地形测量是传统测绘地形图的基本方法。它是通过航摄仪器获得地面影像后，转入室内进行各种处理，并在实地调绘后形成地图。基本成图流程如图 6.3 所示。

其基本作业步骤：首先对测图区进行航空摄影，获得地面的航空像片；然后，进行像片调绘即通过像片判读和野外调查，把地物、地貌及地名标注在像片上；最后，进行航测内业，即进行控制点的加密工作，并利用各种光学机械仪器，在航片所建立的光学模型上测绘地形原图。

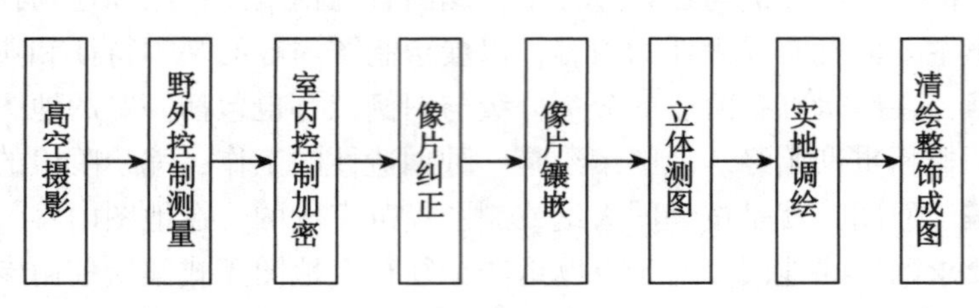

图 6.3　航空摄影成图过程

6.1.4　地图编绘法

根据已有的地图或其他现势性专题图、表格、数据资料等，在室内应用地图制图技术，编制出新地图的方法和过程称为地图编绘法，编绘成图方法有常规编图、遥感成图、计算机制图等。它是编制中小比例尺地图的主要方法。编印过程都可分为四个基本阶段，即地图设计、地图编绘、出版准备和地图制印，它们构成编印地图的全过程。编绘法成图工作流程如图 6.4 所示。

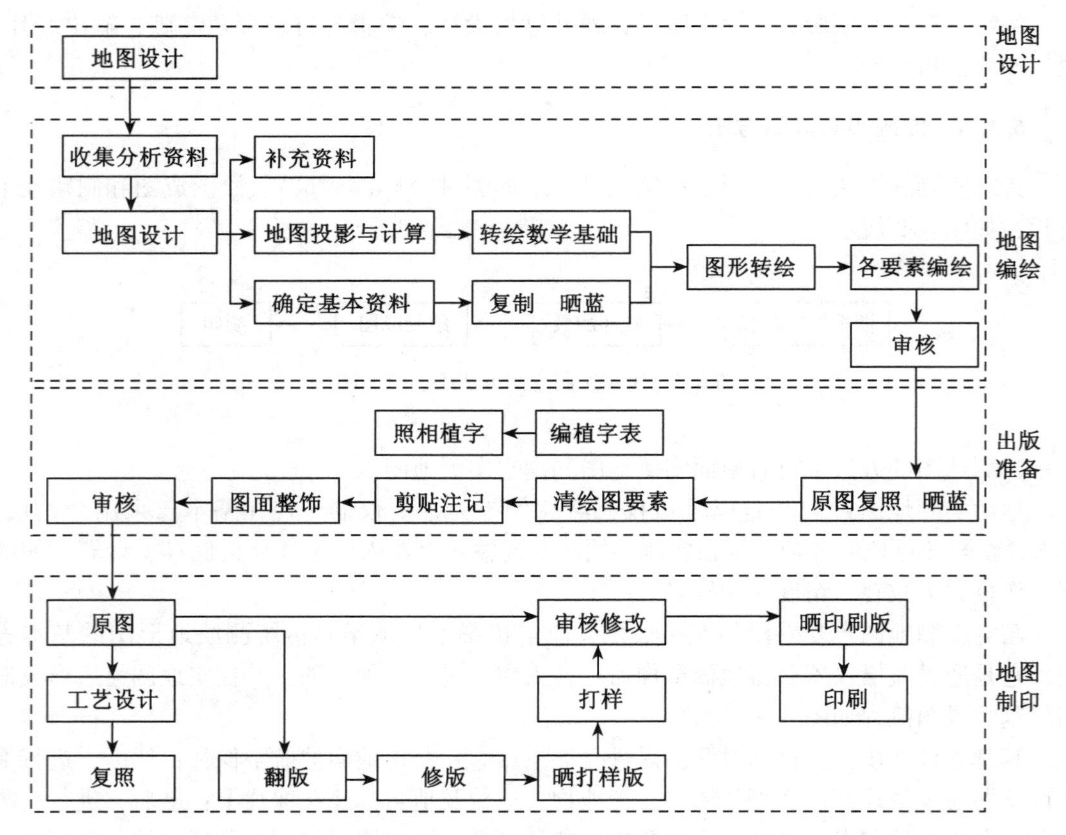

图 6.4　编绘法成图工作流程

1. 地图设计

地图设计通常是指地图的生产技术方案的制定，也就是实施地图编绘作业前的准备阶段，撰写出地图设计书，作为生产过程的指导文件。

2. 地图编绘

这是地图编绘人员根据地图设计书编绘新图的过程，最终结果是完成地图的编绘原图制作。因此，这一阶段有“原图编绘”之称。

编图也必须遵循必要的基本原则，即鲜明的政治立场、严密的科学内容和精美的艺术整饰。应该研究与所编地图有关的文件，研究科学研究机构和专门业务部门公布的文字资料（如气候、经济方面的资料）等，其目的是反映有关部门的发展方向及其新的成就，保证所编内容的完备性和科学性。

在编绘阶段中，首先要对编图的原始资料进行一些加工处理，使资料（地图）适合于照相的要求。例如，当原始资料为彩色地图时，要对蓝色的水系要素加描成绿色或黑色等。其次，根据选择或新设计的地图投影，要求计算图廓点、经纬网点的坐标，再用仪器将地图的数学基础展绘于图版上，然后可用照相法或其他方法（如光学仪器转绘法、缩放仪转绘法、网格转绘法等），将原始资料（地图）上的内容转绘到展有地图数学基础的图版上，这样就获得了供编绘作业用的底图。

在这种编绘的底图上，按一定的顺序分要素进行编图作业。例如，通常编绘都是从水系要素开始，然后逐次完成全部内容的编绘。在编绘过程中，不仅要按设计符号用色彩进行编绘，而且还要根据地图的主题、用途、比例尺和制图区域的地理特征，对地图内容进行选取和概括，反映地面最重要、最本质的现象，而舍去次要的、非本质的现象。

3. 地图出版准备

这是为了满足复制地图的要求而进行的一项过渡性的工作。为了使新编地图易于阅读和体现未来地图的基本模样，一般是制成彩色编绘原图，它虽已具有未来地图的基本式样，但原图编绘时，重点是地图内容的科学性及正确性。编绘时，不仅要进行制图现象的选取和概括，还要合理地处理好各要素之间的适应关系，加上使用多种资料并进行反复的补充修改等，使编绘原图的整体质量一般不能达到复制地图的要求，例如线画符号的描绘和注记的书写质量不高，加上彩色编绘原因不适应于照相制版的要求，因此需要根据编绘原图重新制作适应于复制要求的出版原图（也称清绘原图）。

出版原图的制作，一般是先把编绘原图或实测原图照相，晒蓝在裱糊好的图版或聚酯薄膜上，经过清绘（用墨或颜料描绘），剪贴符号与注记制成出版原图。

对于难度较大的图幅，通常按成图比例尺放大（如1∶5万可放大到1∶4万）清绘，这样可提高线划质量、减少绘图误差。地图内容较为简单的单色地图采用一版清绘即可。如果是多色地图，则可采用分绘在几块版上的分版清绘，这样可以减少制印时分版的工作量。

4. 地图制印

制印多色地图时，必须制作分色参考图，作为分版分涂的依据。分色参考图分为线划分色参考图和普染分色参考图，一般是根据印刷原图按成图比例尺制成的蓝图或复印图来制作。

传统的编绘地图方法正面临着现代地图技术的冲击，计算机成图以及遥感资料成图已逐渐成为编绘地图的主要方法。

6.1.5　地图编绘的原则

1. 地图编绘的一般原则

(1) 根据是地图用途的要求（国防和经济对地图的要求）；

(2) 地图内容应具有比例尺所允许的地图容量；

(3) 客观地反映制图区域的地理特征。

制图区域的地理特征是编绘地图的客观依据，各要素编绘的指标确定，受到制图区域地理特征的制约；任何地图都是服务于一定的用图目的，地图的内容及其表示的详细程度取决于地图的用途；地图用途决定比例尺决定地图内容反映实地自然和社会要素的程度。绘图者对区域地理特征非常熟悉，才能在脑子里复现出整个区域地理空间结构模型，根据地图用途要求和比例尺所允许的地图容量，确定合适的编绘指标，在地图上再现区域地理空间结构模型的生动形象。

2. 各要素编绘指标拟定的基本原则

(1) 编绘指标应能反映物体的不同类型及其在不同地区的数量分布规律；

(2) 应能反映地图上所表示的制图物体的数量随地图比例尺的缩小而变化的规律；

(3) 编绘指标的选取界限和极限容量应符合地图载负量的要求，并能反映密度的相对对比（选取界限和极限容量的偏高或偏低，都会影响地图载负量和实地分布密度的适宜性）；

(4) 编绘指标的拟定应具有理论依据，并通过实践的检验，方便使用。

3. 常用的编绘指标形式

(1) 定额指标：图上单位面积内选取地物的数量，适用于居民地、湖泊、建筑符号群（记号性房屋符号）等的选取；

(2) 等级指标：将制图物体按照某些标志分成等级，按等级高低进行选取（居民地按行政人口数分等级）；

(3) 分界尺度（选取的最小尺寸）：是决定制图物体取与舍的标准。将编绘图上测定的地物尺寸（长度大小、间隔等）同《规范》的分界尺度进行比较，以判定取还是舍。分界尺度可分为地物的线性分界尺度（河流、沟渠、冲沟、干沟、陡岸的选取）、面积分界尺度、实地分界尺度，以及其相互配合等。

我国基本比例尺地形图的编绘指标，在长期研究和生产实践经验积累的基础上已逐步完善，它考虑到了区域地理特点、地图的适宜载负量、地图的用途要求、视觉条件和印刷条件等因素。

6.1.6　遥感制图

遥感制图是指利用航天或航空遥感图像资料制作或更新地图的技术。其具体成果包括遥感影像地图和遥感专题地图。遥感影像因现势性强，可作为新编地图的重要信息源。

随着遥感技术的兴起，传统的地图编制理论与方法发生了深刻的变革。因为遥感技术不仅可以通过多平台、多波段、多时相的信息源，快速、真实地提供丰富的制图信息，同时也使地图制图工艺发生了根本性的变化，打破了以往传统制图只能由较大比例尺的编图资料，缩编成较小比例尺地图的老方法，从而可以利用小比例尺的遥感图像资料编制较大比例尺的地图。遥感技术在地图学领域的应用，也大大缩短了地图的成图周期。快速获取的遥感信息及遥感图像的自动分类，在地理信息系统的支持下，与计算机辅助制图技术相衔接，使专题制图具有广阔的发展前景。当实现遥感、空间定位系统和地理信息系统的有效结合时，使地图编制跨入了新阶段。

1. 遥感概述

“遥感”，顾名思义，就是遥远地感知，即通过某种传感器装置，在不与对象接触的情况下，获取其特征信息（一般是电磁波的反辐射和发射辐射）而收集有关该对象的信息，并对这些信息进行提取、加工、表达和应用的一门科学和技术。人类和自然界的许多动物都具有遥感这种本领。遥感技术包括传感器技术，信息传输技术，信息处理、提取和应用技术，目标信息特征的分析与测量技术等。

2. 遥感的基本原理

人类通过大量的实践，发现地球上每一个物体都在不停地吸收、发射和反射信息和能量，其中有一种人类已经认识到的形式——电磁波，并且发现不同物体的电磁波特性是不同的。遥感就是根据这个原理来探测地表物体对电磁波的反射和其发射的电磁波，从而提取这些物体的信息，完成远距离识别物体。

遥感应用中最基本的设施就是传感器。常用的传感器有航空摄影机（航摄仪）、全景摄影机、多光谱摄影机、多光谱扫描仪、专题制图仪、反束光导摄像管、HRV（high resolution visible range instruments）扫描仪、合成孔径侧视雷达。

人们用遥感器收集、记录物体的多光谱图像和各种物体的光谱特征相比较，就可区别各类遥感物体。

依其工作原理可知，遥感图像信息可由摄影系统的遥感器和光-电系统的遥感器来获取。摄影系统获取遥感图像信息是由摄影机记录各种地物光谱特征信息在感光胶片上而实现的。主要获得地面景象的黑白片、彩色片、红外片等，这种方法不仅在使用的波长范围受到感光乳胶的限制，而且记录的图像不能与计算机接口使用。光-电系统获取遥感图像信息是采用电子扫描方式将遥感信息以数字形式记录在磁介质上，即可直接与电子计算机接口使用，并可获得各种波段的卫星图像信息。

用卫星遥感技术获取的图像信息资料，不仅从根本上改变了制图资料的来源，提高了现势性与统一性，而且缩短了地图生产周期，降低了成本，加强了地图的动态分析，促进了综合系列制图和自动制图的发展。

3. 遥感的特点

遥感技术仅经过几十年时间，就迅速发展成为一种应用范围极广的综合性的探测技术，其根本原因在于它所提供的信息大大扩大了人们的视野范围和感知能力。遥感信息的主要特点可概括为以下几个方面：

1）宏观性和综合性

从航天或航空飞行器所获得的遥感图像，可真实、客观地观察到更加广阔的地域和地物，了解其分布特征、相互间联系和规律。

2）多波段性

遥感仪器以可见光到微波的各个不同波段去探测和记录信息，远远超出了人们肉眼所能感受的波谱范围。

3）多时相性

遥感卫星以较短的时间间隔对地球表面进行重复探测，因此可以得到同一地区的多时相信息。

4. 遥感图像信息在制图中的应用

遥感图像信息在制图中应用范围十分广泛，涉及很多行业，例如陆地水资源调查、土地资源调查、植被资源调查、地质调查、城市调查、海洋资源调查、测绘、考古调查、环境监测和规划管理等。

1）制作影像地图

影像地图是以遥感图像信息和地图符号共同表现制图内容的地图。它是将遥感原始影像经过必要的纠正，然后按照一定的制图原则，运用特定的地图符号和文字注记，来表达地面景观的基本特征。影像地图的发展很快，由黑白、单色图发展到假彩色图和模拟彩色图；由影像图发展到影像线划和专题影像地图；由单一卫星图像发展到多种空间图像成图，现在的遥感影像地图种类繁多、版式新颖。

2）制作各种专题地图

利用遥感图像可以编制许多专题地图，最常见的有：

（1）植被类型图：采用图像增强技术和数字图像处理方法自动编制植被图，准确而又详细区分植被类型。

（2）土地利用和土地类型图：通过图像处理系统可以划分出18~20种以上的、小于0.02km^2的土地类型，并提供一系列的影像镶嵌图，作为判选填绘的底图。

（3）地质图和地质构造图：利用遥感图像编制，不仅清楚地反映了某一区域的地质构造特点，而且也为找矿提供了线索。

（4）冰雪覆盖图：在遥感图像上能直接量测和绘制冰雪覆盖范围和冰川结构类型，若和地形图配合，还可绘出雪线的高度，估算出冰雪的储水量。

（5）洪水图：用遥感图像能把洪水淹没的范围及时转绘到地形图上，并能编制监视洪水变化的动态图。

（6）海洋地图：遥感图像可以制作许多种海洋专题图，如河口演变图，海流、潮汐和海洋动态图，以及海洋污染、海洋生物圈图等。

3）利用遥感图像修编小比例尺普通地图

遥感图像的覆盖面积较大、现势性强，能反映制图现象的动态变化，因此可用来及时修正小比例尺普通地图。其修改的内容主要是：自然要素方面，修改补充水系要素、植被要素等；社会要素方面，修改变化较快的居民地、交通网等内容。利用遥感图像修编、更新普通地图上的河流、湖泊、水利工程等水系要素有较好的效果。如在遥感图像上发现过去我国地图上，在西藏申扎地区遗漏了80km^2、32km^2和16km^2三大湖泊。

4）利用遥感图像指导编图

当利用大比例尺航片或地形图编较小比例尺地图时，由于其信息量大，难以进行取舍，而利用遥感图像指导编图作业就能很快解决问题。例如，利用1：2.5万航片或地形图编1：25万地图，需要经过数次编绘，如果利用放大到1：25万的卫星图像作参考，使图上各种要素的转绘有了一个宏观的图像标准，可以加快制图进度。

5）遥感图像综合系列制图

环境遥感图像综合系列制图是在一定的制图区域内，利用统一的遥感图像资料，通过多专业联合调查，相互引证，综合分析，结合各自专业特点。按照统一的比例尺、分类原则和制图单元编制成套的专题地图。它既有专业要素的特点又具备系统的综合性，从而为各自然要素统一协调和综合制图提供了保证。

6.2 地图设计

地图设计的任务是根据编图任务书的要求，确定地图生产的规划和组织，根据地图的用途选择地图内容，设计地图上各种内容的表示方法，设计地图符号，设计地图数学基础，研究制图区域的地理情况，收集、分析、选择地图的制图资料，确立制图综合原则和指标，进行地图的图面设计和整饰设计，配置制图硬、软件，设计数据输入、输出方法等。

6.2.1 地图总体设计

地图编辑人员根据国家或各级规划设计、生产部门下达的地图编制任务，或根据国家科学技术发展规划确定的地图编制课题。首先明确编图的目的意义和基本用途，这是地图设计的出发点。然后确定地图的选题内容、制图区域范围和成图比例尺。由于编图的目的与用途的不同，地图的内容详细程度和表示方法有很大差别。地图比例尺的确定除考虑地图用途外，还要考虑所掌握制图资料的详细程度以及图面大小与纸张规格。比例尺一般应为简单整数比。整个制图区域必须有比成图比例尺大一些的编图资料，或地图上能够表示的行政单元的统计资料。根据预先考虑的大致比例尺，在充分利用幅面的前提下，根据制图范围的大小，确定地图开幅。地图幅面一般分全开、对开、四开、八开等。如果制图区域范围较大，可采取多幅地图拼接。一般大于两全开地图，多采取对开多幅拼接。

6.2.2 地图资料的搜集与分析

地图资料是编制地图的基础，对编图质量影响很大。地图资料的搜集、分析和整理是编辑准备工作的重要一环。地图资料根据利用程度分为基本资料、补充资料与参考资料。基本资料是编图的最基本的或最主要的资料。补充资料和参考资料仅作补充参考用。按照资料的形式不同，还可分为地图资料、影像资料、数据资料（观测与统计数据）和文字资料。在编制中小比例尺普通地图或专题地图的地理底图时，应搜集整个制图区域最新的航测大比例尺地形图，或利用航测地形图编制的中比例尺地形图（如 1：25000，1：500000或 1：1000000 地形图）作为基本资料。若有些地形图是十多年甚至二十多年前编制出版的，地图上表示的许多内容已发生变化，如增加了新的渠道、水库、铁路、公路、居民点，行政区划和地名的变动也是经常遇到的，应特别注意收集这一部分的现势资料。国外有的制图机关或地图资料中心专门负责收集这一部分的现势资料，并把各种变化标在底图上，定期编绘发布或正式出版，这对及时更新地图，保证地图的现势性很有作用，如日本的《地图情报》就是这种现势资料地图的汇编。在数据资料方面，对于编制气候、水文等地图，最好搜集多年的观测资料。一般资料积累时间越长其平均值越准确。

而经济统计资料，需要有整个制图区域范围内制图行政单元统一的代表年份的统计数据。对于编制各种类型的专题地图，除了搜集各种大中比例尺同类型专题地图以外，航空与卫星影像资料也是必不可少的。对于编制大比例尺专题地图，航空高分辨率的卫星影像（包括多波段、黑白、雷达影像）的分析利用是主要的。文字资料对于了解制图区域与制图对象的特点和分布规律，有重要的参考作用。对已搜集的各种资料，都要进行分析评价，以确定其利用的程度。

6.2.3 制图区域与制图对象的分析研究

在准备工作中，对制图区域与制图对象的分析研究也是很重要的。因为只有深刻了解制图区域和制图对象的特点和分布规律，才能有意识地在地图上加以反映。这对于确定地图内容的分类、分级和拟订图例，对选择地图表示方法，确定地图内容的选取、概括与轮廓界线的勾绘等，都有重要作用。

关于地图数学基础的选择与地图概括原则的确定，也是地图设计阶段的任务之一，有关章节都有介绍，这里不再重述。

6.2.4 地图设计书或大纲的编写

地图设计最终体现在地图编制大纲或地图编制设计书上面。地图编制大纲或地图编制设计书是编制地图的指导文件，是编图的指南。一般应包括下列内容：

（1）图名、比例尺，地图目的、用途和编图原则与要求；

（2）地图投影与图面配置；

（3）编图资料的分析评价和利用处理方案；

（4）地图内容、指标，表示方法和图例设计；

（5）地图概括（制图综合）的原则要求和方法；

（6）地图编绘程序与工艺；

（7）图式符号设计与地图整饰要求；

（8）附件，一般包括图面配置设计，资料及其利用略图，地图概括样图，图式图例（包括符号、色标）设计等。

对于专题地图，还要增加底图的编绘。多幅地图、系列地图和地图集等大型地图制图任务，一般都要由地图主编或总编辑拟订整个制图任务的编图大纲或总设计书。而其中的各幅地图往往还有具体的编辑指示，由各幅地图的编辑制定。这种编辑指示是按照编图大纲或总设计书的原则要求，提出对各图幅的具体要求和规定。编图大纲或总设计书都要经过地图集编委会或主管领导部门的审定。

国家基本地形图的各种比例尺系列地形图都有统一制定和颁发的地图规范及其图式图例。地质、林业、水利等部门的大中比例尺专题地图，如1∶5万、1∶25万及1∶100万地质图、矿产图、水文地质图都有主管部门统一制定的制图规范及其图式图例。全国1∶100万地貌图、土壤图、植被图、土地利用图、土地类型图、土地资源图等也由各地图的编委会统一制定和出版了制图规范及其图式图例。在这种情况下，不必再写编图大纲或总设计书，只需制定编图说明或单幅地图的实施方案。重点对编图资料进行深入分析，在对制图区域特点进行分析的基础上，提出地图概括的原则和方法，用以指导地图的编绘工作。

6.2.5 地图设计文件

地图编制技术设计文件主要包括项目设计书、专业技术设计书。项目设计是对项目进行的综合性整体设计；专业技术设计书是对专业活动的技术要求进行的设计，是指导制图区域各图幅编绘作业的专业技术文件。项目设计书和专业技术设计书的编写应按国家测绘局发布的行业标准《测绘技术设计规定》（CH/T 1004—2005）的相应规定执行。

1. 任务概述

说明任务来源、制图范围、行政隶属、地图用途、任务量、完成期限、承担单位等基本情况。对于地图集（册），还应重点说明其要反映的主体内容等。对于电子地图，还应说明软件基本功能及应用目标等。

2. 作业区自然地理概况和已有资料情况

（1）作业区自然地理概况，包括作业区地形概况、地貌特征、困难类别和居民地、水系、道路、植被等要素的主要特征。

（2）已有资料情况，包括已有资料采用的平面和高程基准、比例尺、测制单位和年代，数量、形式、质量情况和评价，列出基本资料、补充资料和参考资料及资料利用的可能性和利用方案等。作者原图或其他专题资料的形式、质量情况，对其利用方案加以说明。

3. 引用文件

说明专业技术设计书编写中所引用的标准、规范或其他技术文件。文件一经引用，便构成专业技术设计书内容的一部分。

4. 成果（或产品）规格和主要技术指标

说明地图比例尺、投影、分幅、密级、出版形式、坐标系统及高程基准、等高距、地图类别和规格，地图性质、精度以及其他主要技术指标等。

对于地图集（册），还应说明图集的开本及其尺寸、图集（册）的主要结构等主要情况。

对于电子地图，还应说明其主题内容、制图区域、比例尺、用途、功能、媒体集成程度、数据格式、可视化模型、数据发布方式及可视化模型表现等。

6.3 计算机地图制图

以计算机及计算机控制的输入、输出设备为主要工具，通过数据库技术和数字处理方法实现的地图制图，称为计算机地图制图。由于在制图过程中，系统内部都是以数字形式传递地理信息并通过对数据的处理来完成图形变换，所以又称为全数字制图。

计算机地图制图是制图技术的变革，自然会引起制图工艺过程的变化，但其制图理论，例如制图资料的选择，地图投影和地图比例尺的确定，地图内容和地图表示法，地图内容制图综合的原则等，同传统制图并没有实质性的区别。

6.3.1 计算机地图制图技术的发展

对数字地图制图来说，电子计算机是其形成和发展的基本物质条件，工程设计领域中计算机图形学则为计算机地图制图奠定了一定的理论基础和物质基础，而遥感技术以及获取地理数据的各种电子设备则促使机助制图向纵深发展。机助制图技术的发展可分为三个阶段：

1. 初级阶段

大约20世纪60年代初期至60年代后期。当时的计算机大致处于第二代产品阶段。有关机助制图系统的配置是主要的研究课题，包括硬件设备和以获取图形显示为目标的软件的研制。其标志为20世纪50年代末，美国Colcomp公司研制成功数控绘图机，为构成基本的自动绘图系统创造了基本条件；1963年，美国麻省理工学院研制第一套人机对话交互计算机绘图系统，1964年牛津大学首先建立了牛津自动制图系统，并首次进行了地形图的机助制图。牛津系统的首次实验，引起了国际制图界的极大兴趣和广泛重视。几乎与此同时，美国哈佛大学计算机绘图实验室研制成功SYMAP系统，这是以行式打印机作为图形输出设备的一种制图系统。这两个机助制图系统的诞生，对这一新兴学科的发展，作出了开创性的贡献。

2. 发展阶段

自20世纪60年代后期到80年代中期，是机助制图的发展阶段。在这一阶段，计算机及其外部设备的研制取得了突飞猛进的发展，已出现第三、第四代产品。在这样的环境下，机助制图以空前的速度和规模发展。这一阶段的主要研究课题是数字地图的应用问题。从地图上或通过其他途径获取的地面数据，除了用于恢复原来的地图图形和产生新的地图以外，更重要的是为军事、规划、设计和管理部门提供咨询服务，使他们能快速地、准确地获取必要的地理信息。

3. 飞跃阶段

从20世纪80年代中期至今，随着新一代计算机产品的出现，机助制图进入了飞跃阶段，各种制图硬件和软件得到进一步的完善，并引入了专家系统，地图概括也初步实现了智能化，并最终形成了完整的电子出版系统；另一分支是发展为完善的地理信息系统，制图系统成为地理信息系统的一个子系统，配合地理信息系统强大的空间分析功能，使制图系统更具自动分析功能，各种专题图的制作也更为方便、精确。

伴随着计算机网络时代的到来，网络地图系统、网络地理信息系统也已出现，并正向大型网络（Internet/Intranet）方向发展，向开放标准的软件开发工具发展，向数据仓库提供图形解决方案发展，向空间和属性数据的统一数据库管理方向发展。随着这些新的发展，地图系统必将在更广的范围、更深的层次上为人们所应用。

6.3.2 计算机地图制图的基本流程

用计算机制作地图的过程，随着软、硬件的进步会不断变化，目前分为以下四个阶段：

1. 地图设计（编辑准备）

根据对地图的要求收集资料和地图数据，并加以分析评价，确定地图投影和比例尺，选择地图内容和表示方法，图面整饰和色彩设计，确定使用的软件和数字化方法，最后成果是地图设计书。地图设计阶段也称为编辑准备。

2. 数据输入（数据获取）

数据输入又称为数字化或数据获取，将作为编图的资料，扫描输入计算机，或直接将地图数据（包括GIS数据库地图数据、野外数字测量地图数据、数字摄影测量地图数据、GPS数据等）、图像数据（如遥感影像数据）输入计算机。其目的是将制图资料转换成计算机可以接受的数字形式，以数据库的形式记录在计算机的可存储介质上供调用。

3. 数据处理

通过对数据的加工处理，建立起新编地图的以数字形式表达的图形。一是数据预处理，对地图数据进行检查、纠正，统一坐标原点，进行投影变换，比例尺转换；二是为了实施地图编制而进行的计算机处理，包括地图数学基础的建立，数据的符号化，地图要素的地图概括，图形编辑，地图符号、注记的配置和图廓整饰等。

4. 图形输出（数据输出）

图形输出阶段是将数字地图变成可视的地图形式，输出方式主要有：① 计算机屏幕上显示地图；② 打印机喷绘地图；③ 地图数据传输到激光照排机，输出供制版印刷用的四色（CYMK）片；④ 传到数字制版机（Computer-to-Plate，CTP），制成印刷版；⑤ 传到数字印刷机可直接印出彩色地图。

6.3.3 地图分层

“分层”是数字地图制图中一个很重要的概念。例如一幅城市中心的数字化底图，图上就有很多不同的要素类型：面状的要素，如街区地块、绿地、湖泊等，线状的要素，如交通路线、道路名称注记等。不同的图形要素类型具有不同的图形空间结构，所以应当将不同图形要素类型分为不同的图层存放。

现有的桌面制图软件和专业GIS软件对“层”的称法不尽相同，有“Layer”、“Coverage”等，它们均按图层来组织地图数据。

对于同一地理区域，不同专题的数字地图产品会使用同一图形数据，例如城市交通图和土地利用图上都有名称要素。通过图形要素的分层，可以方便地实现不同数字产品之间数据的“共享”，从而大大减少数字化作业量，同时也可保证地图数据的质量。

空间要素常常采用分层的方法进行组织管理。表6.1列出了《全国市（地）级土地利用总体规划数据库标准》图层描述。

6.3.4 图形要素编辑

无论以何种数字化方式输入数据，都会出现误差，应进行图形的编辑工作以及检查误差。主要的编辑工作有图形要素的修改、增加、删除和图幅拼接。

1. 图形单元的修改与增删

造成同一多边形不闭合或同一线段不连接的原因可能是数字化引起的误差，例如忽略了点与点之间的连接，也可能是输入了错误的代码；当相邻多边形的共同边界需要数字化二次时，便会出现重叠和裂口。对于这类多边形或线段的空间逻辑性错误，需要在数字化后通过对相关节点进行移动、删除或增加适当节点，以纠正错误。

表6.1 空间要素图层描述

序号	图层分类	图层名称	几何特征	属性表名	约束条件
1	境界与行政区	行政区	Polygon	XZQ	M
		行政区界线	Line	XZQJX	M
		行政区注记	Annotation	XZQZJ	O
2	地貌	等高线	Line	DGX	O
		高程注记点	Point	GCZJD	O
3	地理注记	地理名称注记	Annotation	DLMCZJ	M
4	规划基础信息	风景旅游资源	Polygon	FJLYZY	O
		面状基础设施	Polygon	MZJCSS	O
		线状基础设施	Line	XZJCSS	O
		点状基础设施	Point	DZJCSS	O
		主要矿产储藏区	Polygon	ZYKCCCQ	O
		蓄滞洪区	Polygon	XZHQ	O
		地质灾害易发区	Polygon	DZZHYFQ	O
		规划基础信息注记	Annotation	GHJCXXZJ	O
5	基期现状	基期地类图斑	Polygon	JQDLTB	M
		基期线状地物	Line	JQXZDW	M
		基期零星地物	Point	JQLXDW	M
		基期地类界线	Line	JQDLJX	M
		基期现状注记	Annotation	JQXZZJ	O
6	目标年规划	土地利用功能分区	Polygon	TDLYGNFQ	M
		土地利用功能分区注记	Annotation	TDLYGNFQZJ	O
		规划基本农田集中区	Polygon	GHJBNTJZQ	M
		规划基本农田集中区注记	Annotation	GHJBNTJZQZJ	O
		规划基本农田调整	Polygon	GHJBNTTZ	O
		规划基本农田调整注记	Annotation	GHJBNTTZZJ	O
		建设用地管制边界	Line	JSYDGZBJ	M
		建设用地管制区	Polygon	JSYDGZQ	M
		建设用地管制区注记	Annotation	JSYDGZQZJ	O
		土地整治重点区域	Polygon	TDZZZDQY	M
		土地整治重点区域注记	Annotation	TDZZZDQYZJ	O
		面状土地整治重点项目	Polygon	MZTDZZZDXM	O

续表

序号	图层分类	图层名称	几何特征	属性表名	约束条件
6	目标年规划	面状土地整治重点项目注记	Annotation	MZTDZZZDXMZJ	O
		线状土地整治重点项目	Line	XZTDZZZDXM	O
		线状土地整治重点项目注记	Annotation	XZTDZZZDXMZJ	O
		点状土地整治重点项目	Point	DZTDZZZDXM	O
		点状土地整治重点项目注记	Annotation	DZTDZZZDXMZJ	O
		面状重点建设项目	Polygon	MZZDJSXM	M
		面状重点建设项目注记	Annotation	MZZDJSXMZJ	O
		线状重点建设项目	Line	XZZDJSXM	M
		线状重点建设项目注记	Annotation	XZZDJSXMZJ	O
		点状重点建设项目	Point	DZZDJSXM	M
		点状重点建设项目注记	Annotation	DZZDJSXMZJ	O
7	规划栅格图	土地利用现状图		TDLYXZT	M
		土地利用总体规划图		TDLYZTGHT	M
		建设用地管制分区图		JSYDGZFQT	M
		基本农田保护规划图		JBNTBHGHT	M
		土地整治规划图		TDZZGHT	M
		重点建设项目用地布局图		ZDJSXMYDBJT	M
		中心城区土地利用现状图		ZXCQTDLYXZT	M
		中心城区土地利用总体规划图		ZXCQTDLYZTGHT	M
约束条件取值：M（必选）、O（可选）					

注：《市（地）级土地利用总体规划数据库标准》（TD/T 1026—2010）。

2. 图幅拼接

当对底图进行数字化或扫描后，如果设备的工作区间较小，或由于图幅比较大，难以将研究区域的底图以整幅的形式来完成，就需要对图幅进行拼接处理。在分幅输入完成并经过误差检查和比较后，虽然对每一分幅来讲错误纠正是完成了，但在两幅图进行拼接时，一般仍会出现边缘不匹配的情况，因此，需要进行图幅数据边缘匹配处理。一般的方法是先对准两幅图的一条边缘线，然后再调整其他线段，使其保持连续性。

6.3.5 专题地图设计

以计算机桌面制图系统进行专题地图的制作已相当普遍，同一地理信息可以用不同的表示方法和符号系统来传递，最常见的专题地图表示方法有点密度、等级符号、独立值、范围法、直方图、饼图等。同一表示方法也可以传递不同的地理信息。

制作专题地图是根据某个特定的专题对地图进行渲染的过程。专题通常是数据的某些特有属性字段（或称“专题变量”），渲染不仅是指对色彩的渲染，而且还包括所用的填充图案、符号以及用于显示地图数据的专题方法（例如饼图和直方图）。专题渲染图层作为单独的图层绘制在基础底图图层上面，两者是分开存放的。

在桌面制图软件环境下，一般的专题制图步骤为：

（1）确定所执行的专题变量，确定使用的专题表示方法。其中饼图和直方图可以一次显示多个专题变量，其他类型一次则只能显示一个变量。

（2）确定从何处获取数据，特别是使用不同图表上的数据时，需要通过数据之间的聚合来实现。

（3）自定义专题图例。创建专题地图时，软件会自动创建图例，并解释颜色、符号、大小分别代表什么，但用户可以进行自定义，例如更改颜色和符号、改变图例的顺序、增加标题和副标题、自定义字体和变量范围等。

6.3.6 图面配置与输出

最终的数字地图产品不仅包括各种分层的图形要素，还可能包括与图形相关的各类统计图表、图例乃至图片，所以需要将不同的图形窗口、统计图窗口和图例窗口在一个页面上妥善地安排，这就是图面的配置问题。现有的许多桌面制图软件都提供了多窗口、多种图表进行图面配置的功能。

地图输出功能设计一般包括输出设备类型、输出纸张、输出幅面、比例尺、黑白或彩色等参数的选择。

【本章小结】

本章主要介绍了地图编制的基本内容：

（1）地图编制的方法与过程部分讲述了地图编制的不同方法，地图编制的过程，传统实测成图方法，地图编绘法以及遥感制图。

（2）地图设计部分主要包括总体设计，资料收集与分析，制图区域与制图对象的分析与研究，地图设计书或大纲的编写。

（3）计算机地图制图部分讲述了计算机地图制图技术的发展，计算机地图制图的基本流程，地图分层，图形要素编辑，专题地图设计，图面配置与输出等内容。

◎ 思考题

1. 叙述地图编制常用的几种方法。
2. 简述地图编制的主要阶段。
3. 地图设计分为哪几个阶段？各个阶段的主要任务是什么？
4. 地图编绘法包括哪几个过程？每个过程的主要任务是什么？
5. 叙述计算机地图制图的基本原理和一般过程。
6. 专题地图编制案例。

一、任务概述

（一）任务来源

根据湖北省政府工作需求，计划于2009年6月开始编制一幅《湖北省水稻产量图》（以下称为《产量图》），为省领导、农业部门及其他管理部门了解全省水稻产量的分布；为省农业规划和发展的决策服务。本项目名称为“《湖北省水稻产量图》的编制”。主要任务：《产量图》设计、《产量图》制作。

（二）制图区范围

制图区范围包括整个湖北省，采用矩形图幅。

（三）任务量与完成日期

任务量：《产量图》设计、《产量图》制作。

完成日期：要求于2009年7月完成。

二、制图区域地理概况

湖北省位于中国的中部。东经108°21′42″~116°07′50″、北纬29°01′53″~33°6′47″。东邻安徽，南界江西、湖南，西连重庆，西北与陕西接壤，北与河南毗邻。东西长约740km，南北宽约470km。国土总面积18.59×$10^4$$km^2$。

全省地势大致为东、西、北三面环山，中间低平，略呈向南敞开的不完整盆地。山地占56%，丘陵占24%，平原湖区占20%有12个省辖市、1个自治州、38个市辖区、24个县级市（其中3个直管市）、37个县、2个自治县、1个林区。省会武汉。

2008年农业生产保持稳定发展。粮食实现较大幅度增产。全省粮食种植面积434万公顷，比上年增加12.1万公顷，粮食总产量2287.40万吨，比上年增产77.26万吨，增长3.5%。农业板块建设成效明显。全省已初步建成46个产粮大县。

三、编图资料情况

根据《产量图》编制目的、内容设计收集了最新相关资料。

（1）湖北省2008年统计年鉴，作为《产量图》的基本资料。

（2）湖北省1∶100万基础地理信息数据库，作为编制《产量图》底图的基本资料。

（3）在湖北省农业厅收集了粮食播种面积和产量最新资料，作为《产量图》补充资料。

制图资料丰富、现势性好，能满足成图的内容表示和精度的要求。

四、地图产品规格

《产量图》作为各级领导和管理部门进行宏观决策提供科学依据，考虑到湖北省平面图形的形状，采用4开（510mm×360mm）。

由于需要的数量较少，20份，用高精度彩色喷墨打印机打印，压膜的精装形式。

五、《产量图》的设计要求

（一）投影的设计要求

《产量图》投影设计要求变形较小、要强调区域形状视觉上的整体效果，平面图形形状不变。

（二）《产量图》表示方法设计要求

《产量图》要反映各县水稻的单产水平和各县水稻的总产量以及它们的分布规律。

（三）《产量图》工艺流程设计要求

《产量图》的设计、编制、编辑与出版采用计算机为核心的电子出版技术，即微机集成环境下的地图桌面出版技术（简称地图DTP）。将地图设计、编制、编绘、清绘、数据处理融为一体。采用1∶100万数字地图作为编制地理底图数据资料，湖北省2008年统计年鉴，作为《产量图》的基本资料。

六、《产量图》的编制要求

（一）地理底图的设计与编制

对反映县水稻的单产水平和各县水稻的总产量分布规律有作用的水系、居民地、道路网、境界线进行设计与编制。

（二）专题要素的设计与编制

《产量图》专题要素要从相对和绝对两方面描述各区域的水稻的产量。

七、质量检查和措施要求

（一）检查验收依据

① CH 1002—95《测绘产品检查验收规定》；

② CH 1003—95《测绘产品质量评定规定》；

③ 本图幅技术设计书。

（二）质量措施

① 作业人员应认真学习技术设计书，新作业员培训合格后上岗；

② 生产过程中各工序上交产品应经质量管理部门人员检查合格方可转入下一道工序；

③ 加强工序管理，产品质量取决于作业的质量，作业人员应认真执行图幅技术设计书；

④ 严格执行图组、部门的两级检查和一级验收制度；

⑤ 按技术设计书和有关规定对产品进行过程检查和最终检查。

试写出《产量图》编制的工艺设计方案及编制流程。

第7章　地图分析与应用

【教学目标】

学习本章，要掌握目视分析法，掌握坐标量算、高程量算、方位角量算、长度量算、坡度量算、面积量算和体积量算等地图量算分析法；了解地图数理统计分析法和数学模型分析法；识记三北方向和三种偏角的概念；了解地图在各学科、领域和部门的应用。

7.1　地图分析

7.1.1　地图分析的概念

地图分析是把地图表象作为研究对象，对于我们感兴趣的客体，利用地图上所载负的客观实体的信息，用各种技术方法对地图表象进行分析解译，探索和揭示它们的分布、联系和演化规律，预测它们的发展前景。用图者通过地图分析，不仅可以获得用地图语言塑造的客观世界，而且可以获得未被制图者认识、在地图模型中没有直接表示的隐含信息，即可超过制图者主观传输的信息，如通过等高线图形的分析解译，则可获得有关地势、坡度、坡向、切割密度、切割深度等一系列形态特征信息；如果将等高线图形与水系图、地质图、土壤植被图、气候图比较分析，还可解释不同地貌类型、不同形态特征的成因及其未来演变趋势。

地图应用包括地图阅读、地图分析和地图解译三个部分。地图分析是地图阅读的深化和继续，它是通过地图分析解译来获取隐含地图中的间接信息。地图阅读就是通过符号识别，获取地图各要素的定名、定性、等级、数量、位置等信息，通过人的思维活动，形成对地理环境的初步认识。地图阅读是地图分析的基础，它只能获得地图中的直接信息，而地图中隐含的间接信息必须通过地图分析解译来获取，如阅读人口密度图，只能获得某地、某个时期的人口密度，只有通过多幅地图的比较分析，才能认识人口密度与海陆位置、地形、交通、土地开发利用程度的相关性及相关程度的大小；通过数学模型分析，才能建立人口密度与相关因素间的最佳数学模型，并根据数学模型进行推断和预测。地图解译是指用图者在阅读分析地图的基础上，应用多学科知识，对所获取的地图信息作出理解、判断和科学推测，是地图分析的深化。

地图知识是从地图上获取信息的基本保证；系统论、信息论是提取、组织、存储、传输地图信息的理论基础；地理及与地图信息相关的专业知识是分析解译地图信息，提供规划决策、预测预报的理论依据；数学、逻辑方法是地图分析解译不可缺少的科学手段；计算机科学、计算机制图、遥感与 GIS 等现代科学技术是提高地图分析解译效率、扩大地图应用领域的技术保证。

7.1.2　地图分析的作用

1. 获得各要素的分布规律

通过地图分析，可以认识和揭示各种地理信息的分布位置（范围）、分布密度和分布规律。进行地图分析时，首先要通过符号识别，认识地图内容的分类、分级以及数量、质量特征与符号的关系。接着要从符号形状、尺寸、颜色（或晕线、内部结构）的变化着手分析各要素的分布位置、范围、形状特征、面积大小及数量、质量特征，进而阐明分布规律，并解释形成规律的原因。

2. 利用地图分析揭示各要素的相互联系

通过普通地图分析，可以直接获得居民地与地形、水系、交通网的联系与制约关系；获得土地利用状况与地形、与各类资源的分布及数量、质量特征，与交通能源等各项基础设施水平的关系等。普通地图与相关专题地图的深入分析，更能揭示地理环境各组成要素相互依存、相互作用和相互制约的关系。如分析我国的地震图和大地构造图，可以发现断裂构造带与地震多发区密切相关，强烈地震多发生在活动断裂带的特殊部位。

从地图上获取数据、绘制剖面图、玫瑰图等相关图表，亦可揭示各要素的相互关系。如在地形剖面图上填绘相应的土地利用类型符号，可揭示土地利用类型与地面坡度及海拔高度的关系；又如在水系图上量算不同流向的径流长度并绘制方向玫瑰图，同时在地质图上量算不同方向的断层线长度并绘制方向玫瑰图，将两种玫瑰图叠置分析，即可获得河流分布与地质断层线之间的相互关系。

各要素的相互关系，还可通过地图量算获得同一点位相关要素的数量大小（如人口密度、地面高程、坡度、气温、降水等），通过计算比较相关系数大小，分析相关程度；还可应用量算数据，建立数学模型，揭示相关规律。

3. 研究各要素的动态变化

在用范围法、点值法、动态符号法、定点符号法、线状符号法表示的地图上，通过符号色彩、形状结构的变化，即可获得某一要素的时空变化。如在水系变迁图上用不同颜色、不同形状结构的地图符号表示了不同历史时期河流、湖泊及海岸线的位置、范围，通过地图分析，则可获得河流改道、湖泊变迁、海岸线伸长变化的规律，经过量算，还可求得变化的速度和移动的距离。

利用不同时期出版的同地区、同类型的地图比较分析，可以认识相同要素在分布位置、范围、形状、数量、质量上的变化。如比较不同时期的地形图，可了解居民地的发展和变化，了解道路的改建、扩建和新建，了解河流的改道、三角洲的伸长、湖泊的变迁、水库及渠道的新建，认识地貌形态的变化，土地利用类型、结构、布局的变化等，进而分析区域环境及人类利用、改造自然的综合变化。

4. 利用地图分析进行综合评价

综合评价就是采用定量、定性方法，根据特定目的对与评价目标有关的各种因素进行分析，并根据分析结果评价出优劣等级。如评价大田农业生产的自然条件，可选择对农作物生长起主导影响的热量、水分、土壤、地貌等因素，分析其区域差异，评价出不同等级。

5. 进行区划和规划

区划是根据某现象内部的一致性和外部的差异性所进行的空间地域的划分。规划是根据人们的需要对未来的发展提出设想和战略性部署。地图分析既是区划和规划的基础，又是区划和规划成果的体现。各类地图资料、图像资料、文字、数字资料的综合分析研究是确定分区指标、建立区划等级系统、绘制分区指标图的基础。进一步分析普通地图和分区指标图，可分别采用地图叠置分析或数学模型分析法，获得区划方案及确定分区界线，据此编制区划成果图。在各类综合规划、部门规划中，也必须利用各类地图、图像、文字、数字资料的综合分析了解规划区内部差异，分析各类资源在数量、质量、结构上当前的地域差异、分布特点、分析其动态变化。在对各类资源进行综合评价、潜力分析及需求预测的基础上，根据经济发展需要制定分区指标，划定功能分区，规划生产、建设布局，在地图上确定各类分区界线，编制总体规划及分项规划图。例如通过地形图量算分析，可以计算和预算工程规划的工程量、工作日、资金、物资和完成时间，协助解决建设项目选址、交通路线选线、土地开发定点、定量等一系列设计问题。

6. 利用地图进行国土资源研究

摸清国土资源情况，因地制宜进行国土整治、资源开发利用，发挥地区优势，合理进行生产布局。

7.1.3 地图分析的技术方法

根据地图提供的各种信息和制图对象的特征，进行具体分析和解译的方法，称为地图分析方法。地图分析的主要技术方法有目视分析法、量算分析法、图解分析法、数理统计分析法和数学模型分析法。

1. 目视分析法

目视分析法是用图者通过视觉感受和思维活动来认识地图上表示的地理环境信息。这种方法简单易行，是用图者常用的基本分析方法。

目视分析可采用两种方法：一是单项分析，即单要素分析，它将地图内容分解成若干要素或指标逐一研究。分析普通地图时，可首先分成水系、地貌、土质植被、居民地、交通线、境界线、独立地物 7 大要素阅读分析，进而将各大要素再分类、分指标阅读分析，如地貌要素可分为地貌类型、地势、地面坡度等指标进行分析；水系可分为河流、湖泊、水源等类型，分别研究其质量、密度、形态特征。二是综合分析，即应用地图学及相关专业知识，将图上的若干要素或指标联系起来进行系统的分析，以全面认识区域的地理特征。这两种方法相辅相成，应在单项分析的基础上进行综合分析，又在综合分析的指导下进行单项分析，目视分析就是通常的地图阅读分析。

目视分析可按一般阅读、比较分析、相关分析、综合分析和推理分析的步骤进行。

一般阅读就是根据图例认识地图语言，通过地图直接观察了解地区情况。这种分析只能获得研究区域的一般特征，且多为定性概念。

目视相关分析是在一般阅读的基础上，定性地揭示地理各要素之间相互联系、相互影响和相互制约的关系。如目视分析普通地图，可以认识居民地的类型及分布与地貌、水系、交通、土地利用类型之间的关系。相关分析可以认识事物的本质，揭示地理特征形成的原因，并为地图的深入分析找到突破口。

目视综合分析是在上述分析的基础上，应用地图学、地学及相关专业知识，将图上各类指标、各类要素联系起来进行系统分析，全面认识区域地理特征。如当通过地图分析获得研究区域有关土地构成要素——地质、地貌、土壤、水文、气候、植被等类型及其时空分布特征后，即可应用地图综合分析研究区域不同部位农用土地的适宜类及适宜程度。

目视推理分析是对地图可见信息进行全面细致分析后，应用以上分析获得的科学结论，以相关科学为依据，对现象的发展变化进行预测，对未知事物进行推断的分析法。推理分析是获取地图潜在信息的有效途径。如分析地质图、地貌图、植被图，在了解制图区域岩石、地貌、植被类型后，应用土壤学及相关学科知识进行推理分析，则可推断该区的土壤类型及其成因。

2. 地图量算分析法

1）地图量算概述

地图量算就是在地图上直接或间接量算制图要素从而获得其数量特征的方法。基本数据包括坐标、高程、长度、方向、面积、体积、坡度、气温、降水、气压、风力、产量、产值等。量算的形态特征数据包括天体形态数据、地貌及水体形态数据、土壤与植被形态数据、社会经济形态数据，其形态指标有密度、强度、曲折系数等。

地图量算可分为地形图量算、普通地理图量算和专题地图量算。大比例尺地形图内容详细、几何精度高，可满足各种基本数据量算要求；普通地理图概括程度高，几何精度和内容的详细程度相对较低，故只能作近似量算，主要用于区域地理环境的综合描述、宏观规划决策的参考；专题地图因其主题十分突出，主要用于研究区域专题要素的量算，其量算数据常作为普通地图量算成果的补充和深化。

地图量算的精度受多种因素的影响。主要影响因素有地图的几何精度、地图概括、地图投影、地图比例尺、图纸变形、量测方法、量测仪器及量测技术水平等。前五种为地图系统误差，后三种为量算技术系统误差。

（1）地图概括误差直接影响地图量算精度。首先，地图取舍的最小尺寸影响地图上显示的各类地理事物的精度。如规定某地理要素的图上最小图斑面积标准为 $1mm^2$，在 1∶1万地形图上显示该要素的精度为 $100m^2$；如果规定河流的取舍指标为 1cm，则 1∶1 万的地形图上显示河流的精度为 100m。这就意味着，$100m^2$ 或长度短于 100m 的地物地图上都没有表示，将大大影响量算精度。其次，地图概括对地理事物轮廓形状的简化，改变了面状地物轮廓线的长度、形状和面积。

（2）地图投影误差。一是地球自然表面描绘在地球椭球体表面的误差，二是地球椭球体面投影到地图平面上的投影误差。这两种误差都可以根据不同投影的变形公式计算出来，因此量算时可作系统改正。当投影变形值小于制图误差时，可不予改正。我国比例尺大于 1∶100 万的地形图采用高斯-克吕格投影，其长度、面积变形均小于制图误差，量算时一般不进行投影误差改正。

（3）不同比例尺地图规定了不同的图斑最小尺寸，最小尺寸决定了地图概括程度，进而影响量算精度。此外，不同比例尺地图在成图时都规定了地物点的中误差和最大误差。我国地形图测量、编绘规范中规定，图上地物点及其轮廓线的中误差一般不得超过 0.5mm，山区和高山地区不得超过 0.75mm，最大误差是中误差的 2 倍。由此即可计算出对应不同比例尺、不同地貌类型的点位实际误差，其计算公式为：

$$\left.\begin{aligned}
m_{点} &= 0.5\text{mm} \times M \\
m'_{点} &= 0.75\text{mm} \times M \\
m_{线} &= 0.5\text{mm} \times \sqrt{2} \times M \\
m'_{线} &= 0.75\text{mm} \times \sqrt{2} \times M
\end{aligned}\right\} \tag{7.1}$$

式中，$m_{点}$为平面地区点的坐标中误差，$m'_{点}$为山区和高山地区点的坐标中误差，$m_{线}$、$m'_{线}$分别为平原、山区和高山地区线段长度中误差，M 为地图比例尺分母。当量算任务的精度限制确定后，则可根据式（7.1）求出可用于完成量算任务的地图的比例尺。

（4）地图图纸伸缩对地图量算的影响主要表现在图纸、聚酯薄膜等在温度、湿度变化的情况下，会产生变形。如透明纸长度变形率为1%~2%，道林纸约为1%。图纸拉伸则使量算数据偏大；反之，量算数据变小。

（5）量测仪器的性能直接影响量算精度。精密日内瓦直尺量测距离的精度远高于普通直尺，计算机配合数字化仪量算面积的精度远高于普通机械式定极求积仪。

2）坐标量算

（1）直角坐标量算。

① 概略直角坐标量算。通常在 1∶10 万或更大比例尺地图上量算，概略坐标量算方法是在坐标方里格内估读。如图 7.1 所示，经过概略坐标量算得到：桥 1，x=66m，y=475m；桥 2，x=66m，y=479m。

② 精确直角坐标量算。通常在 1∶10 万或更大比例尺地图上量算，精确坐标量算的方法是借用于量尺精读。如图 7.2 所示，经过精确坐标量算量出 P 点的精确坐标为：x=85 650m；y=249 300m。

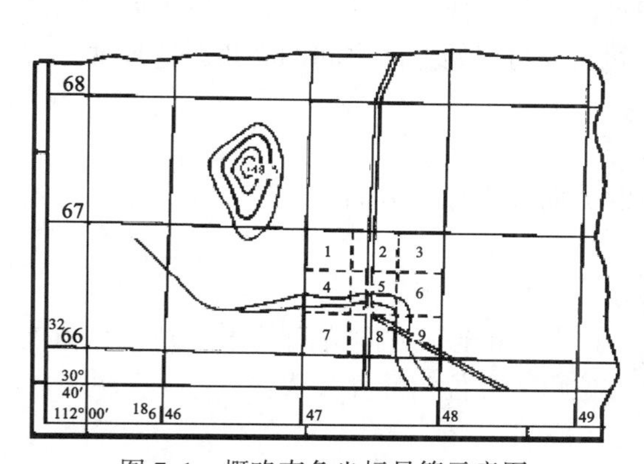

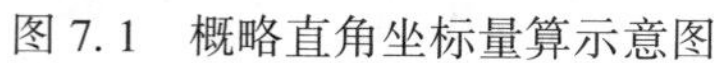
图 7.1 概略直角坐标量算示意图

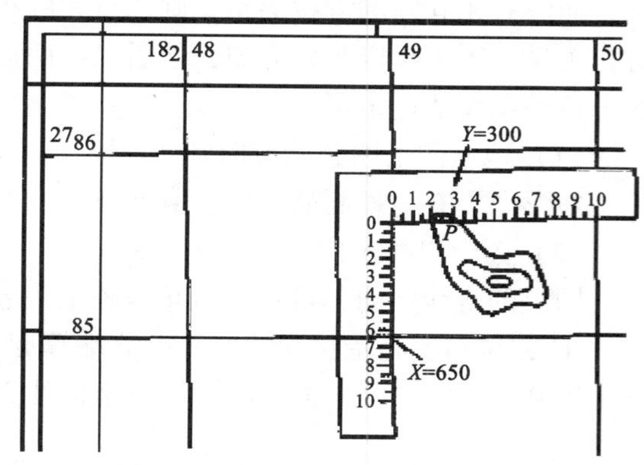

图 7.2 精确直角坐标量算示意图

（2）地理坐标量算。

通常在 1∶10 万或更小比例尺地图上量算，也可以在大于 1∶10 万比例尺的地图上量算。

① 分规地理坐标量算。先在图上作出过待测点平行纵横坐标的线，再用分规在分度带上量取该点到最近坐标线的线段长度，然后按分度带标出的经纬度按比例算出。如图 7.3 所示，用分规量算出 A 点地理坐标为：东经 112°01′45″E；北纬 46°21′24″N。

② 细分度地理坐标量算。在 1∶10 万或更小比例尺图分度带处细等分出短线，再作辅助线估读出数据。如图 7.4 所示，用经纬度等分划读出张店的地理坐标为：121°56.8′E；41°10.2′N。

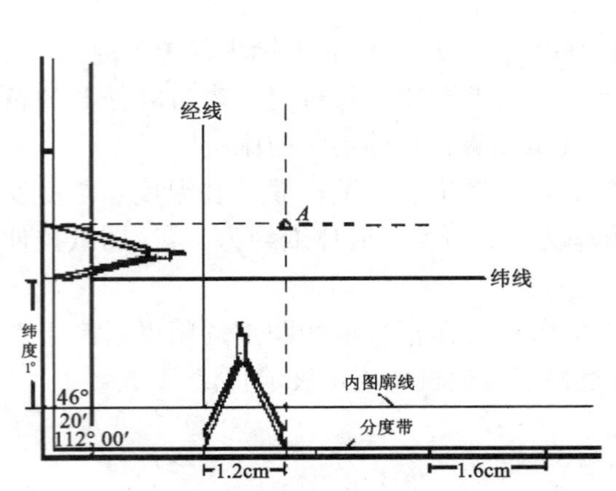

图 7.3　分规地理坐标量算示意图

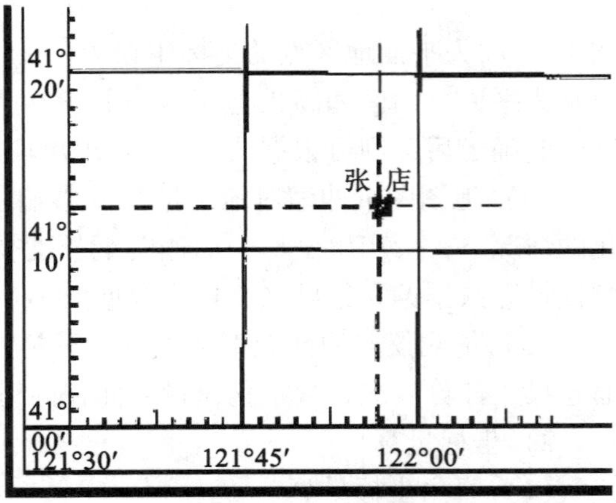

图 7.4　细分度地理坐标量算示意图

在采用正轴等角圆锥投影的 1∶100 万地形图的经纬网格中虽然只有经线为直线，而纬线为同心圆弧，但因其曲率很小，故在测定地理坐标时，就将弯曲的纬线作为直线进行量测。

3）方位角量算

在地形图应用中，往往还要从图上判定两点的相对位置。如果仅有两点间的水平距离，而没有相互间的方位关系，则两点间的相对位置是不能确定的。而确定图上两点间的方位关系，则需规定起始方向，然后求出两点间连线与起始方向之间的夹角，这样两点间的方位关系就能确定了。

（1）地形图上的起始方向。

地形图上有三种起始方向：真北方向、磁北方向和坐标北方向。

（2）图上直线定向。

图上的直线定向，可用方位角或象限角表示。

① 方位角，是指从起始方向的北端算起，顺时针量至某方向线间的水平角，角值变化范围 0°~360°。可根据线段两端点坐标计算方位角。方位角计算公式：

$$\alpha = \arctan \frac{y_B - y_A}{x_B - x_A}$$

方位角按使用的起始方向不同而有真方位角、磁方位角和坐标方位角之分。起始方向为真子午线，其方位角为真方位角；起始方向为磁子午线，其方位角为磁方位角；起始方向为坐标纵线，其方位角为坐标方位角。

② 象限角，是指从起始方向线北端或南端算起，顺时针或逆时针量至某方向线间的水平角，角值变化范围 0°~90°。象限角与方位角可以互相换算（表 7.1）。

在图上量测角度可用量角器进行。

表 7.1 **方位角与象限角的换算**

直线方向	从象限角 R 求方位角 A	从方位角 A 求象限角 R
北偏东（NE）	$A=R$	$R=A$
南偏东（SE）	$A=180°-R$	$R=180°-A$
南偏西（SW）	$A=180°+R$	$R=A-180°$
北偏西（NW）	$A=360°-R$	$R=360°-A$

4）高程量算

现代地形图是用等高线表示地形的高低起伏的。用等高线表示地形的主要优点是，通过等高线可以直接量取图面上任一点的绝对高程和相对高程，获得关于地形起伏的定量概念。

在图上求点的高程，主要是根据等高线及高程注记（示坡线及该图的等高距）推算。若所求算的点位于等高线上，则该点的高程就是所在等高线的高程。

如图 7.5 中等高线的基本等高距为 1m，p 点的高程为 20m。当确定位于相邻两等高线之间的地面点 q 的高程时，可以采用目估的方法确定。更精确的方法是，先过 q 点作垂直于相邻两等高线的线段 mn，再依高差和平距成比例的关系求解，则 q 点高程为：

$$H_q = H_n + \frac{mq}{mn} \times h = 23 + \frac{14}{20} \times 1 = 23.7\text{m}$$

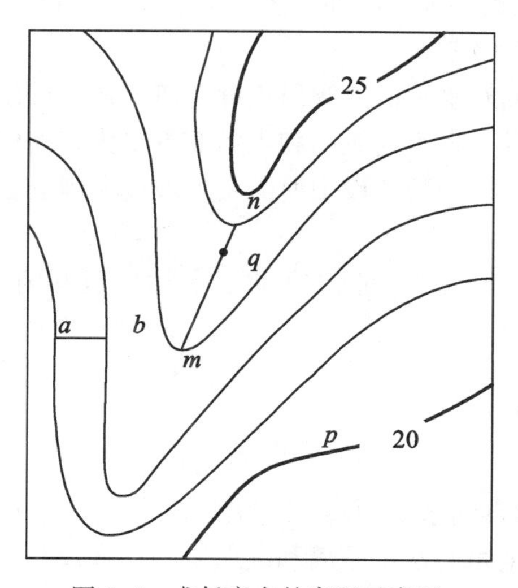

图 7.5 求任意点的高程示意图

如果要确定两点间的高差，则可采用上述方法确定两点的高程后，相减即得两点间高差。

5）长度量算

在地形图上进行长度量测，有直线长度量测和曲线长度量测两种。

（1）直线长度量测的方法如下：

① 两脚规量比直线长度。若求 P、Q（图上任意两点）的水平距离，最简单的办法是用比例尺或直尺直接从地形图上量取。

为了消除图纸的伸缩变形给量取距离带来的误差，可以用两脚规量取 P、Q 两点间的长度，然后与图上的直线比例尺进行比较，得出两点间的距离。更精确的方法是，利用前述方法求得 P、Q 两点的直角坐标，再用坐标反算出两点间距离。

② 依两点坐标计算直线长度当跨图幅量测两点间的距离或直线长度时，往往采用坐标计算法，即

$$PQ = \sqrt{(X_P - X_Q)^2 + (Y_P - Y_Q)^2} \tag{7.2}$$

式中，X_P、Y_P、X_Q、Y_Q 是从图上量取的坐标值。

用两点坐标计算直线长度，能避免图纸伸缩和具体量测过程中所造成的误差，可以得到精确的长度数据。

（2）曲线长度量测的主要方法有两脚规法、曲线计法，常用于量测河流、道路、海岸线的长度。近些年来，随着电子计算机技术和专业制图软件的广泛应用，可利用专业软件来量测曲线长度，能得到更加精确的量测效果。

6）面积量算

在科学研究和生产实践中经常会遇到面积的量算问题，如求算各种土地利用类型的面积，厂区面积和矿区面积，水库的汇水面积，灌溉面积等。除特殊需要实测外，通常可以直接从地形图上量测。

在图上量算面积的方法很多，如传统面积量算的方格法、方里网法、平行线法（又称梯形法）、求积仪法、权重法等，此外，还有利用计算机和光电扫描仪等量算方法。

7）坡度量算

地面坡度是指倾斜地面对水平面的倾斜程度。研究地面坡度不仅对了解地表的现代发育过程有着重要意义，而且与人类的生产和生活有着更为密切的关系。

在科学研究、生产实践、国防建设中所需要的坡度资料和数据，一般都是从大比例尺地形图上量测获得的。

（1）坡度的表示方法。图上两点间的坡度，是由两点间的高差和水平距离所决定的，具体表示方法有以下两种：

① 用坡度角表示：

$$\alpha = \arctan \frac{h}{D} \tag{7.3}$$

式中，α 为坡度角，D 为两点间水平距离，h 为两点间高差。

从上式可以看出，坡度角与水平距离和高差之间存在反正切关系。当知道两点间水平距离和高差，即可求出坡度角。

由等高线的特性可知，地形图上某处等高线之间的平距愈小，则地面坡度愈大；反之，等高线间平距愈大，坡度愈小。当等高线为一组等间距平行直线时，则该地区地貌为斜平面。

② 用比降表示。在工程技术上，往往采用 h/D 表示坡度，h 为两点间高差，D 为两点间水平距离。在具体表示上，有的用分母划为100、1000的百分比、千分比形式；有的用分子划为1的比例形式。

（2）用坡度尺量测坡度。

① 坡度尺的制作方法。根据公式：

$$D = h \times \cot\alpha \times \frac{1000}{M}(\mathrm{mm}) \tag{7.4}$$

求出相邻两条等高线间坡度为1°，2°，3°，…，30°的图上水平距离 D_1，D_2，D_3，…，D_{30}（式中 h 为等高距，M 为地形图比例尺的分母）；在绘好的水平基线上，按2mm间隔截取；在各截点上按 D_1，D_2，D_3，…，D_{30}的长度作水平基线的垂线，并将端点用圆滑曲线连接起来，即构成量测相邻两条等高线间坡度角的坡度尺。为了使5°以上的各种坡度表现更明显些，而采用5倍等高距，并在垂线上依次截取相应 D 值，即 D'_5，D'_6，D'_7，…，D'_{30}，用圆滑曲线连接起来，即构成量测相邻六条等高线间坡度的坡度尺，利用国家基本地形图量测坡度时，可利用南图廓外的绘制好的坡度尺直接量测。

② 坡度尺的使用方法。当等高线比较稀疏时，可用量测相邻两条等高线间坡度的坡度尺进行坡度量测。具体方法：先用两脚规量比图上欲求坡度的两条等高线间的水平距离，然后移至坡度尺上，使两脚规的一脚放在坡度尺水平基线上滑动，另一脚与曲线相交处所对应的水平基线上的度数，即为所求坡度。当等高线密集时，则使用量测相邻六条等高线间坡度的坡度尺进行量测，先在图上用两脚规量比欲求坡度的相邻六条等高线间的水平距离，然后移至坡度尺上量比，找到所求坡度数。

（3）求最大坡度和限定坡度。在地形图上量测坡度，有的是为了解某一区域范围内地表坡度的变化情况，有的是为了解某一方向、路线上的坡度变化情况。如在图上表示出地表水的径流方向，则需求最大坡度线；如在图上进行道路、水渠等方面的选线，则需求出限定坡度的最短距离即同坡度线。

① 求最大坡度线。地形图上由一点出发，向不同方向上的坡度是不相同的，但其中必有一个方向坡度最大。最大坡度线，在地形图上是垂直斜坡等高线的直线。因此，在地形图上求最大坡度线，就是求相邻等高线间的最短距离。垂直于等高线方向的直线具有最大的倾斜角，该直线称为最大倾斜线（或坡度线），通常以最大倾斜线的方向代表该地面的倾斜方向。最大倾斜线的倾斜角，也代表该地面的倾斜角。此外，也可以利用地形图上的坡度尺求取坡度。

② 求限定坡度线。就是在地形图上求两点间限定坡度的最短路线。对管线、渠道、交通线路等工程进行初步设计时，通常先在地形图上选线。按照技术要求，选定的线路坡度不能超过规定的限制坡度，并且线路最短。

8）体积量测

在科学研究与工程建设中，常常会遇到要了解地面各种水体的体积、山体的体积、工程的土方工程量、矿体的储量等。这类体积的求算都可以在地形图上进行，即根据地形图上的等高线量算体积。利用地形图量算体积，必须先在地形图上确定量算体积的范围界线和厚度（高），然后进行量算。由于各种欲量算体积的对象形状各异，精度要求和工作条件不同，采取的量算方法也不一样。常用的量算方法有等高线法、方格法、断面法等。

3. 图解分析法

依据地图绘制图形、图像或新的派生地图，更直观地揭示研究对象数量、质量特征的时空变化规律，显示研究对象与其他事物之间的相互联系、相互制约关系的地图分析法称为图解分析法。常用的分析图表有剖面图、玫瑰图、块状图、三角形图表、拓扑/畸变图、相对位置图表和各种统计图表。如根据等高线图绘制坡度图、切割密度、切割深度图等。

1）剖面图及其绘制

如图 7.6 所示，剖面图是表示沿剖面线地表高程和相关主题要素变化规律的图形。地形剖面图是绘制其他剖面图的基础。

德干高原的地形剖面和农作物分布示意图

图 7.6　剖面图/断面图示例

地形剖面图的绘制方法，如图 7.7 所示，步骤如下：

（1）确定剖面线，确定垂直和水平比例尺；

（2）绘制剖面基线，根据水平比例尺确定剖面线与各条等高线交点在基线上的位置，根据垂直比例尺确定该交点在垂直方向的端点；

（3）用光滑曲线将各端点连接成线；

（4）注记图名、水平和垂直比例尺、剖面线走向、制图者、绘制日期等。

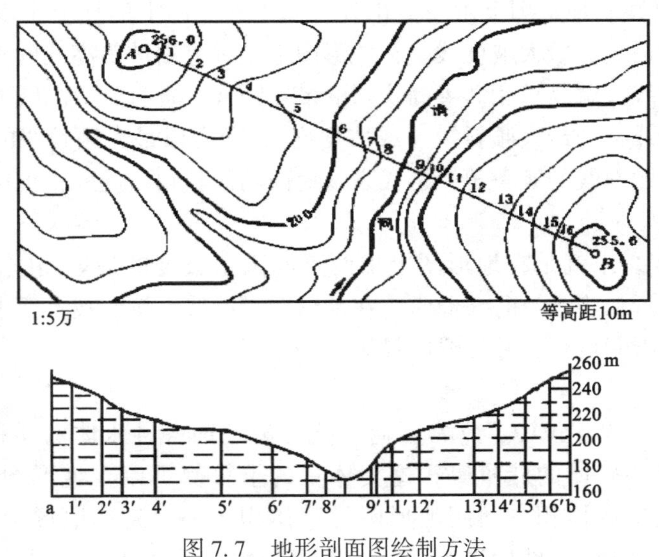

图 7.7　地形剖面图绘制方法

2）块状图及其绘制

倾斜视线条件下地表的图形和截面表达。块状图具有良好的直观性，在表现地壳构造与地表要素之间联系方面效果明显，如图 7.8 所示。

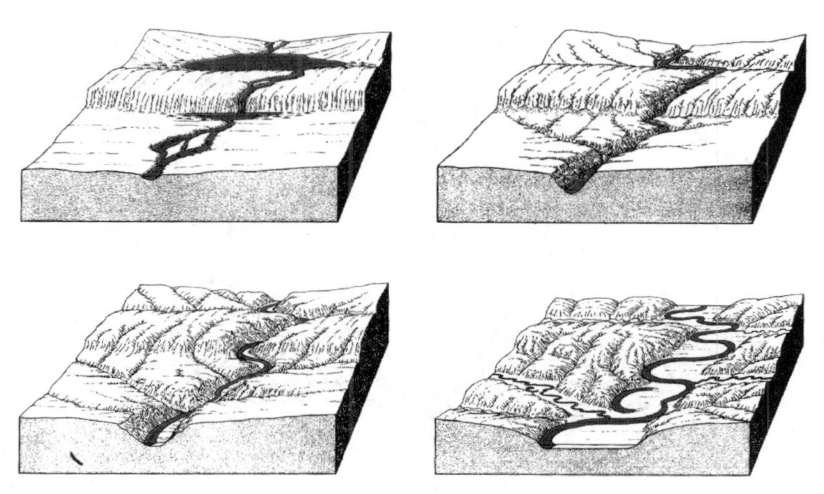

图 7.8 块状图表示的河流发育过程图解图

绘制方法如图 7.9 所示，步骤如下：

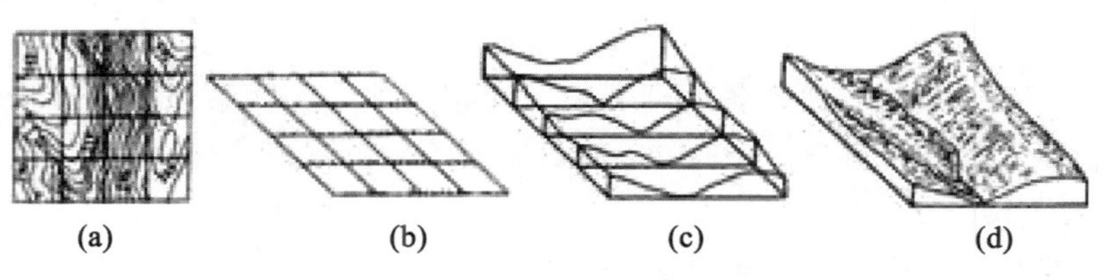

图 7.9 块状图的绘制与步骤图解

（1）以等高线地图为基础，绘制方格网；

（2）将方格网变换为斜方形网格，标出各条网格线与等高线的交点；

（3）根据等高线趋势，在斜方形网格的水平网格线上绘制地形剖面线；

（4）对由若干地形剖面线构成的“透视”图形骨架进行整饰，完成块状图。

3）三角形图

三角形图是反映主题要素空间结构和变化趋势的图表，如图 7.10 所示。

4）相对位置图

相对位置图又称拓扑图或畸变图，由规则几何图形构成，图形之间相对位置与实际空间相对位置保持一致，图形面积则与某种数量指标相关联，具有很强的对比性。

4. 地图数理统计法

以地图上表示现象的统计数量特征进行分析，通过一定数量的分析观察，透过众多偶然因素来阐明客观存在的普遍规律，主要研究它们在空间分布或一定时间范围内存在的变异，从中找出事物内在规律性的地图分析方法。主要包括基本统计分析法和地理相关分析

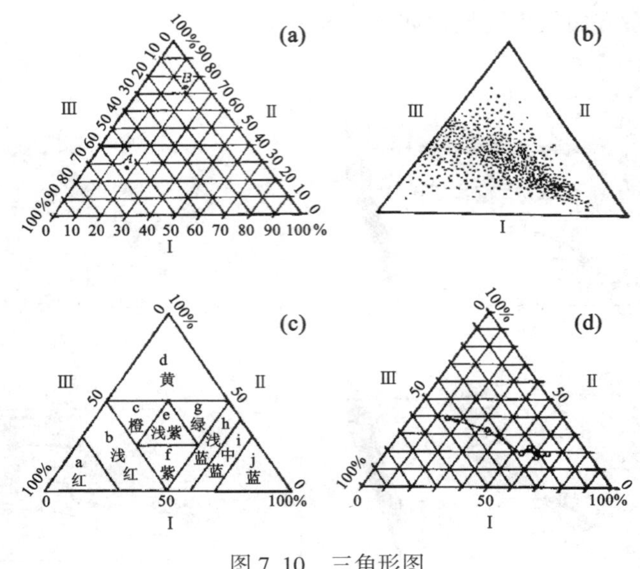

图 7.10　三角形图

法两种。

（1）基本统计分析法：是计算分析平均值、中位数、众数值、百分位数等集中趋势的统计特征值，以及计算分析极差、四分位偏差、标准差、方差等离散程度的统计特征值的方法。

（2）地理相关分析法：研究各地理现象之间相互关系和联系强度度量指标相关性的一种方法。在多元统计分析中，主成分分析是主要的分析方法。

5. 地图数学模型分析法

地图数学模型分析法是利用地图数学模型抽象概括描述制图对象的性质，配合地图数字模型（地图数字信息的集合）进行区域研究的方法，如图 7.11 所示。

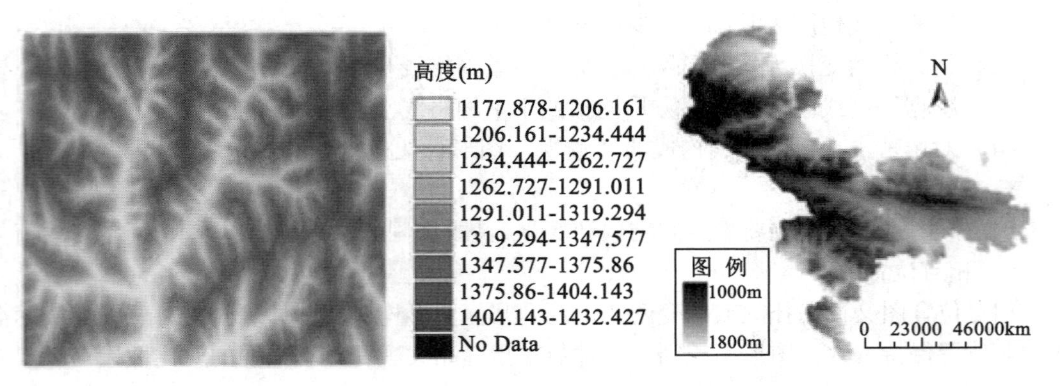

高程分级（左图：福建泰宁样区；右图：甘肃天祝县）

图 7.11　数字高程模型（DEM）

7.2 地图应用

7.2.1 地图在地学及相关学科科研中的应用

地学的各部门学科在进行科研工作时，一方面需要根据工作目的和要求选用各种比例尺适宜的地图作为地理底图，通过野外工作及室内地图分析，研究各种要素的分布规律、动态变化及相互联系，得到重要的研究结论、综合评价或做出预测预报；另一方面又把地图作为一种重要及独立的成果表达形式。地质工作者根据主要构造带图及其他相关地图的分析，确定石油地层分布，直接指导大型油田的勘探与开发；地震工作者根据地质构造图中活动断层的分布及其他资料，进行地震的中、长期预报。随着地图表示方法、分析功能的增加以及成图周期的缩短，地图不仅对原有地学领域的科学研究继续发挥更大的作用，而且还对一些地学交叉和边缘科学、非地学学科，甚至一些软科学领域，如环境科学、空间科学、医学、教育科学、管理科学等，以专题地图作品的形式加以影响。

7.2.2 地图在国土资源调查与管理中的应用

国土资源调查与管理中涉及大量空间信息和数据。地图作为空间信息的载体和最有效的表达方式之一，在国土资源调查与管理中是必不可少的工具。在土地资源调查与规划管理中使用的地图不仅要能覆盖管理的区域，而且应具有与使用目的相适宜的比例尺与地图投影，内容现势性要强，精度要高，并具有多比例尺的专题地图。地图资料将国土资源信息科学地汇集在一起，对国土资源的现状和演变过程做出深刻系统的分析，具体而形象地表示，如图 7.12 所示。

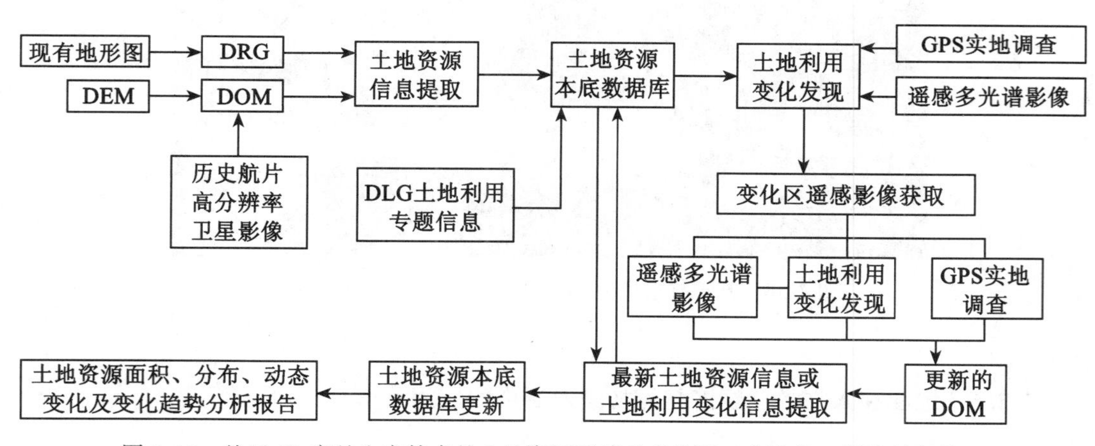

图 7.12 基于 4D 产品生产技术的土地资源遥感动态监测工艺流程（据张继贤等）

7.2.3 地图在生态环境保护与区划中的应用

地图在生态环境保护领域中的应用比较广泛，在生态环境背景调查、面源污染监测及分析与评价、生态环境影响评价、生态区划与规划、环境规划与管理等方面都有广泛应用。随着环境信息化的快速发展和计算机新技术在环境保护领域的普遍应用，地图在环境保护管理和决策工作中发挥的作用越来越重要。在退耕还林还草工作中，电子地图发挥了很重要的作用。

7.2.4　地图在灾害监测预报与防治规划中的应用

地图在防灾减灾工作中具有多方面的重要作用。通过现代地理信息技术的支持，在计算机环境中利用地图虚拟灾害的发生和发展过程，研究自然灾变现象和人类社会的相互作用机制，探索灾害系统的一些本质规律，为灾害的预测预报提供依据。数字地图和电子地图还可支持数字地球技术对灾害进行综合分析，对灾害造成的损失和灾害发展的态势，以及灾害对生态环境和社会经济发展造成的影响进行科学的评估。图 7.13 是用航拍所生成的某地区泥石流发展趋势图。

图 7.13　基于航空摄影测量的某地区泥石流发展趋势图

7.2.5　地图在人文社会经济与可持续发展中的应用

地图在农业方面的应用十分广泛，荒地开垦、沙漠治理、旱地灌溉、水土保持、防洪排涝、盐碱地改良、大规模的改造自然工程都离不开地图。我国早在 20 世纪 60 年代初，就开展了全国和各省（区）农业自然资源调查和农业区划工作，编制了配套的农业自然条件图、农业自然区划图和农业区划图，成为指导农业中长远规划的重要科学依据。

可持续发展决策的制定需要大量地理信息。我国经过多年的努力，已经积累了大量的原始数据和资料，建立了1000多个大、中型数据库，生产了大量的各类数字化地理基础图和专题图。随着国家基础地理空间信息设施建设和应用的深入，将分散在不同部门的难以有效利用的信息进行整合，在科学管理、快速处理和综合分析的基础上，按用户要求发布地理信息，使用户迅速获取所需的各类信息，逐步实现信息的充分利用和共享，为人文社会经济与可持续发展提供信息保障。

7.2.6 地图在交通与旅游中的应用

以电子地图为基础的智能交通系统，借助实时交通信息、通信网络、定位系统和智能化分析与选线系统，可以缓和道路堵塞和减少交通事故，提高驾车者的方便性和舒适性。在电子地图基础上构建的数字城市，将有关道路的各种信息组织起来加入系统，并实时接收相关的最新信息，据此，人们就可以准确选择最佳路径，节省驾驶人员的时间，减少能源的消耗及对大气污染。

人们在出门旅行前，需要弄清楚旅途上的交通路线和沿路所经过的旅游景点，计算到达目的地的日程，以便确定合理的线路和正确的方位。所有这些，都要借助或依赖于地图。旅游电子地图除包含丰富的信息可供查询检索，以及缩放、拖动、标注、测距、打印、导出等功能外，还可以通过电子商务与旅游业更完善的结合，更大程度上满足旅游业主客体的需求，更好地担当旅游业媒体介质的作用，如图7.14所示。

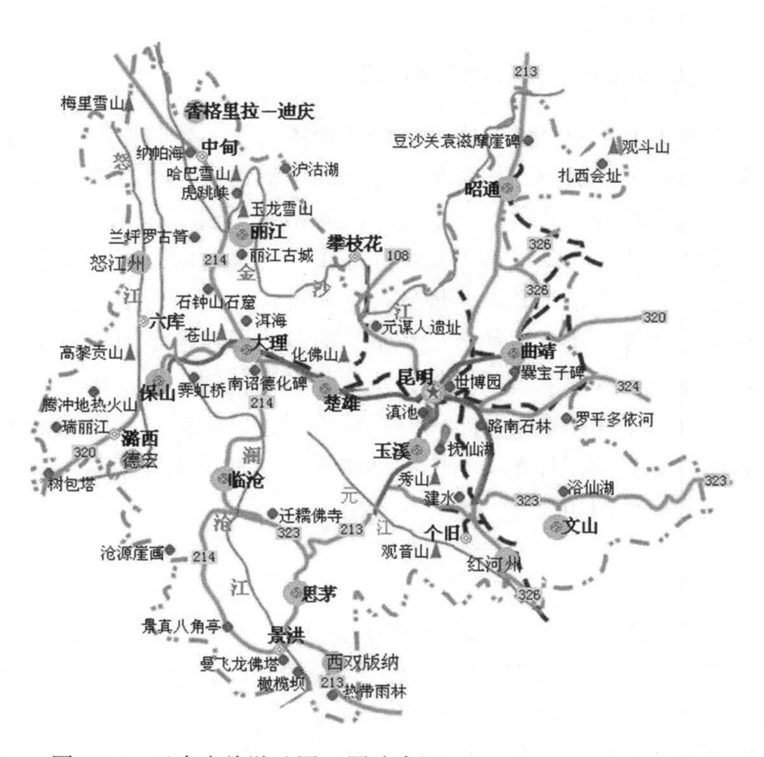

图7.14 云南省旅游地图（图片来源：http：//news.lvren.cn）

7.2.7　地图在医疗卫生与生活服务业中的应用

在医疗卫生中，地图也起着很重要的作用。例如，通过对我国血吸虫病的数据进行调查，并将其在地图上表示出来，就可以显示出我国血吸虫高发区的分布特点与规律，为研究我国引发血吸虫病的原因及治疗途径提供一定的依据。此外，电子地图还可以与定位技术配合，使 110、122、119、120 等提升救援反应能力。在教学活动中，特别是地理教学中，地图是不可或缺的重要教具和教学手段。在日常生活中，各种媒体也常常利用地图表现国家或地区的经济发展、政治活动、突发事件、逸闻趣事等。

7.2.8　地图在工程建筑与区域规划中的应用

工矿、交通、水利等基本建设，从选址、选线、勘测设计到工程施工，都离不开地图。工程设计总体布置图是设计文件中必不可少的文件，绘制总体布置图是设计中的首要任务。科学的区域规划是建立在对区域自然地理环境、人文社会经济发展状况等诸多要素全面了解的基础之上，相关数据的获取和有效管理是区域规划研究的前提和必要保障。在进行区域规划研究时，地图是重要的信息源之一，可以从中获取大量数据。利用 GIS 将空间信息、属性信息和时间信息关联起来，对地图数据进行管理，通过适当的处理和转换，有效地存储、更新、显示和利用各种相关数据，可及时地以用户所需的形式提供能满足区域规划研究需要的地图服务。

7.2.9　地图在军事作战与国防建设中的应用

地图在军事活动中的重要性是不言而喻的。地图对于军事的作用，自古以来就受到军事家的重视，现代条件下的战争，指挥员对地图的依赖性更大，地图已成为军队各级指挥作战的重要工具。从各军种、兵种的首脑机关决策战略方针，中级指挥员制订战役计划，基层指挥员指挥具体的战斗行动，都无法离开地图。现代化的军事装备建设能有效地增强军队的指挥作战能力，数字地图和电子地图在这些现代化的装备中已被广泛应用。在军队自动化指挥系统中，指挥员研究战场环境和下达命令，通过电子地图系统和卫星系统，从屏幕上观察战局变化，指挥部队行动。作为现代军事装备的标志，在飞机、舰船、坦克甚至作战汽车上都装有电子地图系统，可随时将自己所在位置实时显示在地图上，供驾驶人员观察、分析和操作。目前各种军事指挥辅助决策系统中的电子地图，都具有地形显示、地形分析和军事态势标绘的功能。

【本章小结】

本章主要介绍了地图分析及应用的基本内容：

（1）地图分析与应用方法和现状目前还处于新旧方法交替的阶段。地图的分析和应用目的性很强，而且也应有一定的评价标准，这是地图分析与应用的前提；地图的选用主要是依据用图的作用、现势性和数量决定的；地图分析应用方法是本章的重点，包括地图阅读分析、量算分析、图解分析、统计分析和模型分析的各种传统与现代的方法。

（2）地图在各学科、各领域、各部门中的应用是地图的实际具体应用，也是各专业学生学习地图学的目的和深入研究地图分析应用的需要。

◎ 思考题

1. 地图分析应用目的及其作用和意义是什么？
2. 目前地图分析应用的方法主要有哪些类型？
3. 目前地图量算分析有哪些内容？在数字地图上量算有何特点？
4. 在数字高程模型图上如何计量坡度和进行坡度分析？
5. 在数字地形图上如何量算面积和体积？
6. 地图在你所学的专业中有些什么用处？就你所学的知识谈谈个人看法。

第 8 章　常用地图制图软件介绍

【教学目标】

本章主要介绍常用的地图制图软件，以 AutoCAD、MapGIS、MapInfo Professional 和 ArcMap 为例进行了具体讲解。通过本章的学习，了解常用的地图制图软件，熟悉相关软件的功能特点，掌握运用软件进行地图制图的流程和操作步骤。

8.1　AutoCAD 应用基础

8.1.1　AutoCAD 简介

计算机辅助设计（Computer Aided Design，CAD），是指用计算机的计算功能和高效的图形处理能力，对产品进行辅助设计分析、修改和优化。AutoCAD 是由美国 Autodesk 公司于 20 世纪 80 年代初为在计算机上应用 CAD 技术而开发的绘图程序软件包，经过不断完善，已经成为强有力的绘图工具，并在国际上广为流行。

AutoCAD 可以绘制任意二维和三维图形，与传统的手工绘图相比，用 AutoCAD 绘图速度更快、精度更高，且便于修改，已经在地图制图、航空航天、造船、建筑、机械、电子、化工、轻纺等很多领域得到了广泛的应用，并取得了丰硕的成果和巨大的经济效益。下面介绍 AutoCAD 的主要功能。

1. 基本绘图功能

（1）提供绘制各种二维图形的工具，并可以根据所绘制的图形进行测量和标注尺寸。

（2）具备对图形进行修改、删除、移动、旋转、复制、偏移、修剪、圆角等多种强大的编辑功能。

（3）具备缩放、平移等动态观察功能，并具有透视、投影、轴测图、着色等多种图形显示方式。

（4）提供栅格、正交、极轴、对象捕捉及追踪等多种精确绘图辅助工具。

（5）提供块及属性等功能提高绘图效率，对于经常使用到的一些图形对象组可以定义成块，并且附加上从属于它的文字信息，需要的时候可反复插入到图形中，甚至可以仅仅修改块的定义便可以批量修改插入进来的多个相同块。

（6）使用图层管理器管理不同专业和类型的图线，可以根据颜色、线型、线宽分类管理图线，并可以控制图形的显示或打印与否。

（7）可对指定的图形区域进行图案填充。

（8）提供在图形中书写、编辑文字的功能。

（9）创建三维几何模型，并可以对其进行修改和提取几何和物理特性。

2. 辅助设计功能

（1）可以方便地查询绘制好的图形的长度、面积、体积、力学特性等。

（2）提供在三维空间中的各种绘图和编辑功能，具备三维实体和三维曲面的造型功能，便于用户对设计直观地了解和认识。

（3）提供多种软件的接口，可方便地将设计数据和图形在多个软件中共享，进一步发挥各个软件的特点和优势。

3. 开发定制功能

（1）具备强大的用户定制功能，用户可以方便地将软件改造得更易于使用。

（2）具有良好的二次开发性，AutoCAD 提供多种方式以使用户按照自己的思路去解决问题。AutoCAD 开放的平台使用户可以用 AutoLISP、LISP、ARX、Visual BASICA 等语言开发适合特定行业使用的 CAD 产品。

（3）为充分体现软件易学易用的特点，新界面增加了工具选项板、状态栏托盘图标、联机设计中心等功能。工具选项板可以更加方便地使用标准或用户创建的专业图库中的图形块以及国家标准的填充图案，状态栏托盘图标可以说是最具革命性的功能，它提供了对通信、外部参照、CAD 标准、数字签名的支持，是 AutoCAD 协同设计理念最有力的工具。联机设计中心将互联网上无穷的设计资源方便地为用户所用。

8.1.2　AutoCAD 的工作界面

在安装了 AutoCAD 之后，单击“开始”按钮，在弹出的开始菜单中选择“程序→AutoDesk→AutoCAD2006-SimplifiedChinese/AutoCAD2006”命令；或单击桌面上的快捷图标，均可启动 AutoCAD。这时我们会看到如图 8.1 所示的 AutoCAD 的工作界面。此时，我们就可以开始绘图了。

AutoCAD 的工作界面主要由标题栏、菜单、工具栏、绘图区域、命令行窗口、状态栏和辅助工具栏等部分组成。

1. 标题栏

AutoCAD 的标题栏是位于程序窗口最上方的彩色条，左侧显示软件名称和当前正打开进行操作的图形文件名。开始新图时，AutoCAD 的缺省文件名是“Drawing1.dwg”。单击左右两边的各按钮，可以实现窗口的最小（最大）化、还原、关闭等操作。

2. 菜单栏与快捷菜单

AutoCAD 的菜单栏位于标题栏下方，由【文件】（File）、【编辑】（Edit）、【视图】（View）、【插入】（Insert）、【格式】（Format）、【工具】（Tool）、【绘图】（Draw）、【标注】（Dimension）、【修改】（Modify）、【窗口】（Window）、【帮助】（Help）等组成。

单击菜单栏的某一项，会弹出下拉菜单。在菜单中用黑色字符显示的菜单项是当前可以选择执行的有效命令，用灰色显示的菜单项是当前不能选择执行的无效命令。将鼠标移至带“▶”的菜单项，会弹出下一级子菜单。如果选择带“…”的菜单项，将弹出一个对话框，要求用户执行相应的操作。菜单项后面括号内的字母为该菜单命令的快捷键，可以直接按下快捷键执行相应的菜单命令。

菜单栏几乎包含了 AutoCAD 的所有命令，初学者尤其要熟悉这一区域。

快捷菜单又称为上下文相关菜单。在绘图区域、工具栏、状态栏、模型与布局选项卡

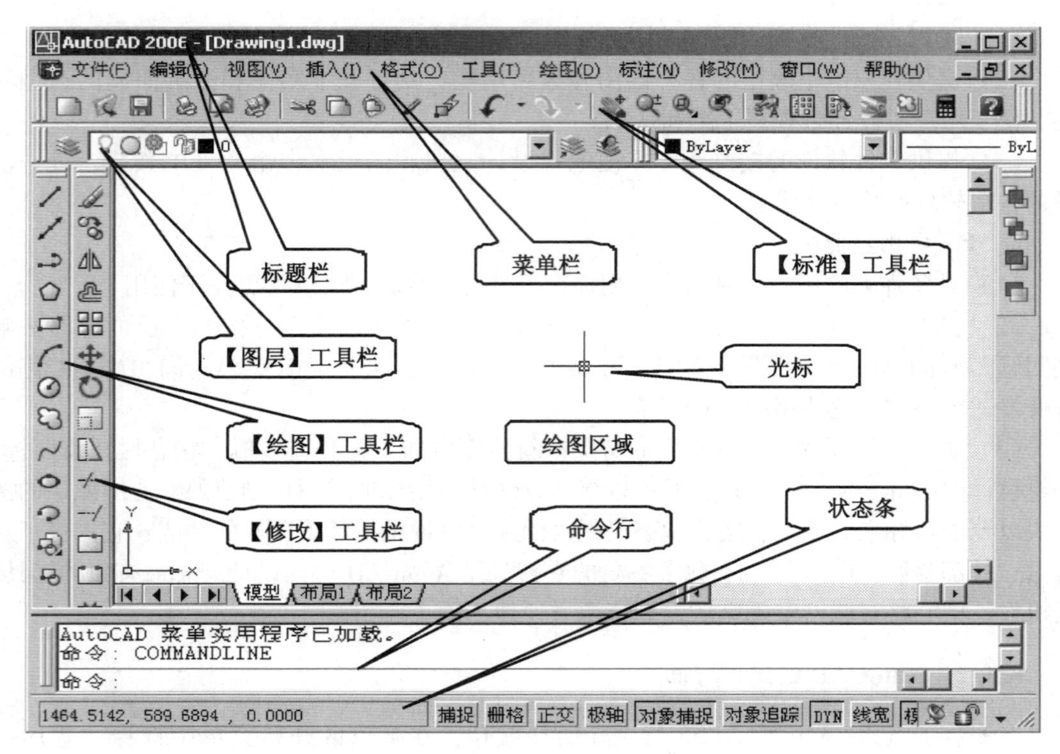

图 8.1　AutoCAD 2006 的工作界面

以及一些对话框上单击鼠标右键会弹出快捷菜单。该菜单中的命令与 AutoCAD 的当前状态相关，使用它，可以在不必启动菜单栏的情况下快速、高效地完成某些操作。

3. 工具栏

工具栏是 AutoCAD 调用命令的另一种方式，它包含许多由图标表示的命令按钮。在 AutoCAD 系统中，提供了 30 种已命名的工具栏。默认状态下，【标准】、【对象特性】、【图层】、【绘图】、【修改】、【绘图次序】、【样式】7 个工具栏处于打开状态如图 8.1 所示。

在 AutoCAD 窗口中，工具栏可以浮动方式放置，我们可以在窗口中任意拖动工具栏，将其放置在任意位置，也可以固定方式放置，此时，在窗口中的位置不能移动。

如果要显示当前隐藏的工具栏，可在任意工具栏上单击鼠标右键，此时将弹出一个快捷菜单，工具栏名前面有“✓”标记的是已经打开的工具栏，在工具栏名上双击或在方框内点击勾选，可以打开处于关闭状态的工具栏。

4. 绘图区域

绘图区是用户绘图的工作区域，所有的绘图结果都反映在这个区域中。我们可以根据需要关闭不常用的工具栏以及改变命令行窗口的高度，调整绘图区域的大小。在绘图区中，除了显示当前的绘图结果外，还显示了当前使用的坐标系类型以及坐标系原点，X、Y、Z 轴的方向等。默认情况下，坐标系为世界坐标系（WCS）。

绘图区的左下方是绘图区标签，包括“模型”、“布局 1”、“布局 2” 三个标签，“模型”主要用于图形绘制和编辑，“布局 1”、“布局 2”用于打印出图。

5. 命令行

命令行位于绘图区域的下部，用于接受用户输入的命令，显示 AutoCAD 发出的信息与操作提示。默认状态下，在窗口中保留最后 3 行。可以将鼠标移动到窗口边界拖动以改变命令行窗口的大小。

6. 状态栏和辅助工具栏

AutoCAD 工作界面的最底部是状态栏和辅助工具栏。

状态栏用以显示当前光标的位置坐标，可单击功能键 F6 或直接单击状态栏来切换是否显示坐标。

辅助工具栏有 9 个功能按钮，用于作图状态的切换，包括【捕捉】、【栅格】、【正交】、【极轴】、【对象捕捉】、【对象追踪】、【DYN】、【线宽】和【模型】。点击这些按钮，可以控制相应的作图状态是开启还是关闭，AutoCAD 提供的这些辅助绘图功能主要是为精确作图和提高绘图效率服务的，建议学习者在掌握了基本的二维绘图方法之后再去学习。

8.1.3 AutoCAD 命令的输入方法

在 AutoCAD 中，每一步操作、每一个绘图与编辑指令，都是通过输入命令，然后执行命令进行的，命令是 CAD 运行的核心，因此掌握 AutoCAD 命令的输入和操作方法是学习 CAD 技术的关键。

1. 输入命令的方法

我们可以用很多方法执行同一个命令。AutoCAD 输入命令的方法主要有命令行、下拉菜单、工具栏、鼠标右键等。

1）命令行输入

通过键盘输入命令时，必须在命令行中出现提示符“Command:”，汉化版为“命令:”，这时才能键入命令，然后按空格键或回车键。输入命令后，命令行会出现相应的提示信息选项或子命令，用户与 AutoCAD 进行信息交互，直到完成命令功能。命令的正确执行取决于对命令提示区的正确回答。

2）菜单栏输入

从菜单栏输入命令，是保存 Windows 应用程序所共有的标准特征。单击菜单栏的某一项，会弹出下拉菜单；同时按键盘上的“Alt”键和菜单栏相应项的关键字母键，可打开其下拉菜单，然后再直接按下拉菜单中某项的关键字母键，即可执行相应操作。从菜单栏输入命令的优点是不必记忆命令名，但缺点是不得不经常翻菜单，很麻烦。

3）从工具栏输入

从工具栏输入命令可以很大程度上代替菜单输入，方法是将光标移到所要执行的命令按钮上，按拾取键鼠标（左键）。优点是工具栏中的按钮都是用图标方式显示的，对命令的功能表达非常直观易懂，并且当光标移动到某个按钮上并稍停几秒钟后，在图标旁还会弹出其功能解释，易学易用。

4）用鼠标动态输入

在不同的区域单击右键，会弹出相应的快捷菜单，或执行某种功能，极大地方便了绘图操作。

在大多数情况下，直接键入命令会打开相应的对话框。如果不想使用对话框，可以在命令前加上“-”，如“-LAYER”，此时不打开“图层特性管理器”对话框，而是显示等价的命令行提示信息，同样可以对图层特性进行设定。

2. 命令的基本操作

1）结束命令

AutoCAD 的大多数命令，操作时可以连续使用。如【直线】命令，确定直线的起点后，在“下一点”的提示下，可连续画出直线段，要结束该命令可按键盘【Enter】。回车键同时也表示确认的含义。

2）终止命令

在命令执行过程中，用户可以随时按键盘【Esc】终止执行任何命令，因为【Esc】键是 Windows 程序用于取消操作的标准键。

3）重复命令

在 AutoCAD 中，用户可以使用多种方法来重复执行 AutoCAD 命令。例如，要重复执行上一个命令，可以按【Enter】或空格键，或在绘图区域中单击鼠标右键，从弹出的快捷菜单中选择【重复】命令；要重复执行最近使用的 6 个命令中的某一个命令，可以在命令窗口或文本窗口中单击右键，从弹出的快捷菜单中选择“近期使用的命令”命令下最近使用过的 6 个命令之一即可；多次重复执行同一个命令，可以在命令提示下输入“MULTIPLE”命令，然后在“输入要重复的命令名:”提示下输入需要重复执行的命令，这样，AutoCAD 将重复执行该命令，直到用户按【Esc】键为止。

4）撤销前面所进行的命令

有多种方法可以放弃最近一个或多个操作，最简单的方法就是使用 UNDO 命令来放弃单个操作。用户也可以一次撤销前面进行的多步操作。这时可在命令提示下输入“UNDO”命令，然后在命令行中输入要放弃的操作数目。

5）重做

如果要重做使用 UNDO 命令放弃的最后一个操作，可以使用 REDO 命令或重新选择【编辑】/【重画】命令。

8.1.4　AutoCAD 坐标点的输入方法

在绘图过程中，要精确定位某个对象，必须以某个坐标系作为参照，以便精确确定点的位置。AutoCAD 坐标系包括世界坐标系（WCS）和用户坐标系（UCS）。世界坐标系包括 X 轴、Y 轴和 Z 轴，我们绘制二维图形时通常是在 XY 平面上，所有的位移都是相对于坐标原点（0，0）进行计算的，并且规定沿 X 轴正向及 Y 轴正向的方向为正方向。

世界坐标系是固定的，不能改变，用户在绘图时有时会感到不便。为此，AutoCAD 为用户提供了可以在 WCS 中任意定义的坐标系，称为用户坐标系（UCS）。UCS 的原点可以在 WCS 内的任意位置上，其坐标轴可任意旋转和倾斜。

要设置用户坐标系，可以选择【工具】菜单中的【命名 UCS】、【正交 UCS】、【移动 UCS】和【新建 UCS】命令或其中的子命令，或者在命令行输入“UCS”命令。

当我们执行绘图命令，命令行提示输入点时，我们需要输入点的坐标。输入点的坐标有以下几种方法：

1. 绝对直角坐标

绝对直角坐标是从点（0，0）或（0，0，0）出发的位移，表示点的 X、Y、Z 坐标值，X 坐标值向右为正增加，Y 坐标值向上为正增加。当使用键盘键入点的坐标时，在输入值之间用逗号“，”隔开，不能加括号，坐标值可以为负。

2. 绝对极坐标

绝对极坐标是从点（0，0）或（0，0，0）出发的位移，但它给定的是距离和角度，其中距离和角度用“<”分开，且规定“角度”方向以逆时针为正，即 X 轴正向为 0°，Y 轴正向为 90°。

3. 相对坐标

相对直角坐标和相对极坐标是指相对于某一点的 X 轴和 Y 轴位移或距离和角度。它的表示方法是在绝对坐标表达方式前加上“@”号。其中，相对极坐标中的角度是新点和上一点连线与 X 轴的夹角。

8.1.5 简单的二维图形绘制方法

实际上，我们在认识了 AutoCAD 的工作界面，掌握了命令和坐标点的输入方法之后，就已经学会了基本的 CAD 操作技术。

绘制二维图形实际上就是执行 AutoCAD 的绘图命令，前面介绍过输入命令的方法有多种，方便的二维图形绘制方法有以下 3 种：

（1）使用【绘图】菜单。【绘图】菜单是绘制图形最基本、最常用的方法，【绘图】菜单中包含了中文版 AutoCAD 的大部分绘图命令，用户通过选择该菜单中的命令或子命令，可绘制出相应的二维图形。

（2）使用【绘图】工具栏。【绘图】工具栏的每个工具按钮都对应于【绘图】菜单中相应的绘图命令，用户单击它们可执行相应的绘图命令。

（3）使用绘图命令。使用绘图命令也可以绘制基本的二维图形。在命令提示行后输入绘图命令，按【Enter】键，可根据提示行的提示信息进行绘图操作。这种方法快捷、准确性高，但需要掌握绘图命令及其选项的具体功能。

在中文版 AutoCAD 中，基本的绘图工具主要有点、直线、射线、构造线、矩形、多边形、圆、圆弧、椭圆、椭圆弧、圆环等，了解并掌握它们的使用方法，是学习使用 AutoCAD 绘图的基础。

8.1.6 AutoCAD 图形文件的管理方法

在 AutoCAD 中，图形文件的管理是通过图形文件管理器来操作的，包括新建图形文件、打开图形文件及保存图形文件的操作。

1. 新建图形文件（NEW）

选择【标准】工具栏下的按钮；或点击【文件】→【新建】，执行 NEW 命令；在默认状态下，AutoCAD 执行 NEW 命令打开“选择样板”对话框。在“选择样板”对话框的文件列表框中，我们可以选择其中的某一个样板文件作为样板来创建新图形。“选择样板”对话框的文件列表框中提供了三种类型的文件，即，图形样板（*.dwt）、图形（＊.dwg）、图形标准（＊.dws）。

2. 打开图形文件（OPEN）

选择【标准】工具栏下的按钮；或点击【文件】→【打开】，执行 OPEN 命令；打开一张已经存在的图形文件的操作同新建图形文件的方法一样，输入执行 OPEN 命令后，打开“选择文件”对话框。与创建新图不同之处在于，在“选择文件”对话框的文件列表框中增加了一类“DXF（＊.dxf）”格式的文件可以选择。

3. 保存图形文件（QSAVE）

选择【标准】工具栏下的按钮，或点击【文件】→【保存】，执行 QSAVE 命令；执行该命令后，对当前已命名的图形文件直接存盘保存；如该文件尚未命名，则屏幕上弹出“图形另存为”对话框，可从中选择路径并输入文件名，确认后进行保存。

4. 另存文件（SAVEAS）

点击【文件】菜单→【另存为】，执行 SAVEAS 命令；执行该命令后，屏幕上也会弹出“图形另存为”对话框。若当前图形文件尚未命名，这时应命名并确认后保存；若当前图形文件已命名，也可将其重新命名另存储在一个图形文件中，并把新的绘图文件作为当前图形文件。

5. 自动保存文件

AutoCAD 可以定时保存文件，具体时间可在一分钟到两小时之间任意设置。可通过【工具】菜单中的【选项】命令，打开“选项”对话框，在选项卡中进行设置自动保存的时间。

6. 处理多个图形（Ctrl+F6 或 Ctrl +Tab 切换）

AutoCAD 允许同时打开多个 AutoCAD 文件，尤其在同时打开多个图形文件情况下，我们可以通过“Ctrl+F6”或“Ctrl +Tab”切换键迅速切换到当前处理图形。

8.1.7　创建布局

布局是一个图纸的空间环境，它模拟一张图纸并提供打印预设置。可以在一张图形中创建多个布局，每个布局都可以模拟显示图形打印在图纸上的效果。在绘图窗口的底部是一个模型选项按钮和两个布局选项按钮：布局 1 和布局 2。单击任一布局选项按钮，AutoCAD 自动进入图纸空间环境，图纸上将出现一个矩形轮廓（虚显），指出了当前配置的打印设备的图纸尺寸，显示在图纸中的页边界指出了图纸的可打印区域。

当默认状态下的两个布局不能满足需要时，可创建新的布局。操作步骤：选择【工具】→【向导】→【创建布局】；或者点击【插入】→【布局】→【布局向导】，执行“LAYOUTWIZARD”命令。

8.1.8　管理布局

AutoCAD 对于已创建的布局可以进行复制、删除、更名、移动位置等编辑操作。实现这些操作方法非常简单，只需在某个【布局】选项卡上右击鼠标，从弹出的快捷菜单中选择相应的选项即可。

在默认情况下，单击某个布局按钮时，系统将自动显示“页面设置”对话框，用于设置页面布局。如果要修改页面布局时，可在快捷菜单中选择“页面设置管理器”选项，通过修改布局的页面设置，将图形按不同比例打印到不同尺寸的图纸中。

8.1.9 创建打印样式

通常将某些属性（如颜色、线宽、线条尾端、接头样式、灰度等级等）设置给实体、图层、视窗、布局等，这些设置给实体、图层、视窗、布局等属性的集合就是打印样式。设置不同的打印样式可改变输出图形的外观。操作步骤：选择【工具】→【向导】→【添加打印样式表】或【添加颜色相关打印样式表】；或者点击【文件】→【打印样式管理器】→【添加打印样式表】，执行“STYLEMANAGER”命令。在弹出的“添加打印样式表”对话框中，进行新打印样式的设置操作。

8.1.10 打印图形

1. 从模型空间直接打印出图

模型空间没有界限，画图方便。当在模型空间完成画图后，也可以选择在模型空间出图。在模型空间中打印输出二维图形可以分为两步，首先在模型空间中设置打印页面，然后输出二维图形。操作步骤如下：

（1）打印机设置。当完成绘图准备出图时，如果是第一次出图，又选择了 AutoCAD 为打印机提供的专业驱动，则需根据界面提示和打印机的型号，逐项设置。如果不是第一次出图，或者系统已经安装了专业驱动，则直接介入第 2 步进行页面设置。

（2）页面设置。点击【文件】→【页面设置】，执行“PAGESETUP”命令，打开“页面设置管理器”对话框；点击【新建】按钮，系统弹出“新建页面设置”对话框；依据提示可进行新页面的设置操作。

（3）图纸打印。选择【标准】工具栏下的按钮；或者点击【文件】→【打印】，执行“STYLEMANAGER”命令。系统弹出“打印”对话框，根据提示进行绘图仪、页面、图纸尺寸、打印区域等设置。该对话框与“页面设置”对话框的设置基本相同，只是增加了“绘图范围”、“打印到文件”、“完全预览”和“局部预览”。如果此时打印机处于开机状态，单击【确定】按钮，即可在模型空间直接打印出图。如果想观察打印效果，可单击【完全预览】或【局部预览】按钮，对打印效果不满意还可以再进行调整。

2. 从图纸空间打印出图

在图纸空间及布局中，不仅可以打印输出一个视图的图形对象，也可以打印输出布局在模型空间中各个不同视角下产生的同一比例的多个视图，还可以将不同比例的两个以上的视图安排在同一张图纸上，并为它们加上图框、标题栏和文字注释等内容。

8.2 MapGIS 应用基础

8.2.1 MapGIS 简介

MapGIS 是武汉中地信息工程有限公司研制的具有自主版权的大型基础地理信息系统软件平台。它是在享有盛誉的地图编辑出版系统 MapCAD 基础上发展起来的，可对空间数据进行采集、存储、检索、分析和图形表示的计算机系统。MapGIS 是集当代最先进的图形、图像、地质、地理、遥感、测绘、人工智能、计算机科学于一体的大型智能软件系统，是集数字制图、数据库管理及空间分析为一体的空间信息系统。该平台适用于地质、矿产、土地、地理、测绘、水利、石油、煤炭、铁道、交通、城建、规划等专业中，在其基础上已开发了一系列的应用系统。

8.2.2　MapGIS 系统的主要优点

（1）图形输入操作比较简便、可靠，能适应工程需求；

（2）可以编辑制作具有出版精度的地图；

（3）图形数据与应用数据的一体化管理；

（4）可实现多达数千幅的地图无缝拼接；

（5）高效的多媒体数据库管理系统；

（6）图形与图像的混合结构；

（7）具有功能较齐全的空间分析与查询功能；

（8）具有很好的数据可交换性；

（9）提供开发函数库，可方便地进行二次开发；

（10）可在网络上应用。

8.2.3　MapGIS 系统的总体结构

与众多的 GIS 软件一样，MapGIS 主要实现制图、空间分析、属性管理等功能，分为输入、编辑、输出、空间分析、库管理、实用程序六大部分，其系统结构如图 8.2 所示。根据地理信息来源多种多样、数据类型多、信息量庞大的特点，该系统采用矢量和栅格数据混合的结构，力求矢量数据和栅格数据形成一整体的同时，又考虑栅格数据既可以和矢量数据相对独立存在，又可以作为矢量数据的属性，以满足不同问题对矢量、栅格数据的不同需要。

8.2.4　MapGIS 系统的主要功能

1. 数据输入

在建立数据库时，我们需要将各种类型的空间数据转换为数字数据，数据输入是 GIS 的关键之一。MapGIS 提供的数据输入有数字化仪输入、扫描矢量化输入、GPS 输入和其他数据源的直接转换。

2. 数据处理

输入计算机后的数据及分析、统计等生成的数据，在入库、输出的过程中常常要进行数据校正、编辑、图形整饰、误差消除、坐标变换等工作。MapGIS 通过图形编辑子系统及投影变换、误差校正等系统来完成。

3. 数据库管理

MapGIS 数据库管理分为网络数据库管理、地图库管理、属性库管理和影像库管理四个子系统。

4. 空间分析

地理信息系统与机助制图的重要区别就是它具备对中间数据和非空间数据进行分析和

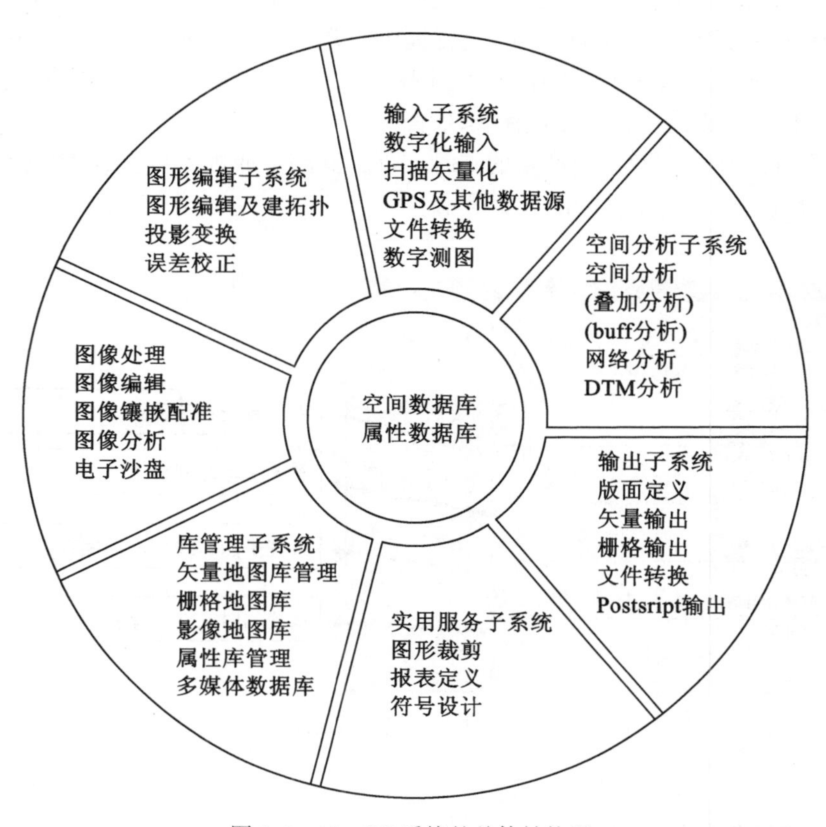

图 8.2　MapGIS 系统的总体结构图

查询的功能，它包括矢量空间分析、数字高程模型（DTM）、网络分析、图像分析、电子沙盘五个子系统。

5. 数据的输出

如何将 GIS 的各种成果变成产品供各种用途的需要，或与其他系统进行交换，是 GIS 中不可缺少的一部分。GIS 的输出产品是指经系统处理分析，可以直接提供给用户使用的各种地图、图表、图像、数据报表或文字报告。MapGIS 的数据输出可通过输出子系统、电子表定义输出系统来实现文本、图形、图像、报表等的输出。

8.2.5　MapGIS 界面与参数设置

在进行空间数据输入前，必须对系统进行初始设置，具体而言，就是配置相应的工作路径、系统库和字库。

系统设置中工作目录是决定在 MapGIS 系统中所做工作的保存路径。

矢量字库是 MapGIS 自身配置的矢量字形的管理库，其设置原则上不作调整，也即设置为 MapGIS 的安装路径（盘符）\ MapGIS66 \ Clib，Clib 是 MapGIS 软件缺省字库文件所在文件夹。

系统库主要提供经常使用的各种图元、线型和图案的信息。对于系统库设置的选择余地较大，因为 MapGIS 提供了三个缺省系统库：Slib、Slib5000 和 SuvSlib。各个系统中的图元、线型和图案是有所差异的，Slib 主要提供了常规制图中的图元、线型和图案信息；Slib5000 主要提供了 1∶5000 等大比例地形图所需的各种图元、线型和图案信息；SuvSlib 主要服务于 MapGIS 系统中的数字测图模块。

临时目录主要用于保存系统产生的临时文件，其路径原则上设置为 MapGIS 的安装路径（盘符）下的 Temp 目录，如图 8.3 所示。

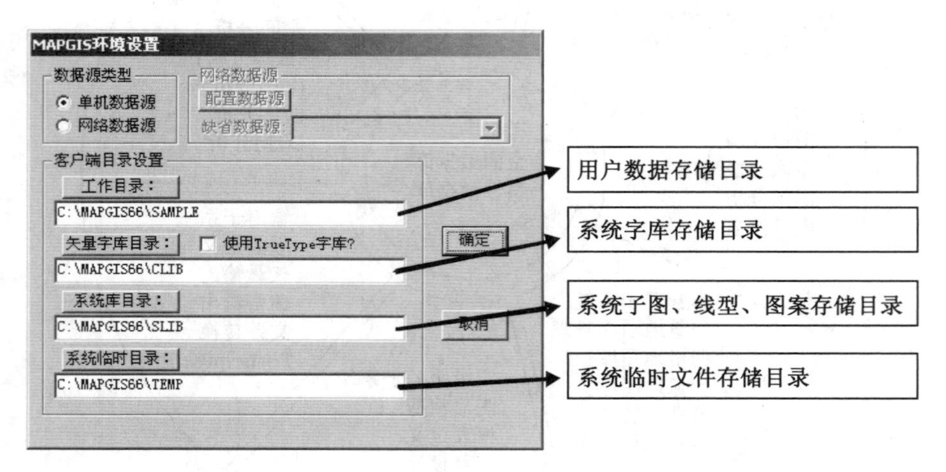

图 8.3　MapGIS 系统参数设置

8.2.6　扫描矢量化流程

MapGIS 系统提供了数字化仪输入、扫描矢量化输入、GPS 输入、其他数据源的数据接口、野外数字测图等多种灵活方便、开放、高效的图形输入方式。这里主要介绍扫描矢量化输入。

扫描矢量化是通过扫描仪直接扫描原图，以栅格形式存储于图像文件中（如 *.TIF 等），然后经过矢量化转换成矢量数据，存入到线文件（*.WL）或点文件（*.WT）中，再进行编辑、输出。扫描输入法是目前空间数据输入的一种较有效的输入方法。

扫描矢量化提供了对整个图形进行全方位游览、任意缩放，自动调整矢量化时的窗口位置，以保证矢量化的导向光标始终处在屏幕中央；矢量化方式有无条件全自动矢量化和人工导向自动识别跟踪矢量化两种方式，人工导向自动识别跟踪矢量化除了能对二值扫描图矢量化外，还可对灰度扫描图、彩色扫描图进行识别跟踪矢量化，因而可对复杂的小比例尺全要素彩色地图进行有效矢量化。在矢量化时，具有退点、加点、改向、抓线头、选择等功能，可有效地选取所需图形信息，剔除无用噪声，克服无条件全自动矢量化时的盲目性，减少后期图形编辑整理的工作量，并可同时对图形进行分层处理。

矢量化流程如图 8.4 所示。

矢量化是把读入的栅格数据通过矢量跟踪转换成矢量数据。栅格数据可通过扫描仪扫描原图获得，并以图像文件形式存储。本系统可以直接处理 TIFF 格式的图像文件，也可接受经过 MapGIS 图像处理系统处理得到的内部格式（RBM）文件。

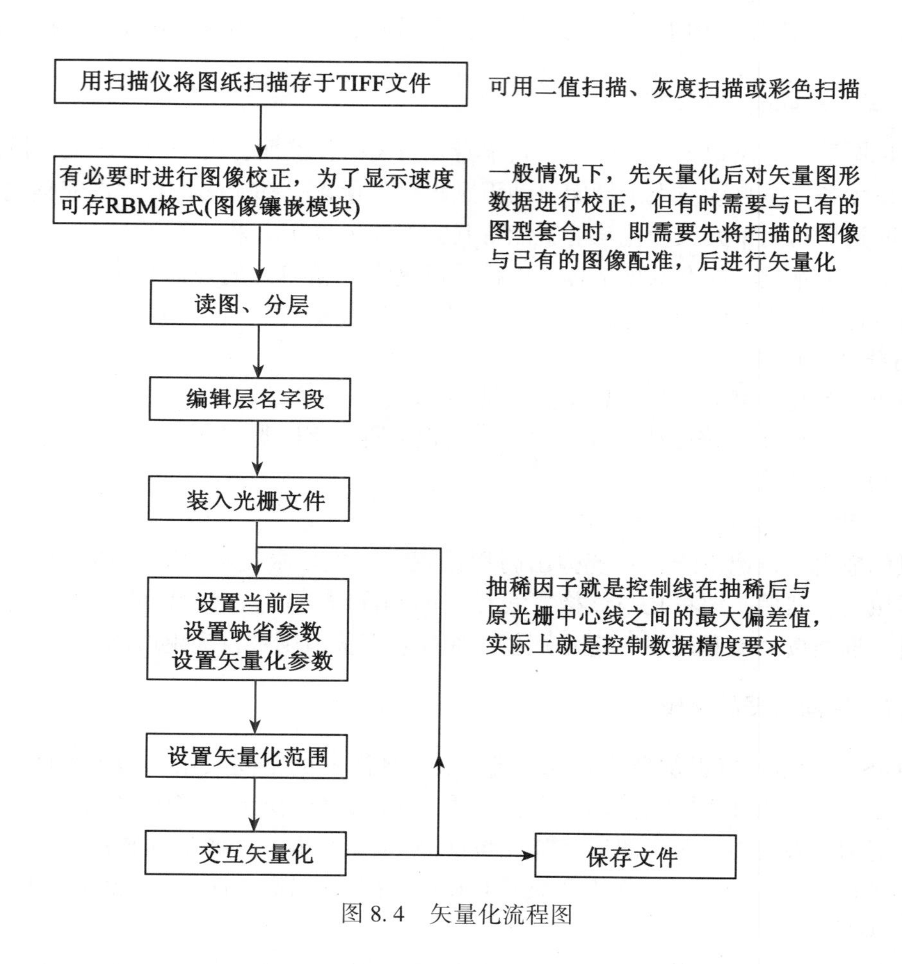

图8.4 矢量化流程图

1. 非细化无条件全自动矢量化

它是一种新的矢量化技术，与传统的细化矢量化方法相比，具有无需细化处理，处理速度快，不会出现细化过程中常见的毛刺现象，矢量化的精度高等特点。

无条件全自动矢量化无需人工干预，系统自动进行矢量追踪，既省事又方便。全自动矢量化对于那些图面比较清洁、线条比较分明、干扰因素比较少的图，跟踪出来的效果比较好，但是对于那些干扰因素比较大的图（注释、标记特别多的图），就需要人工干预，才能追踪出比较理想的图。

2. 交互式矢量化

对于那些干扰因素比较大、需要人工干预的图，要想追踪出比较理想的图，无条件全自动矢量化就显得力不从心了，此时，人工导向自动识别跟踪矢量化正好解决这个问题。矢量化追踪的基本思想就是沿着栅格数据线的中央跟踪，将其转化为矢量数据线。当进入到矢量化追踪状态后，即可以开始矢量跟踪，移动光标，选择需要追踪矢量化的线，屏幕上即显示出追踪的踪迹。每跟踪一段遇到交叉地方就会停下来，让选择下一步跟踪的方向和路径。当一条线跟踪完毕后，按鼠标的右键，即可以终止一条线，此时可以开始下一条线的跟踪。按“Ctrl”+右键可以自动地封闭选定的一条线。

在人工导向自动识别跟踪矢量化状态下，可以通过键盘上的一些功能键，执行所需要的操作。

3. 封闭单元矢量化

对于地图上的居民地等一些图元，它本身是封闭的，然而，由于内部填充的阴影线等内容，无论无条件全自动或人工导向自动识别跟踪矢量化，都无法将其一次完整地矢量化出来，这时选用封闭单元矢量化功能就能将其完整地矢量化出来。

封闭单元矢量化功能有两项选择，一种是以这个光栅单元的外边界为准进行矢量化，另一种是以边界的中心线为准进行矢量化。

4. 高程自动赋值

这是快速等高线赋值方法，具体操作是：

（1）在线编辑中，修改线属性结构，加高程字段，字段类型必须是浮点型；

（2）设置高程参数；

（3）自动赋值。

用鼠标拖出一条橡皮线，系统弹出高程设置对话框要求用户设置当前高程、高程增量、高程域名，然后系统将凡与该橡皮线相交的等高线，根据已设置的“当前高程”为基值，自动逐条按“高程增量”递增赋值，原先若有值，则被自动更新高程。

8.2.7　空间数据的编辑

MapGIS 图形编辑器提供分别对点、线、面三种图元的空间数据和图形属性进行编辑的功能，是一个功能强大的图形编辑系统。通过编辑，我们能够改善绘图精度、更新图形内容、丰富图形表现力、实现图形综合。MapGIS for Windows 的图形编辑器，以“所见即所得”的工作方式面向用户，提供多级的 Undo（后悔）以避免误操作，使用方便简单。

1. 点编辑

利用点编辑，我们可以修改点元图形的空间数据，它包括增删点，改变点的空间位置。在以下的“输入子图”、“输入注释”、“输入圆”、“输入弧”、“输入版面”、“插入图像”六个增加新的点图元的功能中，每个功能都有“使用缺省参数”和“不使用缺省参数”两种选择。如果选择“使用缺省参数”，那么所输入的点图元的参数都为缺省参数；如果选择“不使用缺省参数”，那么每次输入完一个点图元后就要输入这个点图元的参数。

编辑指定图元，编辑指定的点图元是用户输入将要编辑的点号，编辑器将此点黄色加亮，然后用户可再进入其他点编辑功能，对该点进行编辑。例如在图形输出过程中，输出系统报告出错图元的图元号，利用此功能将出错图元定位，便可对出错图元进行修改。

2. 线编辑

编辑指定的线，用户输入将要编辑的线的序号，编辑器将此线闪烁，然后用户可再进入其他线编辑功能，对该线进行编辑。例如在图形输出过程中，输出系统报告出错图元的图元号，利用此功能将出错图元定位，便可对出错图元进行修改。

3. 区编辑

在面元编辑子菜单中，我们提供了由线元多边形生成面元的“造区”，以及确定区嵌套关系的“选子区”，还有修改一个区属性参数的“编辑参数”，一次性修改工作区所有相同属性区的“统改参数”以及“删除”区等功能。

编辑指定区图元，用户输入将要编辑的区的号码，编辑器将此区黄色加亮，然后用户可再进入其他区编辑功能，可对该区进行编辑。例如在图形输出过程中，输出系统报告出错图元的图元号，利用此功能将出错图元定位，便可对出错图元进行修改。

8.2.8 图形输出

MapGIS 输出系统是 MapGIS 系统的主要输出手段，它读取 MapGIS 的各种输出数据，进行版面编辑处理、排版，进行图形的整饰，最终形成各种格式的图形文件，并驱动各种输出设备，完成 MapGIS 的输出工作。

输出拼版设计有两种情况：一是多幅图在同一版面上输出，二是单幅图在一个版面上输出，又称为“多工程输出”和“单工程输出”。“多工程输出”拼版设计使用拼版文件（*.MPB），一个拼版文件管理多个工程（幅图）；“单工程输出”拼版设计使用单个工程文件（*.MPJ）即可。

当要用 MapGIS 输出系统输出地图时，首先要创建一个版面（*.MPB）或工程（*.MPJ）。在版面中，给出组成版面的各幅地图的各个工程文件的文件名及各种版面参数，在工程中，给出组成这幅地图的各个文件（要素层）的文件名，相对位置及在图中的缩放比例，旋转角度等信息，进行拼版。然后，选择需要的输出处理功能，进行输出处理。最后，装入处理后的文件，驱动设备进行输出。MapGIS 的地图输出流程如图 8.5 所示。

下面主要讲 Windows 输出和光栅输出。

1. Windows 输出

打开一个 .MPB 版面或一个 .MPJ 工程后，可以直接选择打印输出，它可以驱动 Windows 打印设备进行图形输出（必须安装该设备的打印驱动程序〕。在打印前，可以使用“打印机设置”功能对打印机的参数、打印方式等进行设置。

“Windows 输出”由于受到输出设备的 Windows 输出驱动程序及输出设备的内部缓存限制，有的图元输出效果可能令人不满意，有的图元不能正确输出，但是对于一些比较简单，而且幅面较小的图来说，这种方法输出速度快，而且能驱动的设备比较多，适应范围也比较广。

2. 光栅输出

栅格输出是将地图进行分色光栅化，形成分色光栅化后的栅格文件。将生成的栅格文件在“文件”菜单下打开后，就可以对形成的栅格文件进行显示检查。

MapGIS 系统在对数据进行光栅化时，能设定颜色的彩色还原曲线参数。在进行分色光栅化前，应根据所用的设备的色相、纸张的吸墨性等特点对光栅设备进行设置。对不同的设备，精心调整不同曲线，就能得到满意的色彩效果。

在设置光栅化参数时，可以调整各种颜色的输出的墨量、线性度、色相补偿调整，以及设置机器的分辨率等。设置的参数能以文件形式保存。

光栅化参数设置好后，即可进行光栅化处理，生成光栅文件。

“光栅输出”中的“打印光栅文件”功能可以在喷墨绘图仪上输出光栅文件。用“打印光栅文件”功能输出光栅文件时，应该根据装入的纸张大小设定正确的纸张大小。当

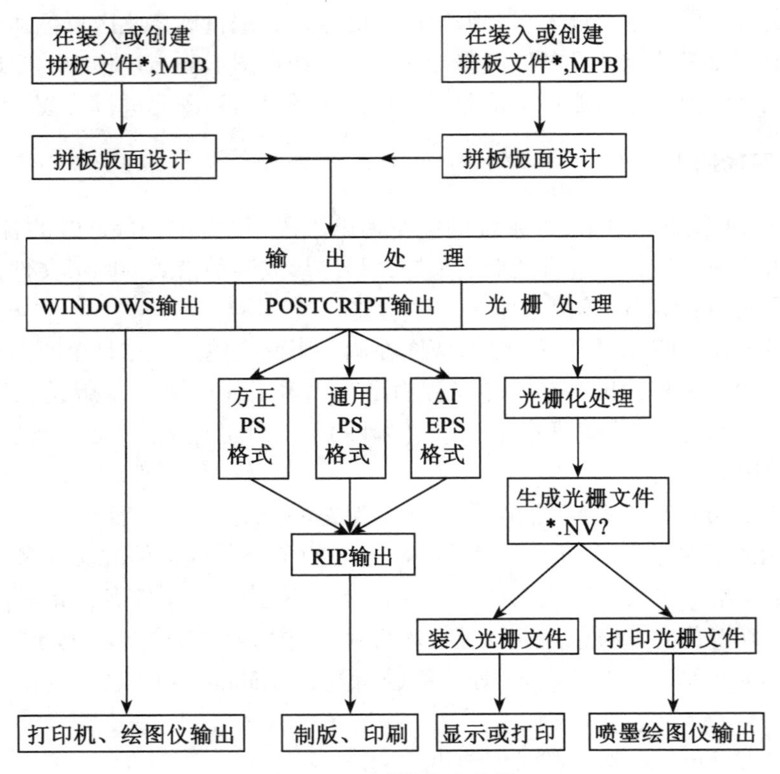

图 8.5　地图输出流程图

纸张大小比图小时（这里的“图”指光栅化前设置的版面），系统会进行自动拆页处理，就可以用多张纸输出图形，最后还能拼接成一张大图。

打印设置中的设备尺寸（纸宽，纸长）指的是打印机或绘图仪装载的纸的实际长宽。

3. 生成 GIF 图像

“光栅输出”中的“生成 GIF 图像”功能可以将 MapGIS 图形文件转换成 GIF 格式的图像文件，这个功能很有用，生成的 GIF 图像可供其他软件（如 Word、PowerPoint、Potoshop 等）直接调用。与 PS 格式、EPS 格式、CGM 格式相比，GIF 格式效果更好，而且 GIF 图像的转换、调用都很方便。

8.3　MapInfo 应用基础

8.3.1　MapInfo 简介

MapInfo 是美国 MapInfo 公司的桌面地理信息系统软件，是一种数据可视化、信息地图化的桌面解决方案。它依据地图及其应用的概念，采用办公自动化的操作，集成多种数据库数据，融合计算机地图方法，使用地理数据库技术，加入了地理信息系统分析功能，形成了极具实用价值的、可以为各行各业所用的大众化小型软件系统。

1. 地图输入及编辑

MapInfo 软件最主要的功能就是进行地图输入和编辑操作，可通过以下多种方式进行地图数据采集和输入，并对其进行编辑和修改。

2. 数据组织和表达方式

旧地图是综合性的，其上密密麻麻地布满各种信息，不利于信息的分类和查找。MapInfo 采用分层，使复杂的地图变成了简单易处理的多层次的地图层。例如，城市的地图可设置行政区划、河流、公路、建筑物、标注说明等层，给地图的输入、编辑带来很大的方便。

MapInfo 含内置数据库，数据在 MapInfo 中有 3 种表达方式：地图表达方式（Mapper）；数据表浏览方式（Browser）；直观图表达方式（Grapher），使数据更加直观地表现。

3. 地图数据的分析和表达

MapInfo 可对地图上的数据进行各种专题分析，用各种图形在地图上把分析结果直接表现出来，有 7 种类型的专题地图。

4. 空间查询和分析

MapInfo 可根据图形查询相应的属性，或根据属性查找满足该属性的图形。对带有索引数据项的地图可进行 FIND 查找，所提供的 SQL 选择功能使数据查询快速而方便，SQL 选择可支持多数据联合操作，可使用复杂的表达式，形成新的结果表，其查询结果也可在图上表现出来。

MapInfo 的实体间没有拓扑关系，其对象往往比较简单，故没有复杂的空间分析，主要具有包含、落入、缓冲区、地理编码等分析功能。

5. 数据输出

MapInfo 使用户能直接得到含有大量直观信息的地图，而非简单的表格和计算，各种分析查询结果也是以地图方式输出，并提供了 Layout Window（布局窗口）功能。可把地图、表格、直观图和文字说明结合起来一同输出，使输出的信息更加丰富、清楚。Windows 支持的外部设备，MapInfo 都自然支持，其输出设备的多样性使其增色，可在十分便宜的输出设备上得到高质量的矢量地图。

6. 程序开发工具 MapBasic

MapBasic 与 Visual Basic 类似，向下兼容 BASIC，并有数据库操纵语言，以及地图信息系统特有的地图目标对象操纵语言。用 MapBasic 可建立全用户化的界面，自动执行复杂程序，与其他系统组成大系统。

8.3.2 MapInfo 软件特点

MapInfo 软件最大的优势就在于：提供便于操作的工作空间，并通过有效管理图层方便查看和修改地图信息，以及使用各种操作环境有效管理和编辑地图。

1. 工作空间的使用

使用相同的表时，每次都要单独打开每张表，这样将浪费大量的设计和查看时间。而使用工作空间特性可使该过程自动进行，能尽快回到创建地图和分析数据的事务中。

2. 有效的图层分层组织

为看到不同表中数据间的关系，需把它们放在同一张地图上，并生成新的数据地图层，MapInfo 允许在同一张地图上叠加数百个层面，它们可取自不同格式的文件。通过图层控制工具可控制每个层面是否可见，是否可编辑及是否可选择等。

3. 丰富的空间查询

由于在 MapInfo 各个图层中赋予大量地图信息，因此用户可快速进行地图各方面空间查询，并可创建专题制图，更清晰、准确地表现地图信息。

4. 地理编码

将数据记录在地图上显示之前，需将地理坐标赋给每个记录，以使 MapInfo 知道在地图的何处可找到某个记录。

8.3.3　MapInfo 工作界面

安装 MapInfo 软件后，在桌面将显示 MapInfo 软件图标，双击该图标即可启动并打开 MapInfo 软件，同时也将打开【快速启动】窗口。该软件界面是以 MapInfo Professional 系统主窗口为框架，由工作窗口、菜单栏、工具栏、状态栏等共同组成，其构成如图 8.6 所示。

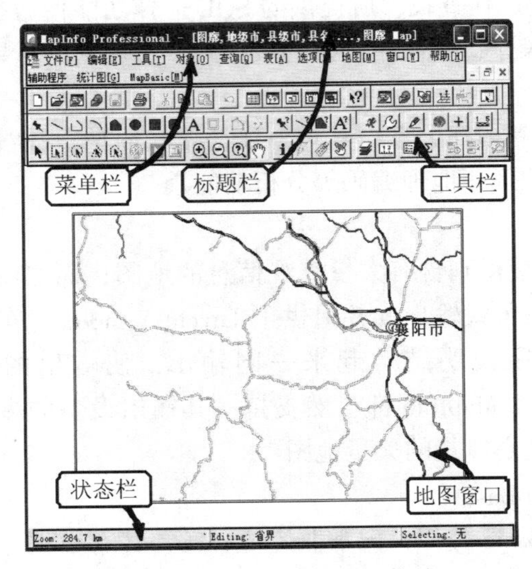

图 8.6　MapInfo 的主界面构成

在 MapInfo 中，标题栏和菜单栏位于屏幕的顶部，其中，菜单栏可根据需要放置在屏幕的任何位置。在标题栏中可执行最大、最小、关闭等基本操作，而菜单栏包含 MapInfo 操作所需的所有命令，通过这些命令辅助创建准确、有效的桌面式地图。

1. 标题栏

屏幕的顶部是标题栏，它显示了软件的名称（MapInfo Professional），后面紧跟当前打开的表文件的名称。如果刚刚启动 MapInfo，则软件名称之后不显示任何文字。在标题栏的左侧，是标准 Windows 应用程序的控制图标。在标题栏的右侧，有一组按钮，一个

【最小化】按钮、一个【向下还原】按钮/【最大化】按钮和一个【关闭】按钮。这一组按钮的作用与 Windows 其他应用程序的相同。

2. 菜单栏

MapInfo Professional 的系统菜单栏位于系统主窗口的顶部，几乎包含了 MapInfo Professional 的所有功能，以及系统菜单栏中各菜单的内容。

【文件】菜单用于管理 MapInfo Professional 的文件系统，只需在某一菜单上单击，便可打开其下拉菜单。该菜单中所提供的菜单命令都是初学者或使用者必须最先要了解、掌握和使用的。

【编辑】菜单用于编辑文本、区域、折线、直线、圆弧和点等，其中主要包括对已经激活的对象执行剪切、复制、整形和新建行等操作。

【工具】菜单，工具管理器的主要作用是管理 MapInfo Professional 中已经安装和注册的许多工具。报表命令主要用于报表的管理，包含【新建报表】和【打开报表】两个子命令。地图向导工具通过一些基本方法来绘制地图。通用转换器（Universal Translator）用于通用数据格式之间，两种不同格式的数据间的相互转换。

【对象】菜单，电子地图主要是由地图对象构成的。为了能对地图对象进行各种操作，加强对数据的地理分析能力，MapInfo Professional 在其【对象】菜单中提供了一系列的用于对象操作的命令和工具。

【查询】菜单，MapInfo Professional 具有强大的地图查询功能，能够进行图文交互查询，在地图窗口或浏览窗口突出显示满足查询条件的对象以及进行统计、分析等。

【表】菜单，表是 MapInfo 数据组织的基本单元，也是进行地理分析的重要基础，表的正确使用和维护（包括栅格图像表、ODBC 表等）是系统操作的一项基本的、重要的内容。

【选项】菜单，MapInfo Professional 的【选项】菜单主要有与绘制和编辑地图对象有关的各种设置、与工具条使用有关的各种设置和与各种参数有关的设置，以及显示或隐藏状态栏等窗口的操作命令。

【地图】菜单，在大多数绘图软件中，地图都是以图层为单位进行组织的，显示时在一个地图窗口中以一定的显示顺序同时显示多个图层，组成一幅完整的地图，因此，对图层进行控制和管理十分重要。

【窗口】菜单，为了便于用户从不同的需要角度来观察数据，MapInfo 提供了查看地理信息（数据）的不同方式，如地图窗口、浏览窗口、统计图窗口等不同的窗口形式，同时允许在不同窗口以不同的方式显示数据。

【帮助】菜单，其他工具条主要是指【帮助】菜单中的工具条，即主要是关于本地帮助工具、在线帮助和软件版本信息等。

3. 工具栏

MapInfo 的工具栏是为了方便用户执行操作而设定的快捷方式。工具栏提供了重要的操作按钮，通常情况下，各工具在启用该软件时都将默认主要打开状况。如果没有打开，可执行【选项】→【工具条】命令，然后在打开的对话框中设置工具条显示即可。各工具条含义及设置范围如下所述：

【常用】工具条作为一种标准 Windows 风格的界面，MapInfo Professional 通过【常用】

工具条把最常用的屏幕菜单命令放在用户面前，使用户的菜单命令操作更便捷。

【主】工具条提供了丰富的操作工具，是 MapInfo Professional 最具代表性的工具条之一。可用于查找给定范围内的地图对象、使用相关信息标注对象、在视图窗口内漫游和实施视图缩放等功能。

【绘图】工具条中绘图和编辑操作是十分常见的地图化操作。为此，MapInfo 专门提供了一套完整的绘图工具和编辑命令。这些工具可以使用户方便地在地图上绘制和修改各种地图对象，也可以使用户自定义地图的着色、填充图案、线样式、符号样式及文本样式。另外，用户也可绘制各种对象以执行强大的地理分析功能。

【工具】工具条，用户可以方便地运行一个由 MapInfo 提供的 MapBasic 实用程序、运行或编辑一个用户自编的 MapBasic 实用程序。

【DBMS】工具条，通过 DBMS 工具条，用户可以方便地访问远程数据库中的数据，并把这些远程信息引入地理信息系统中。

4. 状态栏

MapInfo Professional 的状态栏位于屏幕的下边缘，在地图化会话期间提供帮助信息。状态栏有多个窗格，其中前 3 个窗格属于常规状态栏中显示的内容。

8.3.4　MapInfo 工作窗口及其操作

在 MapInfo Professional 的使用中，窗口发挥着重要作用。MapInfo Professional 以不同的窗口方式提供了数据的不同表现形式。主要的窗口类型有地图窗口、浏览窗口、统计图窗口、布局窗口，此外还有 MapBasic 窗口、信息窗口、统计窗口、消息窗口、量测窗口等。下面主要介绍 3 类最常用的窗口。

（1）地图窗口：以常规地图的方式表达信息，即允许以地图方式查看表的窗口。该窗口给出表中空间数据和地理数据的图形显示，可以同时显示多张表的信息，每张表作为地图的一个单独的图层。地图中包含的表被列在地图窗口的标题条中，以降序从左到右排列，最左边的表是地图中最上面的图层，最右边的表是地图中最下面的图层。创建地图后，地图窗口成为活动窗口，“地图”菜单出现在菜单条右侧，可以用它来设置操作地图时的选项。

（2）浏览窗口：以表格形式查看表（或数据库）的窗口。浏览窗口是以传统的行列方式来显示和操纵数据记录的，行列方式一般用于电子表格和数据库，每一列包含特定的字段信息，例如编号、姓名、年龄、地址、电话号码、邮政编码等，每一行包含与一条记录相关的所有信息。

（3）统计图窗口：以统计图或图表形式显示数据的窗口，该窗口可以用统计图格式可视化统计关系，在这个窗口中，可以创建线图、水平和垂直直方图、饼图和散点图等。

8.3.5　MapInfo 图层的创建

创建图层，是地图信息化的开始。创建新的图层有两种作用，一是用于为栅格数据矢量化构建矢量数据存放容器，即以栅格图像数据为底图，然后将栅格数据矢量化，最后将属性数据加入，形成地图数据；二是为数据的导入等用处提供空的地图数据表。总之，新建图层就是提供矢量化数据的基础容器。

在 MapInfo Professional 中要创建新图层，必须先创建新表。在 MapInfo 中图层是由表构成的。创建新图层的具体步骤如下：

（1）选择【文件】→【新建表】或在主工具条上单击【新建表】，系统弹出【新建表】对话框。在【创建新表并且】栏中，主要是询问用户在创建新表的同时，是否还要同时打开一些窗口等。在【表结构】栏中，系统将询问所要创建的表以何种方式创建：是重新创建表结构，还是用已存在的表结构来创建表结构。

（2）设置好了【新建表】对话框中选项后，点击【创建】按钮，系统弹出【新表结构】对话框。此时若用户选择【创建新的标结构】，则在【新表结构】对话框中的字段新信息为空；否则，字段信息中将显示用户所使用的表的全部字段信息。

（3）在【新表结构】对话框中，设置好了地图表的各字段信息后，点击【确定】按钮。系统将完成【创建表】的工作。

8.3.6 地图数据的获取

对于 MapInfo 来说，地图数据的获取方式多种多样，但是归纳起来说，主要有以下几种：（1）通过在 MapInfo 中数字化方式获得；（2）打开原有的 MapInfo 数据表；（3）在 MapInfo 中直接绘制地图图形；（4）通过数据格式转换，将其他数据格式的矢量数据转换为 MapInfo 本身各式的矢量数据；（5）通过数据链接，获取远程数据。其中，在 MapInfo 中数字化的方式有两种：数字化仪数字化和扫描跟踪矢量化。

1. 数字化仪数字化

在 MapInfo 中，可以通过手扶跟踪数字化仪数字化的方式获得矢量数据，手扶跟踪数字化是 20 世纪 80 年代矢量空间数据获取的主要手段，目前逐渐被其他技术方法取代，但仍不失为一种快速获取矢量空间数据的技术方法。MapInfo 提供了利用数字化仪来进行手扶跟踪数字化的功能。

2. 扫描跟踪矢量化

扫描跟踪矢量化实际上就是在栅格图层上提取信息。扫描跟踪矢量化的一般步骤是：配准图像，建立栅格图层；根据分层需要分别建立各个图层；使某一图层可编辑，应用 MapInfo 的绘图工具屏幕跟踪。具体每步的操作方法如下：

（1）栅格图像配准：用 MapInfo 作屏幕跟踪数字化工作，首先必须进行栅格图像配准工作。在打开栅格图像的过程中，系统会向用户询问是简单地显示还是配准栅格图像，用户如果要达到上述目的，就必须选择配准图像。配准图像的原理是创建一个 TAB 的矢量图层，在矢量图层中包含有在配准过程中指明的控制点，用这些控制点坐标与栅格图像上的对应点相匹配，使 MapInfo 能够确定图像的位置、比例和旋转，从而使得矢量图层可以覆盖在图像之上。

（2）建立分层结构

栅格图像在配准后，MapInfo 自动建立了一个栅格图层，但栅格图层只能用来显示而不能编辑和选择、标注，为了提取纸质地图的对象，还必须建立相应的图层结构。例如对于地形图，可以建立居民地、河流、道路、等高线、文字标注、高程点等图层，然后激活地图窗口并使一个图层可编辑，即可进行矢量化工作。

3. 打开原有的 MapInfo 数据表

通过【文件】→【打开】来打开以前存在于本地的 MapInfo 表，然后选择需要的矢量数据表。

4. 在 MapInfo 中直接绘制地图图形

用户创建了一幅新的空白表后，利用 MapInfo 中的绘图工具，直接在此窗口绘制地图对象。

5. 通过数据格式转换

将其他数据格式的矢量数据转换为 MapInfo 本身格式的矢量数据。下面就介绍一种矢量数据转换的操作方法，即 CAD 数据转换为 MapInfo 表的操作方法，具体如下：

（1）单击【表】→【转入】菜单，系统弹出【转入文件】对话框。

（2）在【转入文件】对话框中，选取用户所想要转入的 dxf 格式文件。

（3）点击【确定】按钮。系统弹出【DXF 转入信息】对话框。若所转入的文件没有属性数据，系统将在弹出【DXF 转入信息】对话框前弹出【转入信息】对话框。系统提示用户：是否要继续转换数据，还是取消操作数据的转换工作。

（4）选取所要转入的图层，设置好各选项。

（5）点击【确定】按钮，系统弹出【转入到表】对话框。系统将要求用户选择转为 tab 格式后的文件存访路径。

（6）设置好文件存放路径后，点击【确定】，系统开始转换数据。

8.3.7　布局窗口设置

在 MapInfo 中可以直接显示或打印输出每个单独的地图窗口、浏览窗口或统计图窗口的信息，但用户若想同时显示或打印多个窗口中的内容，或者要打印图例、信息工具、统计窗口以及信息窗口中的数据，就必须使用 MapInfo 的布局窗口特性。

布局窗口是布置和注释一个或多个窗口的内容以供打印的窗口，MapInfo 的布局窗口拥有页面布局的特性，它允许在一个页面上放置和安排一个或多个地图窗口、浏览窗口以及统计窗口等以供输出，并可以在布局中增加标题或标注等信息将所有显示联系在一起，以便完美地显示或打印相关信息。在布局窗口中可以加入任何当前打开的窗口，并对窗口的大小、位置加以控制，以得到最佳的显示或打印效果。

要打印时，首先使需要打印的布局窗口成为当前的活动窗口，然后选择【文件】→【打印】显示打印对话框。用户可以在对话框中选择需要打印的页和打印份数，此外，还可以像在页面设置对话框一样指定打印机的属性，同时也可以指定是否输出到一个文件。

8.3.8　地图输出

编制好的地图通常按照两种方式输出：一种是借助打印机或者绘图仪打印输出；另一种是保存成文件，或以 MapInfo 本身的数据格式保存，或者以通用的数据格式导出，用于数据交换。

1. 保存成 MapInfo 格式文件

地图编制好后，利用“文件”中的“保存表”和“另存副本为”来保存地图数据，也可以通过保存工作空间保存数据。通过这种方式保存的数据将以 MapInfo 中表“.tab”

的数据格式保存。

2. 保存到 Oracle Spatial 空间数据库

利用 MapInfo 自带的 EasyLoad 工具，将地图数据上传到 Oracle 数据库中，从而保存在空间数据库中。

3. 数据交换输出

数据交换输出是指通过“表”中的“转出”菜单，将 MapInfo 中的“.tab”格式的数据以 MapInfo 所支持的交换格式转出，它可转出的格式有 MapInfo 交换格式（.mif）、带定界符的 ASCII（*.txt）、Auto CAD DXF（*.dxf）和 dBASE（*.dbf）等格式。

4. 地图打印

用户设置好地图窗口和布局窗口后，要打印出地图数据是一件相对容易的事。不过在打印之前，要先设定“页面设置”，然后才能打印。

1）页面设置

（1）单击【文件】→【页面设置】，系统弹出【页面设置】对话框，如图 8.7 所示；

（2）用户在【页面设置】中选择好纸型、设置好页边距等；

（3）点击【确定】按钮，就完成了【页面设置】的设置。

图 8.7 【页面设置】对话框

2）打印

（1）单击【文件】→【打印】菜单或在工具条上单击【打印】工具条，系统弹出【打印】对话框；

（2）在【打印】对话框中，设置打印范围和选择打印机等，也可以选择【选项】按钮，进行打印选项设置。在【地图打印选项】对话框中，可以设定地图大小、地图内容、打印比例等打印选项设置。同时，也可在【打印】对话框中选取【高级】按钮，来设定地图打印的高级设置，在【高级打印设置】对话框中，用户可以设定地图打印的高级选项。

（3）完成打印选项设置后，单击【确定】，系统开始打印。

8.4　ArcMap 应用基础

8.4.1　ArcMap 用户界面

ArcMap 是 ArcGISDesktop 产品中的一个主要应用程序，它具有基于地图的所有功能，包括制图、地图分析和编辑。ArcMap 可以用来浏览、编辑地图及基于地图的分析，其软件界面如图 8.8 所示。

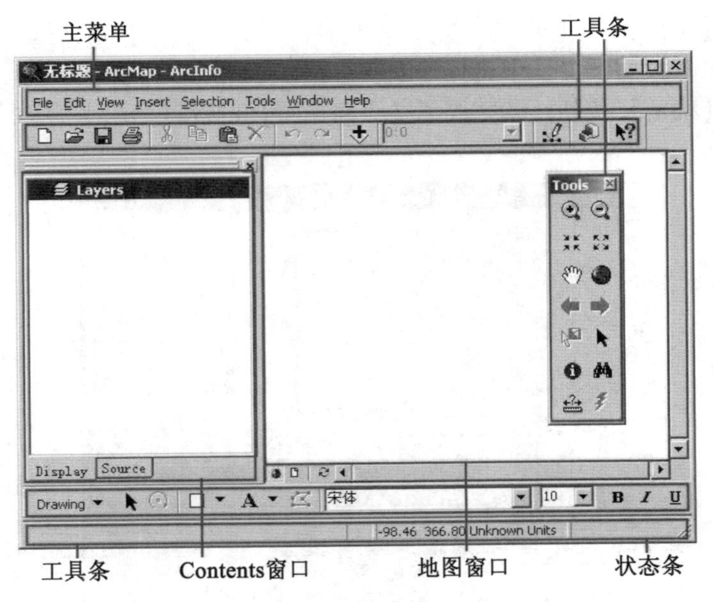

图 8.8　ArcMap 软件界面

ArcMap 提供两种类型的地图视图：地理数据视图和地图布局视图。

（1）在地理数据视图中，用户能对地理图层进行符号化显示、分析和编辑 GIS 数据集。内容表界面（Table Of Contents）帮助用户组织和控制数据框中 GIS 数据图层的显示属性。数据视图是任何一个数据集在选定的一个区域内的地理显示窗口。

（2）在地图布局视图中，用户可以处理地图的页面，包括地理数据视图和其他地图元素，如比例尺、图例、指北针和参照地图等。通常，ArcMap 可以将地图组成页面，以便打印和印刷。

1. 用户界面的定制

我们可以通过菜单“tools->Customs...”或者在菜单区或者在工具条区按鼠标右键进行界面的定制。这些菜单和工具条可以停靠在窗口的任意位置。

另外还可以通过下面方式打开或者关闭工具条：

（1）在主菜单中点击“View-Toobars”；

（2）从工具条列表中，check 一个工具条，则显示此工具条；uncheck 一个工具条，则隐藏此工具条；

（3）在主菜单区或者工具条区按鼠标右键，重复第（2）步，查看结果；

（4）重复以上步骤，以保证主菜单、Standard、Tools 工具条显示。

2. 用户界面介绍

用户界面主要包括地图窗口、Contents 窗口、工具条和状态条，如图 8.8 所示。

地图窗口：用来显示数据和数据的表达（地图，图表等）。

Contents 窗口：在这个窗口中包含两个标签：Display 标签和 Source 标签。其中，Display 标签中显示地图包含的内容，数据的显示顺序（显示的顺序为从下到上），数据表达的方式，数据的显示控制等。Display 标签中显示数据的物理存储位置。在这两个标签中，鼠标的左、右键几乎具有相同的操作。

工具条：除了主菜单和 Standard 工具条之外，ArcMap 包含多个工具条，每个工具条又包含一组完成相关任务的命令（工具）。通过定制可以显示和隐藏工具条。

状态条：显示命令提示信息、坐标等内容。

8.4.2 地图的基本操作

1. 打开地图

（1）启动：【开始】→【程序】→【ArcGIS】→【ArcMap】；

（2）在出现的对话框中选择【an existing map】，选择【确定】；

（3）在出现的【打开…】对话框中选择“d：\ ArcGIS \ ArcTotur \ map \ airport. mxd”；

（4）选择【打开】。

可以看到如图 8.9 所示的窗口。

在 ArcGIS 中，一个地图存储了数据源的表达方式（地图、图表、表格）以及空间参考。在 ArcMap 中保存一个地图时，ArcMap 将创建与数据的链接，并把这些链接与具体的表达方式保存起来。当打开一个地图时，它会检查数据链接，并且用存储的表达方式显示数据。一个保存的地图并不真正存储显示的空间数据。

2. 浏览地图

1）调整显示范围与定位

当操作地图时，经常会用到放大、缩小、漫游以及按特定比例尺显示地图等操作。

Tools 工具条，如图 8.10 所示：

利用工具条中的快捷键，可实现地图的各种显示操作：① 放大、缩小；② 漫游；③ 缩放到全图；④ 变换到前一次的显示位置；⑤ 缩放到特定比例尺；⑥ 创建空间标签。

2）浏览视图的切换。

在 ArcMap 中有两种方式浏览地图：数据视图和版面设计视图。数据视图用来进行数据的显示和查询等操作。准备在纸张上输出地图时，版面设计视图用于地图的版面设计。在版面设计视图中，我们可以设计地图，增加其他的地图元素，如标题、图、比例尺、指

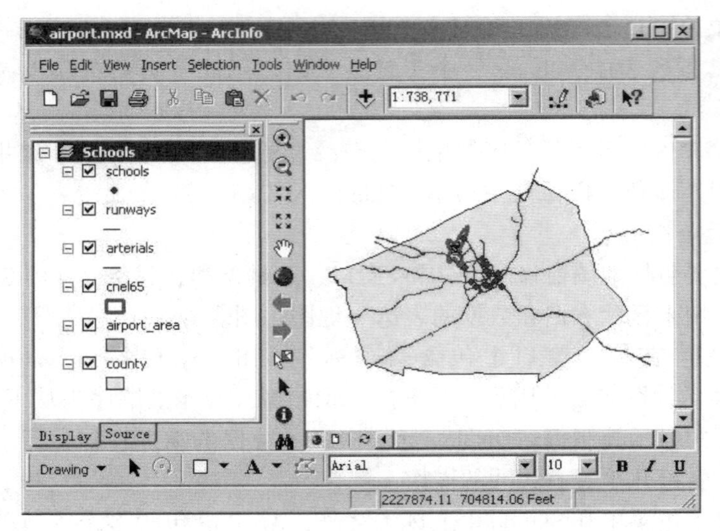

图 8.9　打开的地图

图 8.10

北针等。

(1) 数据视图到版面设计视图的切换。

在主菜单中选择【View】→【Layout View】或者地图窗口的左下角处中选择。

注意：切换到地图设计视图时，Layout 工具条自动显示。

可以利用 Layout 工具条提供的工具对版面设计视图中的内容进行放大、缩小、漫游、固定比率的放大、固定比率的缩小、全视图显示、1∶1 显示、按缩系数显示等操作。

(2) 版面设计视图到数据视图的切换。

在主菜单中选择【View】→【Data View】或者地图窗口的左下角处中选择。

8.4.3 ArcMap 图层的操作

ArcMap 中 Contents 窗口显示了地图的内容以及它们的表达方式，同时在此窗口中可以对这些信息进行编辑。数据分层组织，每层包含不同类型的信息，并且它们可以位于不同的数据库或位置。

如图 8.11 所示，是某市 1970—2002 年的城区变化图，这些图层显示的顺序由下到上依次为 2002 年→1997 年→1991 年→1986 年→1970 年。后面显示的内容压盖先显示的内容，所以，一般情况下面积最大多边形图层位于最下面，依此类推，才能显示出变化的情况。若存在点线图层，则多边形在最底层，然后是线图层，最后是点图层。

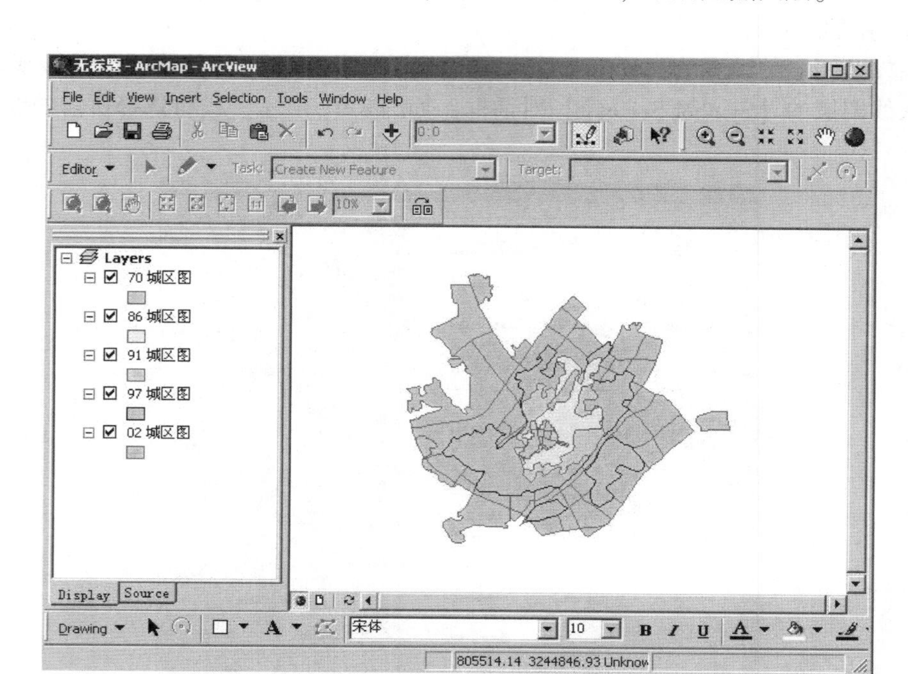

图 8.11　地图内容及图层显示顺序

1. 改变图层的显示顺序

在 contents 窗口的 Display 标签内，按下鼠标左键选择目标图层名，然后拖动到指定的图层位置上，释放鼠标左键，完成图层顺序的更改。

2. 显示/不显示图层

在 contents 窗口的 Display 标签或 Source 标签内，点击图层名称前面的□或者☑使其变为☑或者□，查看地图窗口中内容的变化。

通过上面的操作可以显示或者不显示图层，对于一些图层尽管没有显示，但是相关的信息仍然存储在地图中。

3. 改变图层的符号设置

在同一层中的要素用相同的符号表示，在增加图层时，ArcMap 会用缺省的符号绘制。同一类要素可以用同一符号表达，也可以根据特定的值给以不同的符号表达。

1）图层单一符号设置

图层单一符号设置是指对点图层、线图层和面图层的分别设置。因为自身的特点，三个图层设置的内容也不同。在点层的【Symbol Selector】对话框中，包括“Catagory”的选择、符号的选择、符号颜色（Color）的设置、符号大小（Size）的设置、旋转角度（Angle）的设置、符号属性（Properties）的编辑等；在线图层的【Symbol Selector】对话框中，包括“Catagory”的选择、符号的选择、符号颜色（Color）的设置、符号宽度（Width）的设置、符号属性（Properties）的编辑等；在面图层的【Symbol Selector】对话框中，包括“Catagory”的选择、符号的选择、符号填充颜色（Fill Color）的设置、轮廓线宽度（Outline Width）的设置、轮廓线颜色（Outline Color）的设置、符号属性（Properties）的编辑等。

下面以线图层的设置为例说明，在 contents 窗口的 Display 标签内，双击要编辑的图层，进入线图层的【Symbol Selector】对话框，如图 8.12 所示，进行选择所需的线属性。

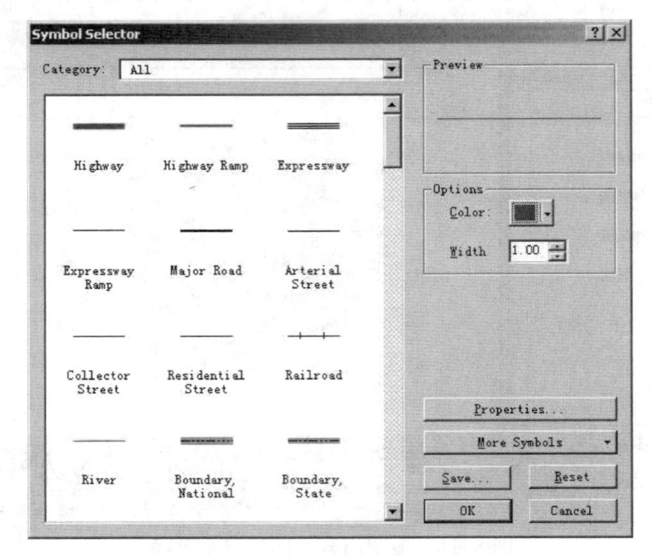

图 8.12　线符号编辑界面

2）图层特定值符号的设置

根据图层属性表中不同记录的值的不同设置不同的表达符号。设置的具体步骤为：

（1）在图层名称上按右键，点击【Open Attribute Table】，浏览数据表中的记录，选择要表达的字段；

（2）在【Content 的 Display】窗口中图层名称上左键双击；

（3）在【Layer properties】窗口中，选择【symbology】标签；

（4）点击【Categories-Unique Values】；

（5）在【value filed】列表框中选择要表达的字段，多为点线面图层的 ID 编码字段；

（6）点击【Add all values】或【Add value】按钮；

（7）在弹出的对话框中选择相应的值并点击【OK】；

（8）被选择的值显示在列表框中，选择不同的值并设置不同的符号及色调；

（9）点击【OK】或【Apply】，查看结果。

4. 增加图层

在主菜单中选择【File-Add Data…】，或者在 standard 工具条中选择 ，或者在 contents 窗口的 Display 标签或 Source 标签内选择【School】，并点击鼠标右键选择【Add Data…】。

如果 ArcCatalog 应用程序在运行的话，可以从 ArcCatalog 的 Catalog 树或内容窗口中选择要加入的数据，然后拖到 ArcMap 的 Contents 窗口或地图窗口内，即可完成图层的加入。

5. 删除图层

在 contents 窗口的 Display 标签或 Source 标签内用右键选择【Parcels】，在显示的弹出菜单中选择【Remove】。在这里删除图层时，只是删除了图层与地图的链接，并没有实现图层数据的物理删除。

8.4.4 ArcMap 地图数据操作

1. 加载数据层

在 ArcMap 中，加载空间数据层的类型有多种，如 AutoCAD 矢量数据 DWG，ArcGIS 的矢量数据 Coverage、GeoDatabase、TIN 和栅格数据 GRID，ArcView 的矢量数据 ShapeFile，ERDAS 的栅格数据 ImageFile，USDS 的栅格数据 DEM 等。

在 ArcMap 中，加载的方法主要有以下三种：

1）直接在新地图加载数据层

直接调用 ArcMap 菜单命令或工具条按钮向新地图加载数据层，数据层的类型可以是多种多样的。

（1）ArcMap 窗口标准工具：单击【Add Data】按钮，打开【Add Data】对话框；

（2）在 ArcMap 窗口主菜单栏：【File→Add Data】命令，打开【Add Data】对话框。

2）借助 ArcCatalog 加载数据层。

借助 ArcCatalog 向新地图加载数据层，就是为了更好地查找所需要的数据层，然后将数据层拖放（Drag-Drop）到 ArcMap 的图形显示窗口中，达到数据层加载的目的。操作如下：

（1）启动 ArcCatalog 模块。

单击【开始】→【程序】→ ArcGIS→ArcCatalog 命令启动；

单击 ArcMap 窗口的标准工具栏上【ArcCatalog】按钮启动。

（2）确定需要加载的数据层。

在 ArcCatalog 窗口中可以通过多方式浏览，来确定需要加载的数据层。

（3）通过拖放操作加载数据层。

将鼠标指针放在 ArcCatalog 窗口需要加载的数据层上，按住左键拖放至 ArcMap 中的图形显示窗口中释放左键，完成数据层的加载。

3）通过已有的数据层加载数据层

实现这种方式加载数据层的方法有两种：一种是将需要加载的数据层保存为一个图层文件（Layer File：*.lyr），然后在新地图中加载图层文件；另一种是将需要加载的数据层复制到剪贴板上，然后粘贴到新地图中。

2. 数据层操作

数据层操作的内容主要包括：改变数据层名称、改变地理要素描述、调整数据层顺序、控制数据层显示、复制数据层、组合数据层、删除数据层、改变数据层参数等。

（1）改变数据层名称，两次单击相应数据层，进入 Data prame properties 窗体，且数据层名称处于编辑状态。

（2）调整数据层顺序，图层的排列原则一般为：

① 按照点、线、面要素依次排列，点在上、线在中、面在下；

② 按照要素重要程度的高低依次排列，重要的在上、次要的在下；

③ 按照要素线画的粗细依次排列，细的在上、粗的在下；

④ 按照要素颜色的浓淡依次排列，淡的在上、浓的在下。

鼠标拖动相应的数据层即可完成对应操作。

(3) 控制数据层显示，数据层前面的方框是控制数据层显示的，如果框中有“V”则显示，否则不显示。

(4) 复制和删除数据层，通过右键快捷菜单进行复制或删除操作。

(5) 定义数据层的坐标，在 ArcMap 中，创建新图并向其中加载数据层时，第一个被加载的数据层的坐标系统就作为该数据组默认的坐标系统，随后加载的数据层，无论其坐标系统如何，只要含有坐标信息，满足坐标转换的需要，都将被自动地转换成该数据组的坐标系统。当然，这种转换不影响数据层所对应的数据文件本身。

(6) 设置数据层比例尺，为避免不同比例的数据层同时显示的不足，可以针对不同的数据层设置不同的显示比例范围。该自动显示控制，极大地方便了地图编辑操作和输出地图质量。

(7) 添加和删除数据组，ArcMap 地图中包含一个或多个数据组（Data Frame），每个数据组又包含若干个数据层（Layers）或组合数据层（Group layer）；在一个数据层中都以相同的坐标系统出现，有机地组成一幅地图。活动数据组只有一个。

① 添加数据组：Insert 菜单单击 Data Frame。

② 设置当前数据组：在 TOC 中右键点击存在的 Data frame，设置其为 Activate。

③ 删除数据组：在 TOC 中右键点击存在的 Data frame，点击【Remove】。

3. 数据符号化

点、线、面要素的符号化是专题地图制图的重要步骤。

1) 单一符号设置（Single Symbol）

单一符号表示方法就是采用统一大小、统一形状、统一颜色的点状符号、线状符号、面状符号来表达制图要素，而不管要素在数量、质量、大小等方面的差异。

2) 分类符号设置（Unique Values）

根据数据层属性值来设置符号，具有相同属性值的要素采用相同的符号，而属性值不同的要素采用不同的符号，符号的差异表现在符号的形状、大小、色彩、图案等多个方面。常用于表示分类地图，如土地利用图、行政区划图和城镇类型图等。

3) 分级色彩设置（Graduated Colors）

将要素的属性值按照一定的分级方法分成若干级别，然后用不同的颜色表示不同的级别。一般用于表示面状要素，如人口密度分级图、粮食产量分级图等。

8.4.5　地图版面设计与输出

在 ArcMap 中有两种方式浏览地图：数据视图和版面设计视图。数据视图用来进行数据的显示和查询等操作。准备在纸张上输出地图时，版面设计视图用于地图的版面设计。在版面设计视图中，我们可以设计地图，增加其他地图元素，如标题、图、比例尺、指北针等。

1. 由数据视图转为版面设计视图

在主菜单中选择【View】→【Layout View】或者地图窗口的左下角处中选择。切换到地图设计视图时，Layout 工具条自动显示，如图 8.13 所示。

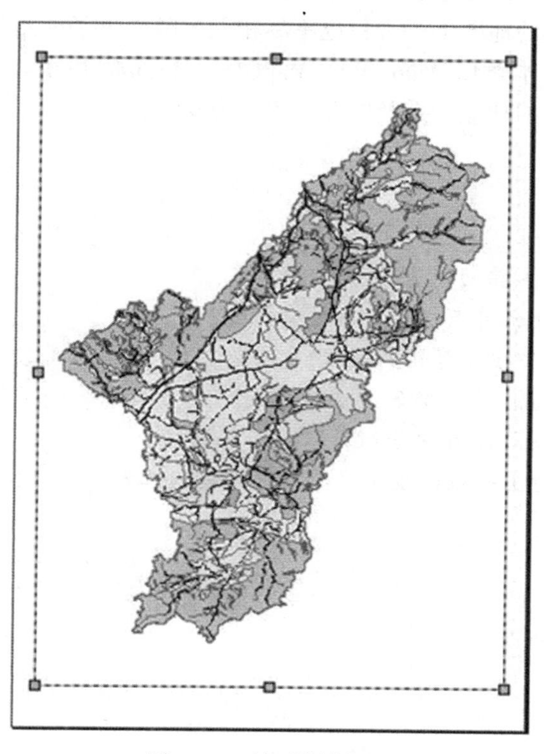

图 8.13 版面设计视图

可以利用 Layout 工具条提供的工具对版面设计视图中的内容进行放大、缩小、漫游、固定比率的放大、固定比率的缩小、全视图显示、1∶1 显示、按缩系数显示等操作。

2. 增加地图元素

增加地图元素主要包括以下内容：

（1）根据地图的类型，添加对应的图框；

（2）添加地图的图名；

（3）添加地图的图例；

（4）添加地图的比例尺；

（5）添加地图的指北针；

（6）添加其他地图要素。

3. 地图输出

（1）保存文件，这时保存的图文件为工程文件，后缀名为 .mxd；

（2）导出地图。在主菜单中选择【File】→【Export Map】，打开 Export 窗体，选择合适的格式导出地图。

（3）打印输出。用工程绘图仪或其他绘图设备，直接输出工程文件格式的地图或导出格式的地图。

【本章小结】

计算机制图工作由两部分组成，一是数据的采集和处理，二是形成地图，也就是地图的美化过程。不同类型的地图生产过程也不尽相同。随着电子地图的普及，越来越多的人开始关注制图的流程。本章以 AutoCAD、MapGIS、MapInfo Professional 和 ArcMap 等软件为例，介绍了相关软件的功能特点及制图的操作方法。

◎ 思考题

1. AutoCAD 软件的主要功能有哪些?
2. MapGIS 软件有什么特点？它具有什么功能?
3. 简述 MapGIS 软件中矢量化的流程。
4. MapInfo Professional 软件中如何创建图层?
5. MapInfo Professional 软件中如何获取地图数据?
6. ArcMap 软件中地图的版面设置主要包括哪些内容?

参 考 文 献

1. 焦健等．地图学［M］．北京：北京大学出版社，2005.

2. 王慧麟等．测量与地图学［M］．南京：南京大学出版社，2009.

3. 王琴等．地图学与地图绘制［M］．郑州：黄河水利出版社，2008.

4. 张荣群等．现代地图学基础［M］．北京：中国农业大学出版社，2005.

5. 祝国瑞等．地图设计与编绘［M］．武汉：武汉大学出版社，2001.

6. 尹贡白等．地图概论［M］．北京：测绘出版社，1991.

7. 王家耀等．普通地图制图综合原理［M］．北京：测绘出版社，1993.

8. 蔡孟裔等．新编地图学教程［M］．北京：高等教育出版社，2000.

9. 国家测绘局职业技能鉴定指导中心．测绘管理与法律法规［M］．北京：测绘出版社，2009.

10. 黄华明等．测绘工程管理［M］．北京：测绘出版社，2011.

11. 王斌等．中文版 AutoCAD 2006 实用培训教程［M］．北京：清华大学出版社，2005.

12. 吴信才等．MapGIS 地理信息系统［M］．北京：电子工业出版社，2004.

13. 罗云启等．数字化地理信息系统 MapInfo 应用大全［M］．北京：北京希望电子出版社，2001.

14. 吴秀芹等．ArcGIS 9 地理信息系统应用与实践［M］．北京：清华大学出版社，2007.